新型污水处理技术研究

肖英杰　郝伟才　刘　恒　著

吉林科学技术出版社

图书在版编目（CIP）数据

新型污水处理技术研究 / 肖英杰，郝伟才，刘恒著
. -- 长春 : 吉林科学技术出版社，2024.5
ISBN 978-7-5744-1398-6

Ⅰ. ①新… Ⅱ. ①肖… ②郝… ③刘… Ⅲ. ①污水处理 Ⅳ. ①X703

中国国家版本馆 CIP 数据核字（2024）第 101798 号

新型污水处理技术研究

著　　肖英杰　郝伟才　刘　恒
出 版 人　宛　霞
责任编辑　袁　芳
封面设计　树人教育
制　　版　树人教育
幅面尺寸　185mm×260mm
开　　本　16
字　　数　320 千字
印　　张　14.625
印　　数　1~1500 册
版　　次　2024 年 5 月第 1 版
印　　次　2024 年10月第 1 次印刷

出　　版　吉林科学技术出版社
发　　行　吉林科学技术出版社
地　　址　长春市福祉大路5788 号出版大厦A 座
邮　　编　130118
发行部电话/传真　0431-81629529 81629530 81629531
81629532 81629533 81629534
储运部电话　0431-86059116
编辑部电话　0431-81629510
印　　刷　廊坊市印艺阁数字科技有限公司

书　　号　ISBN 978-7-5744-1398-6
定　　价　90.00元

前 言

水资源是人类社会发展和生存的基石，而污水处理作为保护水环境、维护人类健康的关键环节，越来越引起人们的广泛关注。随着城市化进程的加速和工业化水平的提升，传统的污水处理方法逐渐显现出一些局限性和不足。在过去几十年里，我们目睹了科技的迅猛发展，新兴技术的不断涌现，这为污水处理领域带来了前所未有的机遇和挑战。

新型污水处理技术不仅关注去除污染物的效率，更注重降低能耗、减少废弃物的生成，实现对资源的高效利用。本书将聚焦于最新的研究成果和创新技术，旨在为工程师、研究人员和决策者提供关于新型污水处理技术的全面信息。本书从水体污染概述入手，介绍了污水处理总体设计，并详细地分析了污水的预处理技术、污水生物处理技术、污水的物理处理技术以及污水的深度处理技术、工业废水处理技术，并重点探讨了污水中水回用工艺、污水处理的综合系统设置，最后在新型污水处理技术方面做出重要分析和研究。希望本书能够成为新型污水处理技术领域的一本重要参考书，激发更多人投入这一重要领域的研究与实践中。

在本书编写过程中，编者参考、吸收了国内外众多学者的研究成果，在此谨向有关专家学者表示诚挚的谢意。如有遗漏，敬请理解。由于编者水平有限，书中表述难免存在不足，对智慧社区管理的知识和内容还有待进一步深入研究，期盼广大读者批评指正并能及时反馈，以便逐步完善。

目　录

第一章　水体污染概述 …… 1
第一节　水体污染与水体自净 …… 1
第二节　水污染的危害及控制措施 …… 12
第二章　污水处理总体设计 …… 17
第一节　污水收集与提升 …… 17
第二节　污水处理厂总体设计 …… 27
第三章　污水的预处理技术 …… 33
第一节　污水处理技术概述 …… 33
第二节　污水预处理之格栅 …… 38
第三节　水量水质调节 …… 42
第四节　沉沙池与沉淀池 …… 46
第四章　污水生物处理技术 …… 64
第一节　活性污泥法 …… 64
第二节　生物膜法 …… 81
第三节　自然生物处理 …… 92
第五章　污水的物理处理技术 …… 100
第一节　沉淀池及调节池 …… 100
第二节　隔油池（罐） …… 105
第三节　气浮除油 …… 110
第六章　污水的深度处理技术 …… 116
第一节　混凝沉淀、过滤及消毒 …… 116
第二节　活性炭吸附技术 …… 121
第三节　化学氧化处理及膜分离技术 …… 126

第七章　工业废水处理技术 ······ 132
第一节　工业废水处理概述 ······ 132
第二节　软化水处理技术 ······ 139
第三节　冷却处理 ······ 149
第四节　其他处理技术 ······ 157
第八章　污水中水回用工艺 ······ 168
第一节　中水回用概述 ······ 168
第二节　中水回用工艺技术 ······ 171
第三节　中水回用技术在城市发展中的应用 ······ 182
第九章　污水处理的综合系统设置 ······ 186
第一节　无动力多级厌氧复合生态处理系统 ······ 186
第二节　厌氧—人工湿地组合处理技术 ······ 189
第三节　稳定塘 ······ 197
第十章　新型污水处理技术应用研究 ······ 211
第一节　新型污水处理技术研究进展 ······ 211
第二节　新型污水处理技术在水环境保护中的应用 ······ 214
第三节　新型生态村污水处理技术在农村污水管网建设中的应用 ······ 218
参考文献 ······ 225

第一章　水体污染概述

第一节　水体污染与水体自净

水体是指以相对稳定的、以陆地为边界的水域，包括水中的悬浮物、溶解物质、底泥、水生生物等完整单元的生态系统或完整的综合自然体。水体遭受污染后危害重大。水体自净就是水体受到污染后，靠自然能力逐渐变洁的过程。

一、水体污染

（一）水污染的定义

水污染就是污染物质进入水体造成水体质量和水生态系统退化的过程或现象。我国为水污染下了明确定义：水污染，是指水体因某种物质的介入，而导致其化学、物理、生物或者放射性等方面特性的改变，从而影响水的有效利用，危害人体健康或者破坏生态环境，造成水质恶化的现象。因此，水污染的实质，就是输入水体的污染物在数量上超过了该物质在水体中的本底含量和自净能力，从而导致水体的性状发生不良变化，破坏水体固有的生态系统，影响水体的使用功能。

（二）废水的类别

废水从不同角度有不同的分类方法。根据不同来源，有未经处理而排放的生活废水和工业废水两大类；根据污染物的化学类别不同，有无机废水与有机废水；按工业部门或产生废水的生产工艺不同，有焦化废水、冶金废水、制药废水、食品废水、矿山污水等。

（三）水体污染的特征

地面水体和地下水体由于储存、分布条件和环境上的差异，表现出不同的污染特征。通常，地面水体污染可视性强，易于发现；其循环周期短，易于净化和水质恢复。而地下水的污染特征是由地下水的储存特征决定的。

地下水储存于地表以下一定深度，上部有一定厚度的包气带土层作为天然屏障，地面污染物在进入地下水含水层之前，必须首先经过包气带土层。地下水直接储存于多孔介质中，并进行缓慢运移。由于上述特点使得地下水污染有如下特征。

①污染物在含水层上部的包气带土壤中经各种物理、化学及生物作用，会在垂向上延缓潜水含水层的污染。

②地下水流速缓慢，靠天然地下径流将污染物带走需要相当长的时间。即使切断污染来源，靠含水层本身的自然净化也需要数十年甚至上百年。

③地下水污染发生在地表以下的孔隙介质中，有时已遭到相当程度的污染，仍表现为无色、无味，其对人体的影响一般也是慢性的。

（四）水体污染带来的损失

水体污染造成的损失包括：

①优质水源更加短缺，供需矛盾日益紧张；

②水体污染造成人们死亡率及疾病增加，比如中毒、癌症、免疫力下降等；

③对渔业造成损害，迫使渔业资源减少甚至物种灭亡；

④污废水浇灌农田或储存于池塘、低洼地带造成土壤污染，严重地影响地下水；

⑤破坏环境卫生、影响旅游，加速生态环境的退化和破坏；

⑥加大供水和净水设施的负荷及运营费用，使水处理成本加大；

⑦工业水质下降，生产产品质量下降，造成工业损失巨大。

二、水污染的原因和污染途径

（一）水污染的原因

水体污染原因可分为自然污染和人为污染。

自然污染主要在自然条件下，经过生物、地质、水文等过程，使得原本储存于其他生态系统中的污染物进入水体，例如森林枯落物分解产生的养分和有机物、由暴雨冲刷造成的泥沙输入、富含某种污染物的岩石风化、火山喷发的熔岩和火山灰、矿泉带来的可溶性矿物质、温泉造成的温度变化等。如果自然产生过程是短期的、间歇性的，一段时间后水体会逐渐恢复原来的状态。如果是长期的，生态系统会变化而适应这种状态，例如黄河长期被泥土污染，水变成黄色，不耐污的鱼类会消失，而耐污的鱼类（如鲤鱼）会逐渐适应这种环境。可见，以水为主体来看，任何导致水体质量改变（退化）的物质，都可称为污染物，这些过程都可称为水污染过程。

但以人为主体而论，天然物质进入水体是水体生境的自然变化，应该也是该水体的自然属性。人为污染是由于人类活动把一些本来不该掺进天然水中的物质掺进水体后，使水的化学、物理、生物或者放射性等方面的特性发生变化，损害人体健康或影响一些动植物的生长，诸如城镇生活污水、工业废水和废渣、农用有机肥和农药等，将这类有害物质放入水中的现象，就是人为污染。

（二）水污染的途径

地表水体的污染途径相对比较简单，主要为连续注入式或间歇注入式。工矿企业、城镇生活的污废水、固体废弃物直接倾注于地面水体，造成地表水体的污染属于连续注入式污染；农田排水、固体废弃物存放地的降水淋滤液对地表水体的污染，一般属于间歇式污染。

相对于地表水体的污染途径而言，地下水体的污染途径要复杂得多。

1. 污染方式

地下水的污染方式与地表水的污染方式类似，有直接污染及间接污染两种形式。

直接污染是地下水污染的主要方式，在地表或地下以任何方式排放污染物时，均可发生此种方式的污染。间接污染通常被称为“二次污染”，其过程是相当复杂的，“二次”一词并不够科学。

2. 污染途径

地下水污染途径是复杂多样的，如污水渠道和污水坑的渗漏、固体废物堆的淋滤、化学液体的溢出、农业活动的污染、采矿活动的污染等，可见相当之繁杂。这里按照水力学上的特点将地下水污染途径大致分为四类，分别是间歇入渗型、连续入渗型、越流型和注入径流型。

三、污染源分析

（一）污染源的类别

对于人为污染源，又可以分为工业、农业、生活和大气沉降 4 个不同污染源类型。

1. 工业污染源

工业污染源是指工业生产中的一些环节（如原料生产、加工过程、燃烧过程、加热和冷却过程、成品整理过程等）使用的生产设备或生产场所产生污染物而成污染源。

工业污染源是造成水污染的最主要来源。工业污染源排放的各类重金属（铬、镉、镍、铜等）、各种难降解的有机物、硫化氢、氮氧化物、氰化物等污染物在人类生活环境中循环、富集，对人体健康构成长期威胁。

工业污染源量大、面广，含污染物多，成分复杂，在水中不易净化，处理也比较困难。

自20世纪90年代以来，我国用于水污染治理的投资额及投资比重基本上与GDP同步增长，重点工业污染源排放的污染物基本得到控制；工业废水排放量，污染物排放量及其污染度都呈下降态势。

2. 农业污染源

农业生产过程会产生各类污染物，包括牲畜粪便、农药、化肥等。不合理施用化肥和农药会破坏土壤结构和自然生态系统，特别是破坏土壤生态系统。降水所形成的径流和渗流把土壤中的氮和磷、农药以及牧场、养殖场、农副产品加工厂的有机废物带入水体，使水体水质恶化，有时造成河流、水库、湖泊等水体的富营养化。大量氮化合物进入水体则导致饮用水中硝酸盐含量增加，危及人体健康。

3. 生活污染源

城市生活排放各种洗涤剂、污水、垃圾、粪便等而形成污染源。其特征是水质比较稳定，含有机物和氮、磷等营养物较高，一般不含有毒物质。由于生活污水极适于各种微生物的繁殖，因此含有大量的细菌（包括病原菌）、病毒，也常含有寄生虫卵。

城市和人口密集的居住区是人类污染源消费活动集中地，是主要的生活污染源产生地。生活污水的水质成分呈较规律的日变化，其水量则呈较规律的季节变化。

生活污水进入水体，恶化水质，并传播疾病。与工业废水排放量逐年降低相反，我国生活污水排放量呈逐年上升趋势。水污染结构已开始发生根本性变化。

4. 大气沉降污染源

大气环流中的各种污染物质（如汽车尾气、酸雨烟尘等）通过干沉降与湿沉降转移到地面，也是水体污染的来源。由于农田施肥不合理，养殖场畜禽粪便管理不善，燃煤、汽车尾气排放等增加使得大气沉降产生的污染物已对水环境产生了不容忽视的影响。

（二）点污染源与非点污染源

按污染源的发生和分布特征，又可以把水污染过程分为点源污染和非点源污染。

1. 点源污染

点源污染是指有集中而明显的点状污染物排放口而发生的水污染过程。例如工业污染源和生活污染源产生的工业废水和城市生活污水，经城市污水处理厂或经管渠通常在固定的排污口集中排放。

点源污染的基本特征：

①排污口明显，集中排放。所谓排污口，包括直接或者通过沟、渠、管道等设施向江河、湖泊排放污水的排污口。排污口的设置应遵循一整套报批程序，这是明

确和公知的。

②污染物浓度高，成分复杂。点源污染的排放包括经污水处理厂处理的工业废水和城市生活污水（未经处理的污水不允许直接排放）的集中排放，因此，排出的污水不仅浓度较高，而且成分多种多样，并可能存在较大的季节性变化。

③污染物浓度空间变化十分明显。在排污口附近，形成一个明显的浓度逐渐降低混合污染带（区），混合带（区）的形态、大小完全取决于受纳水体的水文条件。

④污染物浓度时间变化与工业废水和生活污水的排放规律有关。总体而言，工业生产的和城市生活的稳定性带来了点源污染排放的稳定性，它比非点源污染受气候和环境条件的影响要小得多；点源污染的变化主要体现在由排污口的设置所造成的空间变化。

⑤相对容易监测和管理。

2. 非点源（面源）污染

随着点源污染的逐步控制，非点源污染已成为许多国家和地区引起水环境质量恶化的主要原因。

非点源污染是指溶解的和固体的污染物从非特定的地点，在降水（或融雪）冲刷作用下，通过地表径流、土壤侵蚀、农田排水、地下淋溶、大气沉降等过程，以面或线的形式汇入受纳水体的污染过程。

与点源污染相比，非点源污染起源于分散的、多样的地区，地理边界和发生位置难以准确界定，随机性强、形成机理复杂、涉及范围广、控制难度大。其主要具有以下特点。

①发生的随机性和不确定性。这是由于径流和排水是非点源污染的主要驱动力，它们的发生因降水条件和径流形成条件而具有很大随机性和不确定性。

②强烈的时空变异性。这是由于非点源污染过程还在很大程度上受到土地利用方式、农作制度、作物种类、土壤类型和性质、区域地质地貌等人类活动和自然条件的强烈影响，而这些条件有些在空间上差异巨大，有些则在时间上变化强烈。

③污染源的广泛性和多元复合特性。人类活动的多样性导致进入环境的化学物质逐年增多。而且不同来源的污染物会一起随着径流进入水体，例如种植、养殖、生活等各类人类活动产生的氮磷污染物，很难追溯污染的源头，给污染控制造成很大的困难。

④污染物迁移过程的高度非线性和滞后特性。非点源污染物进入水体并不是一个定常的线性关系，原因如下：径流和排水本身的变化无常；地形地貌和土壤表面的多样性；污染物质与地表物质（土壤、生物等）的复杂作用。

非点源污染只有在径流和排水的驱动下，才会将地表长期积累的化学物质带入水体，在时间上具有滞后性。

⑤污染和净化过程难以区分和鉴别。

（三）污染源的调查

为准确掌握污染源排放的废、污水量及其中所含污染物的特性，找出其时空变化规律，需要对污染源进行调查。污染源调查可以采用调查表格普查、现场调查、经验估算和物料衡算等方法。污染源调查的内容包括：污染源所在地周围环境状况，单位生产、生活活动与污染源排污量的关系，污染治理情况，废、污水量及其所含污染物量，排放方式与去向，纳污水体的水文水质状况及其功能，污染危害及今后发展趋势等。

四、水体污染物的来源及种类

水体污染物是指直接或者间接向水体排放的，能导致水体污染的物质。按污染物的属性，通常可分为3大类。

①生物性污染物。包括细菌、病毒和寄生虫。

②物理性污染物。包括悬浮物、热污染和放射性污染。其中放射性污染危害最大，但一般存在于局部地区。

③化学性污染物。包括有机化合物和无机化合物。随着痕量分析技术的发展，从源水中检出的化学性污染物已达几千种。

水体中的污染物从环境科学角度可以分为耗氧有机物、重金属、营养物质、有毒有机污染物、酸碱及一般无机盐类、病原微生物、放射性物质、热污染等。

（一）耗氧有机物

耗氧物质是指大量消耗水体中的溶解氧的物质，这类物质主要是含碳有机物（醛、醋、酸类）、含氮化合物（有机氮、氨、亚硝酸盐）、化学还原性物质（亚硫酸盐、硫化物、亚铁盐）。

当水中的溶解氧被耗尽时，会导致水体中的鱼类及其他需氧生物因缺氧而死亡，同时在水中厌氧微生物的作用下，会产生有害的物质如甲烷、氨和硫化氢等，使水体发臭变黑。

（二）重金属污染物

矿石与水体的相互作用以及采矿、冶炼、电镀等工业废水的泄漏会使得水体中有一定量的重金属物质。这些重金属物质在水体中一般不能被微生物降解，而只能发生各种形态相互转化和迁移，在水中达到很低的浓度便会产生危害。

首先，重金属在水中通常呈化合物形式，也可以离子状态存在，但重金属的化合物在水体中溶解度很小，往往沉于水底。由于重金属离子带正电，因此在水中很容易被带负电的胶体颗粒所吸附。吸附重金属的胶体随水流向下游移动。但多数很快沉降。由于这些原因，大大限制了重金属在水中的扩散，使重金属主要集中于排污口下游一定范围内的底泥中。每年汛期，河川流量加大和对河床冲刷增加时，底泥中的重金属随泥一起流入径流。

其次，水中氯离子、硫酸离子、氢氧离子、腐殖质等无机和有机配位体会与其生成络合物或螯合物，导致重金属有更大的水溶解度而从底泥中重新释放出来。

重金属污染的危害中，汞对鱼、贝危害很大，它不仅随污染了的浮游生物一起被鱼、贝摄食，还可以吸附在鱼鳞和贝的吸水管上，甚至可以渗透鱼的表皮直到体内，使鱼的皮肤、鲤盖和神经系统受损，造成游动迟缓、形态憔悴。汞能影响海洋植物的光合作用，当水中汞的浓度较高时，就会造成海洋生物死亡。汞对人体危害更大，尤其是甲基汞，一旦进入人体，肝、肾就会受损，最终导致死亡。镉一旦进入人体后很难排出，当浓度较低时，人会倦怠乏力、头痛头晕，随后会引起肺气肿、肾功能衰退及肝脏损伤。当铅进入血液后，浓度每毫升在 80μg 时，就会中毒，铅是一种潜在的泌尿系统的致癌物质，危害人体健康。海洋中铜、锌的污染，就会造成渔场荒废，如果污染严重，就会导致鱼类呼吸困难，最终死亡。

（三）营养物质

营养性污染物是指水体中含有的可被水体中微型藻类吸收利用并可能造成水体中藻类大量繁殖的植物营养元素，通常是指含有氮元素和磷元素的化合物。

大量的营养物质进入水体，在水温、盐度、日照、降雨、水流场等合适的水文和气象条件下，会使水中藻类等浮游植物大量生长，造成湖泊老化、破坏水产与饮用水资源。目前，我国湖泊、河流和水库的富营养化问题日趋严重，湖泊水质已达Ⅳ或Ⅴ类水体，个别已达超Ⅴ类水体，“水华”暴发，鱼虾数量急剧下降，生物多样性受到极大的破坏，造成极大的经济损失。我国近海水域的大面积“赤潮”暴发，已对我国海洋渔产资源和海洋生态环境造成无法挽回的破坏。

（四）有毒有机物

有毒有机污染物指酚、多环芳烃和各种人工合成的并具有积累性生物毒性的物质，如多氯农药、有机氯化物等持久性有机毒物，以及石油类污染物质等。

（五）酸碱及一般无机盐类

酸性物质主要来自酸雨和工厂酸洗水、硫酸、黏胶纤维、酸法造纸厂等产生的酸性工业废水。碱性物质主要来自造纸、化纤、炼油、皮革等工业废水。这类污染物主要是使水体 pH 发生变化，抑制细菌及微生物的生长，降低水体自净能力。同时，增加水中无机盐类和水的硬度，给工业和生活用水带来不利因素，也会引起土壤盐渍化。

（六）病原微生物污染物

生物污染物是指废水中含有的致病性微生物。污水和废水中含有多种微生物，大部分是无害的，但其中也含有对人体与牲畜有害的病原体。病原微生物污染物主要是指病毒、病菌、寄生虫等，主要来源于制革厂、生物制品厂、洗毛厂、屠宰厂、医疗单位及城市生活污水等。危害主要表现为传播疾病：病菌可引起痢疾、伤寒、霍乱等；病毒可引起病毒性肝炎、小儿麻痹等；寄生虫可引起血吸虫病、钩端螺旋体病等。

（七）热污染

热废水来源于工业排放的废水，其中尤以电力工业为主，其次有冶金、石油、造纸、化工和机械工业等。

热废水对环境的危害，主要是：导致水域缺氧，影响水生生物正常生存；原有的生态平衡被破坏，海洋生物的生理机能遭受损害；会使渔场环境变化，影响渔业生产等。

五、污染水体的物化与生物作用

污染物进入水体后，在水环境的迁移转化过程中将产生一系列物理、化学、生物学反应，结果造成水质的显著改变。其作用结果对水体水质的改变将存在两种截然不同的结果：或造成水体恶化，或使得水体净化。

概括起来，对于水体恶化的作用主要表现在下面几个方面。

①有机物在水中经微生物的转化作用可逐步降解为无机物，从而消耗水中溶解氧。

②难降解的人工合成的有机物形成特殊污染。

③物理、化学和生物学的沉积作用，大量的有毒有害金属组分、难分解的有机物、营养物在水体底泥中积累，在食物链或营养链中高度富集。加剧了对水体水质、人体健康、生态环境的损害。

物理（机械过滤、稀释作用）、化学（吸附、溶解和沉淀、氧化 - 还原反应、络合）和生物作用（微生物降解、植物摄取）对污染水体具有净化效果，这也就是通常所提到的自然净化或污染物的自然衰减。

物理自净作用是指水体的稀释、扩散、混合、吸附、沉淀和挥发等作用。物理自净作用只能降低水体中污染物质的浓度，并不能减少污染物质的总量。

化学及生化自净是指污染物质通过氧化、还原、吸附、凝聚、中和等反应使其浓度降低。化学及生化自净作用包括化学、物理化学及生物化学作用，其具体反应又可分为污染物的氧化与还原反应、酸碱反应、吸附与凝聚、水解与聚合、分解与化合等。

生物化学净化作用是指水体中的污染物通过水生生物特别是微生物的氧化分解作用，使其存在形态发生变化和浓度降低的过程。在其作用下，有机污染物的总量不断减少，并被无机化和无害化。因此，生物化学净化作用在水体自净作用中起到了主要作用。

（一）稀释、扩散与混合作用

稀释是指污染物质进入天然水体后，由于人为的或自然的作用，污染水体规模不等地受到外部未污染或轻微污染水体的补给，产生水量交换，改变污染水体的水文和水动力学条件，进而不同程度地降低污染水体的污染程度，减缓水质恶化的速度。距排污口越近，污染物质的浓度越高，反之越低。自然界中，无论是地面水体或是地下水体广泛存在着不同水体之间的交换过程和稀释作用。

污染物质顺水流方向的运动称为对流，污染物质由高浓度区向低浓度区迁移称为扩散。稀释作用取决于对流和扩散的强度。

污水与天然水的混合状况，取决于天然水体的稀释能力、径（天然水体的径流量）污（污水量）比、污水排放特征等。

（二）沉淀作用

由于环境条件变化或外来化学物质的引入，水体中部分污染物质形成新的化合物，在溶解度的控制下发生沉淀。降低污染物在水体中的含量，实现水质恢复。如水中的重金属离子与有机或无机配位体结合形成溶解度较低的有机或无机络合物产生沉淀。

（三）吸附作用

在水体悬浮物或底泥中广泛存在比表面积较大和带电的颗粒物质，通过表面能或电化学作用，具有较高的物理或化学吸附性能。吸附作用是污染物进入水系统普遍存在的净化作用。

物理吸附：靠静电引力使液态中的离子吸附在固态表面上。键联力较弱，在一定条件下，固态表面所吸附的离子可被液态中的另一种离子所替换，为可逆反应，称为“离子交换”。

化学吸附：靠化学键结合，被吸附的离子进入胶体的结晶格架，成为结晶格架一部分，反应为不可逆的。构成化学吸附作用的主要有离子交换、表面络合和表面沉淀。

吸附与沉淀虽使水质得到了净化，但底质中污染物却增加了，因而水体存在着引发二次污染的隐患。

（四）氧化还原、酸碱反应作用

氧化还原是水体化学净化的主要作用。水体中的溶解氧可与某些污染物产生氧化反应。如铁、锰等重金属可被氧化成难溶性的氢氧化铁、氢氧化锰而沉淀。硫离子可被氧化成硫酸根随水流迁移。还原反应则多在微生物的作用下进行，如硝酸盐在水体缺氧条件下被反硝化菌还原成氮气而被去除。

水体中存在的矿物质（如石灰石、白云石、硅石）以及游离二氧化碳、碳酸盐碱度等，对排入水体的酸、碱有一定的缓冲能力，使水体的pH维持稳定。当排入的酸、碱量超过缓冲能力后，水体的pH就会发生变化。若变成偏碱性水体，会引起某些物质的逆向反应，例如已沉淀于底泥中的三价铬、硫化砷等，可分别被氧化成六价铬、硫代亚砷酸盐而重新溶解；若变成偏酸性水体，沉淀于底泥的重金属化合物又会溶解而从污泥中溶出。

（五）有机物分解

大量有机物进入水体后，在适宜的环境条件下，由于生物作用，使得复杂的有机物分解成为简单的有机物，进一步可分解成为CO_2和H_2O，降低了水体的污染程度。

六、水体自净的特点

水体自净可以发生在水中，如污染物在水中的稀释、扩散和水中生物化学分解等；可以发生在水与大气界面，如酚的挥发；也可以发生在水与水底间的界面，如水中污染物的沉淀、底泥吸附和底质中污染物的分解等。

（一）地下水的自净特点

地下水的自净作用是指污染物质在进入地下水层的途中和在地下水层内所受到的有利的改变。这种改变的产生在物理净化方面有土壤和岩石空隙的过滤作用，以及土壤颗粒表面的吸附作用；在生物净化方面有土壤表层微生物的分解作用；在化学净化方面有化学反应的沉淀作用和土壤颗粒表面的离子交换作用。通过这些作用，原来不良的水质可以得到一定程度的改善。

地下水的自净特点是吸附过滤作用强，微生物分解、离子交换作用强。

（二）河口的自净特点

河口的自净特点是双向流动、絮凝吸附、离子交换作用强。

（三）河流水体的自净特点

河流是流动的，因此河流水体的自净特点都是通过水流作用所产生的一系列自净效应体现的，其特点如下。

①流动的河水有利于污染物的稀释、迁移，所以稀释、迁移能力强。

②河水流动使水中的溶解氧含量较高。流动的河水，由于曝气作用显著，使水中溶解氧含量较高，分布比较均匀，有利于生物化学作用和化学氧化作用对污染物的降解。

③河水的沉淀作用较差。河流水体中的沉淀作用往往只在水流变缓的局部河段发生。河水通过沉淀对水中杂质的净化效果远不如湖泊和水库明显。

④河流的汇合口附近不利于污染物的排泄。在河流的汇合口附近（如干支流汇河口、河流入湖库口、大江大河入海口等），河水经常变动着流向和流速，在这个地带，水体中的污染物质会随水流变化而产生絮凝和回荡现象，不利于污染物的排放和迁移，使污染物质在河段中停留与分解的时间较长。

⑤河流的自净作用受人类活动的干扰和自然条件的变化影响较大。暴雨洪水的冲刷可使局部地区原沉积河底的污染物质重新进入水中，结果使水体的底质得到净化而水质受到污染；汛期和枯水期河流的流量组成和变化很大，自净作用的差异也很显著。

总之，河流的水流作用明显，产生自净作用的因素多、自净能力强，河水被污染后较容易进行控制和治理。

（四）湖泊、水库水体的自净特点

湖泊、水库水体基本上属于静水环境，流速的分布梯度不明显，因此其自净特点与河流有很大差别。

①沉淀自净作用强。湖泊、水库的深度较大，流动缓慢，在水体自净作用中，最明显的是对水中污染物质的沉淀净化作用和各种类型的生物降解作用，而稀释、迁移及流动扩散效应相对较小。

②随季节性变化的水温分层影响自净（复氧）。对于深水湖泊、大型水库，由于水深大，水层间的水量交换条件差，因此一般存在着随季节性变化的水温分层现象，对水体的自净作用有特殊的影响。

③水中溶解氧随水深变化明显。湖泊、水库水体只有在表层水与大气接触过程中产生曝气作用，太阳辐射产生的光合作用也只在表水层中进行，这样造成了水中溶解氧随水深而明显变化，湖泊、水库表层的溶解氧最高，而在中间水层的底部溶解氧常减小很多（甚至为零），随着水深继续加大，溶解氧又有上升，最后又逐渐减小，至湖底部常减为零，所以湖泊、水库底部常呈缺氧状态。表水层的氧分解活跃，中间水层兼气性微生物作用明显，而在湖泊、水库底部基本上是厌氧分解作用。

④湖泊、水库水体污染后难以恢复（迁移能力弱，受人类控制干扰强）。湖泊、水库水体与外界的水量交换小，污染物进入后，会在水体中的局部地区长期存留和累积，这使得湖泊、水库水体被污染后难以恢复。

总之，与河流相比，湖泊、水库水体中的污染物质的紊动扩散作用不明显，自净能力较弱，水体受到污染后不易控制和治理。

第二节　水污染的危害及控制措施

一、水污染的危害

我国水污染危害主要体现在以下方面。

（一）降低饮用水的安全性，危害人的健康

长期饮用水质不良的水，必然会导致体质不佳、抵抗力减弱，引发疾病。伤寒、霍乱、胃肠炎、痢疾等人类疾病，均由水的不洁引起。当水中含有有害物质时，对人体的危害就更大。

饮用水的安全性与人体健康直接相关。安全饮用水的供给是以水质良好的水源为前提的。水源受到的污染使原有的水处理工艺受到前所未有的挑战，有的已不可能生产出安全的饮用水，甚至不能满足冷却水及工艺用水的水质要求。

水污染后，通过饮水或食物链，污染物进入人体，使人急性或慢性中毒。水环境污染对人体健康的危害最为严重，特别是水中的重金属、有害有毒有机污染物及致病菌和病毒等。

重金属毒性强，对人体危害大，是当前人们最关注的问题之一。重金属对人体危害的特点：

①饮用水含微量重金属，即可对人体产生毒性效应；

②重金属多数是通过食物链对人体健康造成威胁；

③重金属进入人体后不容易排泄，往往造成慢性累积性中毒。

（二）影响工农业生产，降低效益

有些工业部门，如电子工业对水质要求高，水中有杂质，会使产品质量受到影响。尤其是食品工业用水要求更为严格，水质不合格，会使生产停顿。某些化学反应也会因水中的杂质而发生，使产品质量受到影响。废水中的某些有害物质还会腐蚀工厂的设备和设施，甚至使生产不能进行下去。

农业使用污水，使作物减产，品质降低，甚至使人畜受害，大片农田遭受污染，降低土壤质量。

水质污染后，工业用水必须投入更多的处理费用，造成资源、能源的浪费，这也是工业企业效益不高、质量不好的因素之一。

（三）影响农产品和渔业产品质量安全

目前，我国污水灌溉的面积比 20 世纪 80 年代增加了很多，由于大量未经充分处理的污水被用于灌溉，已经使上千万亩农田受到重金属和合成有机物的污染。长期的污水灌溉使病原体、“三致”物质通过粮食、蔬菜和水果等食物链迁移到人体内，造成污水灌溉区人群寄生虫、肠道疾病发病率、肿瘤死亡率等大幅度提高。

有机污染物分耗氧有机物和难降解有机物。耗氧有机物在水体中发生生物化学分解作用，消耗水中的氧，从而破坏水生态系统，对鱼类影响较大。

（四）造成水的富营养化，危害水体生态系统

生活污水含有大量氮、磷、钾，一经排放，大量有机物在水中降解放出营养元素，引起水体的富营养化，藻类过量繁殖。在阳光和水温最适宜的季节，藻类的数量可达 100 万个 /L 以上，水面出现一片片“水花”，称为“赤潮”。水面在光合作用下溶解氧达到过饱和，而底层则因光合作用受阻，藻类和底生植物大量死亡，它们在厌氧条件下腐败、分解，又将营养素重新释放进水中，再供给藻类，周而复始，因此水体一旦出现富营养化就很难消除。水生生态系统结构、功能失调，水体使用功能受到很大影响，甚至使湖泊、水库退化、沼泽化。

富营养化水体对鱼类生长极为不利，过饱和的溶解氧会产生阻碍血液流通的生理疾病，使鱼类死亡；缺氧也会使鱼类死亡。而藻类太多堵塞鱼鳃，影响鱼类呼吸，也能致死。

含氮化合物的氧化分解会产生硝酸盐，硝酸盐本身无毒，但硝酸盐在人们体内可被还原为亚硝酸盐。研究认为，亚硝酸盐可以与仲胺作用形成亚硝胺，这是一种强致癌物质。因此，有些国家的饮用水标准对亚硝酸盐含量提出了严格要求。

（五）加剧水资源短缺危机，破坏可持续发展的基础

对于一些本来就贫水的国家而言，水污染导致的问题更加严重。水污染使水体功能降低，甚至丧失，更加加重贫水地区缺水的程度，还使一些水资源丰富的地区和城市面临着大面积水质不合格而严重影响使用的问题，形成了所谓的污染型缺水，可持续发展无从谈起。

二、水污染防治措施

（一）加强公民的环保意识

保护环境需要每一个人共同的努力，增强居民的环保意识是一件积极而有意义的事情，为此，可以加大环保的宣传力度。只有人们增强了环保意识，才能对自己的行为更加负责，破坏环境的水污染行为也会减少一部分。

（二）强化对饮用水源取水口的保护

饮用水源直接关乎人们的身体健康和生活质量，有关部门要划定水源区，在区内设置告示牌并加强取水口的绿化工作。另外，还要组织一部分人员定期进行检查，保证取水口水质。

（三）加大污废水的治理力度

污水处理厂的数量与污水的排放量要保证一定的比例才能更好地实现污水处理。而目前城市人口不断增加，居民生活水平稳步提高，城市的废水排放量也随之不断地增加，在这种情况下，要建设更多的污水处理厂来帮助改善城市水环境状况。否则随着污水量的增加，会导致处理不及时，而引发更多不良后果。

（四）少量创建填埋场

填埋场占地面积大，无形中造成土地资源的一种浪费，所以创建的数量不宜过多。可少量创建填埋场，让废水废气都能够经过处理，再排放至河流。这种做法也能起到一定的作用。

（五）实现废水资源化利用

可以预见在未来的时间里，工业的废水排放量还会继续增加，为了改善目前水污染状况，要从各个环节做起，用的时候更加合理，末端治理更加积极，同时还可以对废水进行再利用。

（六）实施清洁生产

开发实施化工清洁生产是十分复杂的综合过程，且因各化工生产过程的特点各不相同，故没有一个万能的方案可沿袭。但根据清洁生产的原理以及近年来应用清洁生产技术的实践经验，可以归纳如下一些实现化工清洁生产的途径。

1. 强化企业内部清洁生产管理

在实施过程中，对化工生产过程、原料储存、设备维修和废物处置等各个环节都可以强化企业内部清洁生产管理。

（1）物料装卸、储存与库存管理

对原料、中间体和产品及废物的储存和转运设施进行检查的过程需要注意以下内容：对使用各种运输工具的操作工人进行培训，使他们了解器械的操作方式、生产能力和性能；在每排储料桶之间留有适当、清晰空间，以便直观检查其腐蚀和泄漏情况；除转移物料时，应保持容器处于密闭状态；保证储料区的适当照明。

实施库存管理，适当控制原材料、中间产品、成品以及相关的废物流，被工业部门看成是重要的废物削减技术。很多情况下，废物就是过期的、不合规的、玷污了的或不需要的原料，泄漏残渣或损坏的制成品。这些废料的处置费用不仅包括实际处置费，而且包括原料或产品损失，这可能给公司造成很大的经济负担。
控制库存的方法可以从简单改变订货程序到及时实施制造技术，这些技术的大部分都为企业所熟悉，但是，人们尚未认为它们是非常有用的废物削减技术。许多公司通过压缩现行的库存控制计划，帮助削减废物的生产量。

在许多生产装置中，一个普遍忽视或没有适当注意的地方是物料控制，包括原料、产品和工艺废物的储存及其在工艺和装置附近的输送。适当的物料控制程序将保证进入生产工艺中的原料不会泄漏或受到玷污，以保证原料在生产过程中有效使用，防止残次品及废物的产生。

（2）改进操作方式，合理安排操作次序

这种办法可能需要调整生产操作次序和计划，也会影响到原料、成品库存和装运。

（3）实现资源和能源充分、综合利用

对原料和能源的充分综合利用，可以显著降低产品的生产成本，同时可以减少污染物的排放，降低“三废”处理的成本。

（4）其他

组织物料和能源循环使用系统。

2. 工艺技术改革

（1）生产工艺改革

以乙烯生产为例。从发展方面来看，乙烯生产装置趋于大型化，某些技术落后的小型石油化工装置必须进行改造，才能降低单位乙烯产品的污染物排放量。

（2）工艺设备改进

采用高效设备，提高生产能力，减少设备的泄漏率。

（3）工艺控制过程的优化

大多数工艺设备都是使用最佳工艺参数（如温度、压力和加料量）设计的，以取得最高的操作效率。此外，采用自动控制系统监测调节工作操作参数，维持最佳反应条件，加强工艺控制，可增加生产量，减少废物和副产物的产生。

3. 废物的厂内再生利用技术

废物的厂内再生利用技术包括废物重复利用和再生回收。我国有机化工原料行业在废物再生利用与回收方面，开发推广了许多技术。

第二章　污水处理总体设计

第一节　污水收集与提升

城市污水按其来源的不同，可分为生活污水、工业废水和由降水所产生的径流污水三类。

生活污水——人们日常生活中用过的水，包括从厕所、浴室、盥洗室、厨房、食堂和洗衣房等处排出的水。生活污水中的主要污染物有蛋白质、动植物脂肪、碳水化合物、尿素、氨氮、合成洗涤剂以及在粪便中出现的病原微生物等。

工业废水——在工业生产中排出的废水。工业废水按照污染程度的不同，可分为生产废水和生产污水两类。工业废水中的污染物因产品性质和生产过程的不同而不同。按其所含污染物的主要成分分类，可分为酸性废水、碱性废水、含氰废水、含汞废水、含酚废水、含油废水等。

降水径流污水——大气降水，包括液态降水（如雨、露）和固态降水（如雪、冰雹、霜等）。通常降雨是排水的主要对象，其在径流过程中被地面的许多污染物污染，如废弃物、垃圾、降尘等。

为保护环境，在进行污水处理与再生利用之前，需要建设一套完整的排水收集系统，即收集、输送、提升等系列工程设施。

一、排水体制的类型及选择

按城市污水的不同排放方式，其所形成的排水系统，称为排水体制。排水体制一般分为分流制和合流制两种。

（一）排水体制的类型

1. 分流制排水系统

分流制排水系统是将生活污水、工业废水和雨水分别在两个或两个以上的各自独立的管渠系统内排除。

根据雨水管渠系统的完整性，分流制排水系统又可分为完全分流制和不完全分流制两种。在完全分流制排水系统中，雨水、污水各自设有单独的排水管道系统。在不完全分流制排水系统中，只设污水排水管道，不设或设置不完整的雨水排水管道系统，雨水沿地面或街道边的沟渠排放。

2. 合流制排水系统

合流制排水系统是合用一个管渠系统，将雨水、污水（包括生活污水、工业废水）排除。国内许多老城市由于当时的条件所限，在早期市政建设时都是采用简单的直流式合流系统。

随着城市建设的发展，直流式合流制排水系统已逐渐改造为截流式合流制排水系统。

3. 工业企业内部的排水系统

由于工业废水的成分和性质很复杂，在工业企业中，一般采用分流制排水系统。

工厂内废水宜采用分质分流、清污分流等多种管道系统来分别排除不同性质的废水。如具有循环给水系统和局部处理设施的分流制排水系统。工业废水排放要求：不允许将含有特殊污染物质的有害生产污水与生活或一般生产污水直接混合排放，应在车间附近设置局部处理设施。废水经冷却后在生产中循环使用。

（二）排水系统的组成与布置形式

1. 城市污水排水系统的主要组成

城市污水排水系统由室内污水管道系统、室外排水管道系统、污水泵站、污水处理厂和出水口组成。

（1）室内污水管道系统

室内污水管道系统的作用是收集建筑内的生活污水，并将其排送至室外居住小区污水管道中。室内污水管道系统主要包括室内卫生设备、排水横管、排水立管、出户管、检查井、化粪池以及室外连接管道。

（2）室外排水管道系统

室外排水管道系统由居住小区污水管道系统（也叫作庭院或街坊污水管网）和街道污水管道系统以及管道上的附属构筑物组成。街道污水管道系统是指敷设在街道下，用以排除居住小区管道流来的污水，它由排水支管、干管和主干管组成。管道系统上的附属构筑物有各种检查井、跌水井、倒虹管等。

（3）污水泵站及压力管道

污水一般以重力排出，有时受到地形的限制，需要在管道系统中设置污水提升泵站。污水泵站分为局部泵站、中途泵站和总泵站等。从泵站出来的污水提升至高地的自流管道或至污水厂的承压管段，称为压力管道。

（4）污水处理厂

污水处理厂是由用来处理和处理后再利用的污水、污泥的一系列构筑物和附属建筑物组成的污水处理系统。

（5）出水口及事故排出口

出水口是城市污水排入水体的终点构筑物。事故排出口是在排水系统的中部，或在某些易发生故障的局部前设置的辅助性出水口。

2. 工业企业内部废水排水系统的主要组成

工业企业内部的废水排水系统一般由以下部分组成：①车间内部的设备和排水管道系统；②厂区排水管道系统；③污水泵站及压力管道；④废水处理站。

（1）雨水排水系统的主要组成

雨水排水系统的主要组成部分：①建筑物的雨水管道系统；②居住小区或工厂的雨水管渠系统；③街道雨水管渠系统；④雨水泵站；⑤排洪沟；⑥出水口。

（2）城市排水系统的布置形式

①平面布置。

城市排水系统的平面布置形式可分为正交式、截流式、平行式、分区式、辐射状分散式。

②高程布置。

排水管网的高程布置应根据城市的竖向规划，由控制点、最小埋深、最大埋深、泵站和跌水等条件确定。

在排水区域内，对管道埋深起控制作用的地点称为控制点。管道的最小埋深和最大埋深的数值，应根据当地的自然条件、工程技术经济指标、施工能力和施工方法确定。当管线超过最大埋深时，应设置泵站来提高下游管道的位置。

（三）排水体制的选择

合流制排水系统，对于降水量较少的干旱地区和汇水面积较小的村镇排水较为适用。但是由于合流管渠平时输送的旱季污水量和雨季输送的合流污水量相差悬殊，因此，合流管渠容易产生沉积。

分流制排水系统，可以为系统终端的分质处置提供条件。因此，对于充分利用水资源来说，是比较理想的排水体制。

总之，合理选择排水系统的体制，是城市和工业企业排水系统规划和设计的重要问题。它不仅从根本上影响排水系统的设计、施工、维护管理，而且对城市和工业企业的规划和环境保护影响深远。

二、污水管网水力计算及工程设计

污水管道系统的工程设计包括：①设计基础数据的收集；②污水管道系统的平面布置；③污水管道设计流量计算和水力计算；④污水管道系统附属构筑物的选择与设计；⑤污水管道在街道横断面上位置的确定；⑥绘制污水管道系统平面图和纵剖面图。

（一）污水管道设计方案的确定

1. 设计资料的调查与收集

进行排水工程设计时，通常需要有以下几个方面的基础资料。

（1）与设计任务有关的基础资料

①了解与设计工程有关的当地规划、经济、环保等方面的资料；

②明确设计范围、设计期限；

③根据设计人口、污水量定额确定排水体制；

④了解受纳水体的环保要求，确定污水处理方式；

⑤了解现有排水管道布置及其存在的问题；

⑥了解现有各种地下管线，确定污水管道在街道下纵横断面的布置；

⑦在明确任务和全面掌握情况的基础上，最后根据工程投资，确定设计标准。

（2）关于自然条件方面的资料

①地形图。初步设计和施工图设计时，区域性规划设计与中小城镇设计以及工厂内部设计应采用不同比例的地形图。

②气象资料。主要包括当地的气温、风向和风速、暴雨强度公式等。

③水文资料。主要包括受纳水体的水量、水位、流速、洪水情况和水质与环保部门对污水排放的要求。

④地质资料。主要包括设计地区的土质、承载力；地下水水位；地震烈度资料；管道沿线的地质柱状图。

（3）有关工程情况的资料

主要包括道路的现状和规划、地面和地下建筑物的位置和高程、各种地下管线的位置、管材和建材供应情况、施工队伍的水平等。

2. 设计方案的制定

在进行排水工程规划设计时，应提出多个不同的设计方案，进行综合性技术经济比较。

在方案设计中应考虑的关键问题是：①排水体制的选择；②污水的分散与集中

处理以及污水处理的程度；③污水管道走向和污水厂位置；④污水管道与其他管线的交叉矛盾。

排水工程建设投资巨大、涉及问题广泛，设计方案应力求做到技术先进、经济合理、安全适用。为此，应该对不同方案的技术水平、工程量和建设投资、运行管理费用、经济效益、环境效益和社会效益等进行综合评价，从而确定最佳的设计方案。

（二）污水管网水力计算

1. 污水设计流量的计算

污水管道常采用最大日最大时的污水流量为设计流量，其单位为 L/s。它包括生活污水设计流量和工业废水设计流量（在地下水位较高的地区，应适当考虑地下水渗入量）。

生活污水设计流量由居住区生活污水设计流量和工厂生产区的生活污水设计流量两部分组成。计算生活污水设计流量时，需要先确定设计标准、变化系数和设计人口等重要参数。

（1）污水量设计标准

①居住区生活污水量设计标准。居住区生活污水量设计标准可依据居民生活污水定额或综合生活污水定额确定。

居民生活污水是指居民日常生活中洗涤、冲厕、洗澡等产生的污水。

综合生活污水是指居民生活污水和公共设施排水两部分之和。

以上两种定额应根据当地采用的用水定额，结合建筑物内部给水排水设施和排水系统的完善程度等因素确定。

②工业企业中的生活污水量。工业企业中的生活污水量和淋浴水量的标准及厂内公用建筑物生活污水量的标准，应与国家现行的《室外给水设计规范》的有关规定相协调。

③工业企业中的生产废水量。工业废水量可按单位产品的废水量计算，或按工艺流程和设备的排水量计算，也可按实测数据计算，但应与国家现行的工业用水量有关规定相协调。

（2）污水量变化系数

①污水量变化系数的定义。污水量的变化程度通常用变化系数表示。变化系数分日、时和总变化系数：

日变化系数是指一年中最大日污水量与平均日污水量的比值；

时变化系数是指最大日最大时污水量与该日平均时污水量的比值；

总变化系数是指最大日最大时污水量与平均日平均时污水量的比值。

②工业废水量的变化系数。工业企业的工业废水量及其总变化系数应根据生产工艺过程特点和生产性质确定，并与国家现行的工业用水量有关规定相协调。

2. 污水管道的水力计算

（1）水力计算基本公式

污水管道一般采用重力流，污水靠管道两端的落差从高处流向低处。重力流管道中的水流可分为两种流态：

①稳定均匀流——在管道、坡度和管径不变的直线管道，污水流量沿程不变或变化很小时，管内污水流态接近于均匀流，可采用稳定均匀流公式进行水力计算；

②明渠非均匀流——管道中的水经转弯、交叉、变径、跌水等处时，水流状态发生改变，流速和流量也会发生变化，此时污水管道内的水流状态为明渠非均匀流。

污水管道水力计算的基本公式：

流量公式：

$$Q=Av \tag{2-1}$$

流速公式：

$$v=C\sqrt{RI} \tag{2-2}$$

式中：Q——流量，m^3/s；

A——过水断面面积，m^2；

V——流速，m/s；

R——水力半径（过水断面面积与湿周的比值），m；

I——水力坡度（等于水面坡度，也等于管底坡度）；

C——流速系数或称谢才系数。

C 值一般按曼宁公式计算，即

$$C=\frac{1}{n}R^{\frac{1}{6}} \tag{2-3}$$

将式（2-3）代入式（2-2）和式（2-1），得：

$$v=\frac{1}{n}R^{\frac{2}{3}}I^{\frac{1}{2}}\ \mathrm{n} \tag{2-4}$$

$$Q=\frac{1}{n}AR^{\frac{2}{3}}I^{\frac{1}{2}} \tag{2-5}$$

式中：n——管壁粗糙系数。

（2）水力计算设计数据

①设计充满度。污水在管道中的充满度是指在设计流量下，污水在管道中的水深和管道内径的比值。污水管道按不满流设计是考虑为未预见水量的增长留有余地，

避免污水外溢，而且管道不满流利于管道内的通风，可排除有害气体，同时便于管道疏通和维护管理。

②设计流速。设计流速是指管道中的流量达到设计流量时，与设计充满度相对应的水流平均流速。为了避免管道中产生淤积或冲刷现象，设计流速不宜过大或过小，应在最大和最小设计流速范围之内。

③最小管径。为避免管道堵塞，当污水上游管段的设计流量很小、计算出的管径较小时，应根据经验确定一个允许的最小管径。

④最小设计坡度。最小设计坡度是指同最小设计流速相对应的坡度。式（2-4）反映了坡度和流速之间的关系，在给定的设计充满度下，管径越大，相应的最小设计坡度值越小。当设计流量很小时采用最小管径的设计管段称为不计算管段。由于这种管段不进行水力计算，没有设计流速，因此就直接采用规定的管道最小设计坡度。

（3）管道的埋设深度和覆土厚度

埋设深度是指管道内壁底部到地面的距离。

覆土厚度是指管道外壁顶部到地面的距离。

①最大允许埋深。管道埋深允许的最大值称为最大允许埋深。一般在干燥土壤中，最大埋深不超过 7 ～ 8m；在多水、流沙、石灰岩地层中，一般不超过 5m。

②最小覆土厚度。管道覆土厚度的最小限值叫作最小覆土厚度。管顶最小覆土厚度应根据管材强度、外部荷载、土壤冰冻深度和土壤性质等条件，并结合当地埋管经验确定。

（4）污水管道水力计算的方法

①水力计算的内容。污水管道的水力计算是在设计流量已知的情况下，计算管道的断面尺寸和敷设坡度。经计算所选择的管道断面尺寸，应在规定的设计充满度和设计流速下，能够排泄设计流量，同时还要考虑经济优化的原则。管道坡度应参照地面坡度和最小坡度的规定，既要使管道尽可能与地面坡度平行敷设以减少埋深，又要控制管道坡度不小于最小设计坡度或控制管道内水流速度大于最小设计流速以及避免流速大于最大设计流速。

②水力计算方法。在实际计算中，已知设计流量 Q 及管壁粗糙系数，需要求管径、水力半径 R、充满度 h/D、管道坡度 I 和流速 v。在两个方程式［式（2-1）、式（2-4）］中，有 5 个未知数，因此必须先假定 3 个再求其他 2 个。这样的数学计算极为复杂，往往需要借助计算机来完成。一般情况下，为了简化计算，常采用水力计算表（见有关设计手册）或水力计算图。

三、污水管道的设计

（一）污水管道系统的平面布置

污水管道系统平面布置应包括：确定排水区界，划分排水流域；管道定线（确定街道支管的路线及在街道上的位置），确定需要提升的排水区域和设置泵站的位置；选择污水厂和出水口的位置等。

排水区界是污水排水系统设置的界线。在排水区界内应根据地形及城市和工业企业的竖向规划划分排水流域。一般来说，在丘陵地区与地形起伏地区，可以按等高线划分分水线，流域边界与分水线相符合；在地形平坦无显著分水线的地区，可依据面积大小划分。

污水厂和出水口位置影响污水主干管的走向。污水厂和出水口一般布置在城市河流的下游或非采暖季节的下风向，或靠近污水再利用的地方。

一般情况下，地形是影响管道平面布置走向的主要因素。

1. 污水干管和主干管平面布置的一般原则

（1）排水区域与汇水面积划分

依据地形并结合街坊布置或小区规划进行划分，相邻系统统筹考虑，排水面积分担合理。

（2）排水出路选定

利用天然排水系统或已建排水干线为出路，要在流量和高程两个方面都保证能够顺利排出。

（3）管道定线

服从城市总体规划的统筹安排：尽量避免穿越不容易通过的地带和构筑物；污水主干管布置要考虑地质条件，尽量布置在坚硬密实的土壤中。

2. 街区内污水支管的平面布置

街区内污水支管的平面布置取决于地形及建筑物特征，并应便于用户出水管接入。街区内污水管道布置通常有低边式、周边式以及穿坊式等几种形式。

（二）污水管道系统控制点标高和污水泵站设置地点

1. 控制点标高的确定

在污水排水区域内，对管道系统的埋深起控制作用的地点称为控制点。控制点埋深影响整个污水管道系统的埋深。

控制点的位置有可能在以下几个地点：①管道的起点，起点离出水口最远，或起点本身为低洼地；②管段中的某一点，管段中具有相当深度的支管接入点或个别低洼地区也有可能成为控制点；③具有相当深度的工厂排出口。

控制点的标高确定，一方面，应根据城市的竖向规划，保证排水区域内各点污水都能够排出。另一方面，不能因照顾个别控制点而增加整个管道系统的埋深。

2. 污水泵站的设置地点

排水管道系统中的污水提升泵站，根据其位置和功能分为中途泵站、局部泵站和终点泵站。当管道埋深接近最大埋深时，为提高下游管道的管位而设置的泵站，称为中途泵站。为将局部低洼地区或地下建筑物的污水抽升到地势较高地区管道中，所设置的泵站称为局部泵站。因为污水管道系统终点的埋深通常很大，而污水处理厂的处理构筑物设置在地面上，需将污水抽升至第一个处理构筑物，这类泵站称为终点泵站或总泵站。

（三）设计管段及设计流量的确定

1. 设计管段的划分

设计管段是指两个检查井之间的管段，采用同样的管径和坡度使其设计流量不变。在划分设计管段时，管径和坡度不改变的连续管段都可以划为设计管段，旁侧管流入的检查井或坡度改变的检查井均可作为设计管段的起点。在排水管道系统中并非所有两个检查井之间都是设计管段。

2. 设计管段的设计流量

每一设计管段的污水设计流量可包括下列几种流量。

（1）本段流量

从管段沿线街坊流入本段的污水流量。

（2）转输流量

从上游管段和旁侧管段流入设计管段的污水流量。

（3）集中流量

从工业企业或其他大型公共建筑物流来的污水量。

为了安全和计算方便，通常假定本段设计污水流量集中在起点进入设计管段，而且流量不变。

（四）污水管道的衔接

1. 管段在衔接时应遵循的原则

检查井上下游的管段在衔接时应遵循以下原则；①尽可能提高下游管段的高程，以减少管道终端的埋深，降低造价；②无论采取哪种衔接方式，下游管段起端的管底和水面标高都不得高于上游管段终端的管底和水面标高；③避免在上游管段中形成回水造成淤积。

2. 管道衔接方式

常用的管道衔接方式有水面平接和管顶平接，在特殊情况下可使用跌水连接方式。

（1）水面平接

水面平接是指在水力计算中，使上游管段终端和下游管段起端在指定的设计充满度下的水面相平。其优点是可以减小下游管段的埋深，不利之处是有可能因管道中流量的变化而产生回水。

（2）管顶平接

管顶平接是指在水力计算中，使上游管段终端和下游管段起端的管顶标高相同。其优点是不太会产生回水现象，但可能会增加埋深。

（3）跌水连接

当地面坡度很大时，管道坡度可能会小于地面坡度，为保证管段的最小覆土厚度、控制管道流速以及减少上游管段的埋深，上下游管道可采用跌水连接的方式。

在旁侧管道与干管交汇前，如果两条管道的管底标高相差较大，则需在具有较高标高的管道上先设跌水井后再进行管道连接。

（五）污水管道在街道上的设置位置

1. 排水管道在街道上布置的一般要求

排水管道与其他地下管道和建筑物、构筑物等相互间的位置，应符合下列要求：在敷设和检修管道时，不应互相影响；在排水管道损坏时，不应影响附近建筑物、构筑物的基础或污染生活饮用水；排水管道与道路中心线平行敷设，并尽量设在快车道以外。

2. 污水管道与给水管道的关系

在污水管道、合流管道与生活给水管道相交时，应敷设在生活给水管道的下面。

3. 污水管道与房屋的距离

当管道的埋深小于 2.2m 时，管道离房屋边线的距离应不小于 3.5m。当埋深大于 2.2m 时，离房屋边线的距离应不小于 5m。

4. 地下管线布置的一般原则

有压管避让无压管，小管让大管，设计管线让已建管线，临时管线让永久管线，柔性结构管线让刚性结构管线，检修次数少的管线让检修次数多的管线。

5. 管线交叉的处理方式

给水管在排水管之上，电力管线在上下水管线之上，煤气管线在给排水管线之上，热水管在上下水管线之上。

（六）污水管道的设计计算步骤

1. 排水系统总平面设计

首先确定污水厂位置和排水出路，其次在城市或小区平面图上布置排水干管、支管以及进行街区编号并计算干管的汇水面积。

2. 干、支管线的平面设计

确定干、支管线的准确位置及各干、支管的井位、井号，并划分设计管段。

3. 确定设计标准

确定设计标准、设计人口数和设计污水量定额。

4. 确定设计流量

确定总变化系数，计算各设计管段的设计流量以及计算工业企业或公共建筑的污水量。

5. 进行水力计算

根据已经确定的管道路线以及各设计管段的设计流量，进行各设计管段的管径、坡度、流速、充满度和井底高程的计算。

污水管道水力计算的原则是不淤积、不冲刷、不溢流、要通风。

在确定设计流量后，由控制点开始，从上游到下游，依次进行干管和主干管各设计管段的水力计算。

进行管道水力计算时，必须细致地研究管道系统的控制点、地面坡度与管道敷设坡度的关系，注意下游管段的设计流速应大于或等于上游，并在适当的地点设置跌水井。

6. 绘制管道平面图和纵剖面图

初步设计阶段的管道平面图通常采用的比例尺为 1∶5000 ~ 1∶10000。施工图设计阶段的管道平面图比例尺常用 1∶1000 ~ 1∶5000。管道纵剖面图的比例尺，一般横向为 1∶500 ~ 1∶2000，纵向为 1∶50 ~ 1∶200。

第二节　污水处理厂总体设计

污水处理厂设计原则：首先必须确保处理后污水达到相应排放标准规定的水质要求；采用的各项设计参数必须可靠；应力求做到经济合理、技术先进、安全运行；注意近远期结合；考虑环境保护、绿化和美观等方面的要求。

一、污水处理厂设计水量的确定

进入城市污水处理厂的城市污水，由居民区的生活污水、公用建筑生活污水、医院污水和位于城区内的工业企业排放的工业废水以及部分地区的降水组成。

（一）生活污水水量的确定

生活污水水量的设计标准可依据居民生活污水定额或综合生活污水定额确定。

1. 居民生活污水水量定额

生活污水水量的大小取决于生活用水量，人们在日常生活中，绝大多数用过的水都成为污水流入污水管道。因此，居民生活污水定额和综合生活污水定额应该根据当地采用的用水量定额，并结合建筑物内部给水排水设施水平和排水系统普及程度等因素确定。可按用水量的 80% ~ 90% 采用。

2. 综合生活污水水量定额

综合生活污水水量，包括居民生活污水和公共建筑设施（如娱乐场所、宾馆、浴室、商业网点、医院、学校、科研院所和机关等地方）生活污水的两部分排水之和。

3. 生活污水水量的计算

生活污水水量通常采用定额计算法，即按生活排水量定额和人口计算。对于未来的污水水量预测，应先预测出未来的人口，再根据已知的人均用水量，按预测的污水排除率得出污水排除定额，然后据此计算生活污水水量。

（二）工业废水水量的确定

工业生产的废水量，通常按单位产品耗水量或万元产值耗水量计算，也可按工艺流程和设备排水量计算，或按实测水量计算。

（三）污水厂设计水量的确定

1. 平均日流量（m^3/d）

这种流量一般用于表示污水处理厂的设计规模。用以计算污水厂年电耗、耗药量、处理总水量、产生并处理的总泥量。

2. 最大日最大时流量（m^3/h）或（L/s）

污水厂进水管设计用此流量。污水处理厂的各处理构筑物（除另有规定外）及厂内连接各处理构筑物的管渠，都应满足此流量。当污水为提升进入时，按每期工作水泵的最大组合流量计算。但这种组合流量应尽量与设计流量相吻合。

3. 降雨时的设计流量（m^3/d）或（L/s）

这种流量包括旱天流量和截流 n 倍的初期雨水流量。用这一流量校核初次沉淀池前的处理构筑物和设备。

4. 最大日平均时流量（m^3/h）

考虑到最大流量的持续时间较短，当曝气池的设计反应时间在6h以上时，可采用最大日平均时流量作为曝气池的设计流量。

当污水处理厂为分期建设时，设计流量采用相应的各期流量。

二、污水处理厂处理工艺的选择和厂址确定

（一）污水处理厂处理工艺的选择

1. 处理工艺选定应考虑的因素

（1）污水处理程度

按受纳水体的水质标准确定，即根据地方政府或国家相关部门对受纳水体规定的水质标准进行确定。

按城市污水处理厂处理工艺所能达到的处理程度确定，一般以二级处理技术能达到的处理程度作为依据。

考虑受纳水体的稀释自净能力，在取得当地环保部门的同意后，一定程度上降低对水处理程度的要求，但对此应采取审慎态度。

当处理水回用时，无论回用的用途如何，在进行深度处理之前，城市污水必须经过完整的二级处理。

（2）工程造价与运行费用

以处理水应达到的水质标准为前提，以处理系统最低造价和运行费为目标，选择技术可靠、经济合理的处理工艺流程。

（3）污水量和水质变化情况

污水量的大小也是选定工艺需要考虑的因素，水质、水量变化较大的污水，应考虑设置调节池或事故贮水池，或选用承受冲击负荷能力较强的处理工艺，或间歇式处理工艺。

（4）当地的其他条件

当地的地形、气候、地质等自然条件也对污水处理工艺流程的选定具有一定的影响。寒冷地区应当采用适合于低温条件运行的或在采取适当的技术措施后也能在低温条件运行的处理工艺；地下水位高、地质条件差的地方不宜选用深度大、施工难度高的处理构筑物。

总之，污水处理工艺流程的选定是一项比较复杂的系统工程，必须对上述各因素进行综合考虑和经济技术比较，才可能选定技术先进、经济合理、安全可靠的污

水处理工艺流程。

2. 城市污水处理的基本工艺

污水三级处理各级主要去除的污染物质和主要处理方法如下。

一级处理：悬浮固体或胶态固体，用格栅、沉砂、沉淀处理方法。

二级处理：胶态有机物、溶解性可降解的有机物，用生物处理方法。

三级处理：不可降解有机物，用活性炭吸附处理方法。溶解性无机物，用离子交换、电渗析、超滤、反渗透、臭氧、化学法。

（二）污水处理厂厂址确定

污水处理厂位置的选择应符合城镇总体规划和排水工程专业规划的要求，并根据下列因素综合确定:①位于城镇水体的下游;②在城镇夏季最小频率风向的上风向侧;③有良好的工程地质条件；④少拆迁、少占农田，有一定的卫生防护距离；⑤有扩建的可能；⑥便于污水、污泥的排放和利用：⑦厂区地形不受水淹，有良好的排水条件;⑧有方便的交通、运输和水电条件。

污水厂的厂区面积应按远期规模确定，并做出分期建设的安排。

三、污水处理厂平面布置原则及竖向设计

（一）污水处理厂平面布置原则

1. 总图布置

总图布置应考虑远近期结合，有条件时，可按远期规划水量布置，分期建设。污水厂应安排充分的绿化地带。

2. 处理单元构筑物的平面布置

处理构筑物是污水处理厂的主体构筑物，其布置应紧凑。构筑物之间的连接管、渠要便捷直通，避免迂回曲折，尽量减少水头损失;处理构筑物之间应保持一定距离，以便敷设连接管渠；土方量做到基本平衡，并尽量避开劣质土壤地段。

3. 管、渠的平面布置

污水厂内管线种类很多，应考虑综合布置、避免发生矛盾。主要生产管线（污水、污泥管线）要便捷直通，尽可能考虑重力自流;辅助管线应便于施工和维护管理，有条件时设置综合管廊或管沟；污水厂应设置超越管道，以便在发生事故时，使污水能超越部分或全部构筑物，进入下一级构筑物或事故溢流。

4. 污泥处理构筑物的布置

污泥处理构筑物应尽可能布置成单独的区域，以保安全，方便管理。

5. 辅助建筑物的布置

污水厂内的辅助建筑物有泵房、鼓风机房、脱水机房、办公室、控制室、化验室、仓库、机修车间、变电所等。

辅助建筑物的布置原则为方便生产、方便生活、确保安全、有利环保。如鼓风机房位于曝气池附近，变电所接近耗电量大的构筑物，办公楼处于夏季主风向的上风一方并距处理构筑物有一定距离等。

6. 厂区道路的布置

污水厂内应合理地设置通向各构筑物及设施的道路。厂内道路的设置既要考虑方便运输，又要考虑分隔不同生产区域。主要行车道路宽：单车道，3.5 ~ 4.0 m；双车道，6.0 ~ 7.0m。转弯半径宜为 6.0 ~ 10.0m。

总之，污水厂的总平面布置应以节约用地为原则，根据污水各建筑物、构筑物的功能和工艺要求，结合厂址地形、气象和地质条件等因素，使总平面布置合理、紧凑、经济、节约能源，并应便于施工、维护和管理。

（二）污水处理厂竖向设计

污水处理厂的竖向设计，也称高程设计。其主要任务是：根据市政排水管道的来水、自然地面和排水口的条件，确定各处理构筑物和泵房的标高及各处理构筑物之间连接管、渠的标高。其目的是通过各控制点的高程计算，最终确定各处理单元的各部位的水面标高。使污水能够按照设计要求，沿处理工艺流程在处理构筑物之间通畅地流动，以确保污水处理厂的正常运行。

四、污水处理厂水力流程设计原则和方法

在进行污水厂的水力流程设计时，所依据的主要技术参数是构筑物的高度和水头损失。在处理流程中，相邻构筑物的相对高差取决于两个构筑物之间的水面高差，这个水面高差的数值就是流程中的水头损失。它主要由三部分组成，即构筑物本身的、连接管（渠）的及计量设备的水头损失等。

污水流经处理构筑物的水头损失，主要产生在进口、出口和需要的跌水处，而流经处理构筑物本身的水头损失通常都较小。

进行水力流程设计时，除应首先计算这些水头损失外，还应考虑以下安全因素，以便留有余地：

①考虑远期发展，水量增加后可能导致的水头损失增加；

②避免处理构筑物之间跌水等浪费水头的现象，充分利用地形高差，实现重力自流；

③在计算并留有余量的前提下，力求缩小全程水头损失及提升泵站的流程，以降低运行费用；

④排放口的设置，应选取经常出现的高水位作为排放水位，并应保证常年大多数时间里能够自流排放水体，注意排放水位一定不选取每年最高水位，因为其出现时间较短，易造成常年水头浪费；

⑤应尽可能使污水处理工程的出水管渠的高程不受洪水顶托，在多数洪水条件下，仍能通过重力自流排放。

连接管中流速一般取 0.7 ~ 1.5 m/s；进入沉淀池时流速可以低些；进入曝气池或反应池时，流速可以高些。设计流速太低时，会导致管径过大，相应管件及附属构筑物规格亦增大；设计流速太高时，则要求管（渠）坡度较大，水头损失增大，会增加填、挖土方量等。在确定连接管（渠）时，应考虑留有水量发展的余地。

污水处理厂中计量槽、薄壁计量堰、流量计的水头损失应通过计量设施有关计算公式、图表或者设备说明书来确定。一般污水厂进、出水管上计量仪表中水头损失可按 0.2m 计算。

第三章　污水的预处理技术

第一节　污水处理技术概述

一、废水处理的分类

（一）污水处理程度分类

城市的污水，包括工业和生活废水，成分极其复杂，主要包括需氧物质、难降解的有机物，藻类的营养物质、农药、油脂，固体悬浮物、盐类、致病细菌和病毒、重金属以及各种的零星漂浮杂物。各类工业废水的组成又互不一致，千差万别。因此，具体的处理方法也有多种多样。目前，城市污水处理正向现代化和大型化方向发展，就其处理的历程而言，主要有一级、二级、三级处理之分，现分别简述如下。

一级废水处理通常采用物理方法，主要目的是清除污水中的难溶性固体物质。诸如沙砾、油脂和渣滓等。一级处理工艺一般由格栅、沉淀和浮选等步骤组成。

二级处理的主要目的是把废水中呈胶状和溶解状态的有机污染物质除掉。通过微生物的代谢作用，将废水中复杂有机物降解成简单的物质，这是二级处理中最常用的生物处理法的基础。目前，在二级处理工艺上主要运用好氧生物处理流程，包括活性污泥法和生物过滤法。

经过二级废水处理后排放，其中还含有不同程度的污染物。必要时，仍需采用多种的工艺流程，如曝气、吸附、化学絮凝和沉淀、离子交换、电渗析、反渗透、氯消毒等，作浓度处理或高级废水处理。其过程包括悬浮固体物的去除、可溶性有机物的去除、可溶性无机物的去除、磷的去除、氮的去除和金属的去除。

三级处理也称为高级处理或深度处理。当出水水质要求很高时，为了进一步去除废水中的营养物质（氮和磷）、生物难降解的有机物质和溶解盐类等，以便达到某些水体要求的水质标准或直接回用于工业，就需要在二级处理之后再进行三级处理。

（二）按作用原理分类

废水处理方法可按其作用原理分为 4 大类，即物理处理、化学处理、物理化学和生物处理。

1. 物理处理

通过物理作用，以分离、回收废水中不溶解的呈悬浮状态的污染物质（包括油膜和油珠），常用的方法有重力分离法、离心分离法、过滤法等。

2. 化学处理

向污水中投加某种化学物质，利用化学反应来分离、回收污水中的污染物质，常用的方法有化学沉淀法、混凝法、中和法、氧化还原（包括电解）法等。

3. 物理化学

利用物理化学作用去除废水中的污染物质。主要处理方法有吸附法、离子交换法、膜分离法、萃取法等。

4. 生物处理

通过微生物的代谢作用，使废水中呈溶液、胶体以及微细悬浮状态的有机性污染物质转化为稳定、无害的物质，可分为好氧生物处理法和厌氧生物处理法。

二、物理处理法

重力分离法指利用污水中泥沙、悬浮固体和油类等在重力作用下与水分离的特性。经过自然沉降，将污水中密度较大的悬浮物除去。离心分离法是在机械高速旋转的离心作用下，把不同质量的悬浮物或乳化油通过不同出口分别引流出来，进行回收。过滤法是用石英砂、筛网、尼龙布、隔栅等作过滤介质，对悬浮物进行截留。蒸发结晶法是通过加热使污水中的水汽化，固体物得到浓缩结晶。磁力分离法是利用磁场力的作用，快速除去废水中难以分离的细小悬浮物和胶体，如油、重金属离子、藻类、细菌、病毒等污染物质。

其他常用物理方法。

（一）混凝澄清法

混凝澄清法是对不溶态污染物的分离技术，指在混凝剂的作用下，使废水中的胶体和细微悬浮物凝聚成絮凝体，然后予以分离除去的水处理法。混凝澄清法在给水和废水处理中的应用是非常广泛的，它既可以降低原水的浊度、色度等水质的感观指标，又可以去除多种有毒有害污染物。废水处理的混凝剂有无机金属盐类和有机高分子聚合物两大类，前者主要有铁系和铝系等高价金属盐，可分为普通铁、铝盐和碱化聚合盐；后者则分为人工合成的和天然的两类。混凝澄清法的主要设备有完成混凝剂与原水混合反应过程的混合槽和反应池，以及完成水与絮凝体分离的沉降池等。

（二）浮力浮上法

浮力浮上法是对不溶态污染物的分离技术，指借助水的浮力，使水中不溶态污染物浮出水面，然后用机械加以刮除的水处理方法。浮力浮上法可分为自然浮上法、气泡浮升法和药剂浮选法。自然浮上法又称隔油，这是因为该法主要用于粒径大于50 ~ 60mm 的可浮油分离，主要设备是隔油池。气泡浮升法主要针对油和弱亲水性的悬浮物，在废水中注气，让细微气泡和水中的悬浮微粒随气泡一起浮升到水面，加以去除，主要设备有加压泵、溶气罐、释放器和气浮池等。药剂浮选法是在水中加入浮选剂，使亲水粒子的表面性质由亲水性转变为疏水性，降低水的表面张力，提高气泡膜的弹性和强度，使细微气泡不易破裂。浮选剂按功能可分为捕收剂、调整剂和起泡剂三类，它们大多是链状有机表面活性剂。

三、化学处理法

化学处理法就是通过化学反应和传质作用来分离、去除废水中呈溶解、胶体状态的污染物或将其转化为无害物质的废水处理法。通常采用的方法有中和、混凝、氧化还原、萃取、气提、吹脱、吸附、离子交换以及电渗透等方法。

（一）电渗析法

电渗析法是对溶解态污染物的化学分离技术，属于膜分离法技术，是指在直流电场作用下，使溶液中的离子作定向迁移，并使其截留置换的方法。离子交换膜起到离子选择透过和截阻作用，从而使离子分离和浓缩，起到净化水的作用。电渗析法处理废水的特点是不需要消耗化学药品，设备简单，操作方便。在废水处理中，电渗析法应用较普遍的类型有：①处理碱法造纸废液，从浓液中回收碱，从淡液中同收木质素；②从含金属离子的废水中分离和浓缩重金属离子，对浓缩液进一步处理或回收利用；③从放射性废水中分离放射性元素；④从硝酸废液中制取硫酸和氢氧化钠；⑤从酸洗废液中制取硫酸及沉降重金属离子；⑥处理电镀废水和废液等。

（二）超滤法

超滤法属于膜分离法技术，是指利用静压差，使原料液中溶剂和溶质粒子从高压的料液侧透过超滤膜到低压侧，并阻截大分子溶质粒子的技术。在废水处理中，超滤技术可以用来去除废水中的淀粉、蛋白质树胶、油漆等有机物和黏土、微生物，还可用于污泥脱水等。在汽车、家具制造业中，用电泳法将涂料沉淀到金属表面后，要用水将制品涂料的多余部分冲洗掉，针对这种清洗废水的超滤设备大部分为醋酸纤维管状膜超滤器。超滤技术对含油废水处理后的浓缩液含油 5% ~ 10%，可直接用于金属切割，过滤水可重新用作延压清洗水。超滤技术还可用于纸浆和造纸废水、洗毛废水、还原染料废水、聚乙烯退浆废水、食品工业废水以及高层建筑生活污水的处理。

四、物理化学法

物理化学法是利用萃取、吸附、离子交换、膜分离技术和气提等操作过程，处理或回收利用工业废水的方法。主要有以下几种。

（一）萃取法

将不溶于水的溶剂投入污水之中，污染物由水中转入溶剂中，利用溶剂与水的密度差，将溶剂与水分离，污水被净化，再利用其他方法回收溶剂。

（二）离子交换法

利用离子交换剂的离子交换作用来置换污水中的离子态物质。

（三）反渗透法

利用一种特殊的半渗透膜来截留溶于水中的污染物质。

（四）吸附法

利用多孔性的固体物质，使污水中的一种或多种物质吸附在固体表面进行去除。吸附法是对溶解态污染物的物理化学分离技术。废水处理中的吸附处理法，主要是指利用固体吸附剂的物理吸附和化学吸附性能，去除废水中多种污染物的过程，处理对象为剧毒物质和生物难降解污染物。吸附法可分为物理吸附、化学吸附和离子交换吸附三种类型。影响吸附的主要因素有：①吸附剂的物理化学性质；②吸附质的物理化学性质；③废水 pH；④废水的温度；⑤共存物的影响；⑥接触时间。常见的吸附剂有活性炭、树脂吸附剂（吸附树脂）、腐殖酸类吸附剂。

吸附工艺的操作方式有静态间歇吸附和动态连续吸附两种。

五、生物处理法

未经处理即被排入河流的废水，流经一段距离后会逐渐变清，臭气消失。这种现象是水体的自然净化：水中的微生物起着清洁污水的作用，它们以水体中的有机污染物作为自己的营养食料，通过吸附、吸收、氧化、分解等过程，把有机物变成简单的无机物，既满足了微生物本身繁殖和生命活动的需要，又净化了污水。在污水中培养繁殖的菌类、藻类和原生动物等微生物，具有很强的吸附、氧化、分解有机污染物的能力。它们在废物处理过程中，对氧的要求不同，据此可将生化处理分为好氧处理和厌氧处理两类。好氧处理是需氧处理，厌氧处理则在无氧条件下进行。生化处理法是废水中应用最久、最广且相当有效的一种方法，特别适用于处理有机污水。

（一）生物塘法

生物塘法，又称氧化塘法，也叫稳定塘法，是一种利用水塘中的微生物和藻类对污水和有机废水进行生物处理的方法。生物塘法的基本原理是通过水塘中的“藻菌共生系统”进行废水净化。所谓“藻菌共生系统”是指水塘中细菌分解废水的有机物产生的二氧化碳、磷酸盐、铵盐等营养物供藻类生长，藻类光合作用产生的氧气又供细菌生长，从而构成共生系统。不同深浅的塘在净化机理上不同，可分为好氧塘、兼氧塘、厌氧塘、曝气氧化塘、田塘和鱼塘。好氧塘为浅塘，整个水层处于有氧状态；兼氧塘为中深塘，上层有氧、下层厌氧；厌氧塘为深塘，除表层外绝大部分厌氧；曝气氧化塘为配备曝气机的氧化塘；田塘即种植水生植物的氧化塘；鱼塘是放养鸭、鱼等的氧化塘。

（二）厌氧生物处理法

厌氧生物处理法是利用兼性厌氧菌和专性厌氧菌将污水中大分子有机物降解为低分子化合物，进而转化为甲烷、二氧化碳的有机污水处理方法。其分为酸性消化和碱性消化两个阶段。在酸性消化阶段，由产酸菌分泌的外酶作用，使大分子有机物变成简单的有机酸和醇类、醛类、氨、二氧化碳等；在碱性消化阶段，酸性消化的代谢产物在甲烷细菌作用下进一步分解成甲烷、二氧化碳等构成的生物气体。这种处理方法主要用于对高浓度的有机废水和粪便污水等处理。

（三）接触氧化法

接触氧化法是一种兼有活性污泥法和生物膜法特点的一种新的废水生化处理法。这种方法的主要设备是生物接触氧化滤池。在不透气的曝气池中装有焦炭、砾石、塑料蜂窝等填料，填料被水浸没，用鼓风机在填料底部曝气充氧；空气能自下而上，夹带待处理的废水，自由通过滤料部分到达地面，空气逸走后，废水则在滤料间格自上向下返回池底。活性污泥附在填料表面，不随水流动，因生物膜直接受到上升气流的强烈搅动，不断更新，从而提高了净化效果。生物接触氧化法具有处理时间短、体积小、净化效果好、出水水质好而稳定、污泥不需回流也不膨胀、耗电小等优点。

第二节　污水预处理之格栅

格栅是由一组平行的金属或非金属材料的栅条制成的框架，斜或垂直置于污水流经的渠道上，用以截阻大块呈悬浮或漂浮状的污染物（垃圾）。

格栅设计的主要参数是确定栅条间隙宽度，栅条间隙宽度与处理规模、污水的性质及后续设备有关，一般以不堵塞水泵和处理设备，保证整个污水处理厂系统正常运行为原则。多数情况下污水处理厂设置两道格栅，第一道格栅间隙较粗，设置在提升泵前面；第二道格栅间隙较细一些，一般设置在污水处理构筑物前。

一、格栅的分类

按形状，格栅可分为平面格栅和曲面格栅。平面格栅由栅条与框架组成，曲面格栅可分为固定曲面格栅与旋转鼓筒式格栅两种。

按栅条净间隙，格栅可分为粗格栅（40 ~ 100mm）、中格栅（10 ~ 40mm）、细格栅（3 ~ 10mm）。粗格栅通常斜置在其他构筑物之前，如沉沙池，或者泵站等机械设备，因此粗格栅对废水预处理起着废水预处理和保护设备的双重作用。细格栅可以有多个放置地点，可放置在粗格栅后作为预处理设施，也可替代初次沉淀池作为一级处理单元。或者置于初次沉淀池后，用来处理初次沉淀池的出水，还可以用来处理合流制排水的溢流水。

按清渣方式，格栅可分为人工清渣格栅和机械清渣格栅。

人工清渣的格栅：中小型城市的生活污水处理厂在所需截留的污染物量较少时，可采用人工清渣的格栅。这类格栅是用直钢条制成，一般与水平呈 50° ~ 60° 倾角安放，这样可以增加有效格栅面积 40% ~ 80%，而且便于清除污物，防止因为堵塞而造成过高的水头损失。

机械清渣的格栅：当每日栅渣量大于 0.2m 时，应采用机械清渣格栅，倾角一般为 60° ~ 70° ，有时为 90° 。

二、设计格栅过程中注意事项

第一，栅条间距：水泵前格栅栅条间距按污水泵型号选定。

第二，清渣方式：大型格栅（每日栅渣量大于 0.2m³）应采用机械清渣。

第三，含水率、容重：栅渣的含水率按 80% 计算，容重约为 960kg/m³。

第四，格过栅流速：过栅流速一般采用 0.6 ~ 1.0m/s。

第五，栅前渠内流速一般采用 0.4 ~ 0.9m/s。

第六，过栅水头损失一般采用 0.08 ~ 0.15m。

第七，格栅倾角一般采用 45° ~ 75°，一般机械清污时＞70°，特殊情况也有 90° 的垂直格栅，人工清污时＜60°。

第八，机械格栅不宜少于 2 台。

第九，格栅间需设置工作台，台面应高出栅前最高设计水位 0.5m；工作台两侧过道宽度不小于 0.7m；工作台面的宽度为：人工清渣不小于 1.2m，机械清渣不小于 1.5m。

三、新型震动格栅

（一）主要技术内容

1. 设备简介

“新型振动格栅污水处理设备”是综合利用振动筛和除砂器两种设备的功能组合而成的，是一种用于市政污水处理系统预处理阶段，能高效去除污水中垃圾杂物及细粒泥沙的设备，是一种更高效、更环保、更节能的新型格栅。通过除砂器和振动筛的组合作用，可以达到清理粗沙（＞75 微米粒径）或清粉沙（25 ~ 75 微米）的要求，这是现有污水处理系统在预处理阶段所达不到的效果，减少了预处理阶段的占地面积，简化设备运行管理，降低了造价成本。

2. 技术关键及优势

①可根据污水状况，选择适合的振动筛进行脱水，使沙与杂物分离；

②分离后的杂物，含水率低，易于堆积；

③分离后的液体基本不含杂质，且含砂率低，不会对后续工艺的机电设备造成堵塞；

④基本可以替代现有一般污水处理工艺的预处理阶段相关设施及构筑物；

⑤振动格栅机的出水可以直接进入工艺中的生化段。

3. 设备构成

振动格栅机主要由栅框、振动栅条或筛网、振动器、旋流除砂器、支架等组成。

（1）栅框

是振动筛的主体框架结构，用来固定振动栅条或筛网，栅框采用减振弹簧装置，在允许振动筛振动的同时，阻止振动传给其他装置。

（2）振动栅条或筛网

主要采用耐磨不锈钢栅条或筛网。可以根据污水预处理效果的需求，选择不同数目规格的筛网。

（3）振动器

振动筛工作时，两电机同步反向旋转使激振器产生反向激振力，迫使筛体带动筛网做纵向运动，使其上的物料受激振力而周期性向前抛出一个射程，从而完成物料筛分作业。

（4）旋流除砂器

旋流除砂器是根据离心沉降和密度差的原理，当水流以一定的压力从除砂器进口以切向进入设备后，产生强烈的旋转运动。由于砂水密度不同，在离心力、向心力、浮力、流体曳力的作用下，因受力不同，从而使密度低的清水上升，由溢流口排出；密度高的砂由底部排砂口排出，从而达到除砂的目的。在一定范围和条件下，除砂器水压越大，除砂率越高，并可多台并联使用。

（5）支架

振动器及筛网的支撑架，置于储液槽之上，起到固定振动器的作用。

4. 主要设备及运行管理

该产品主要为成套设备集成，包含旋流除砂器、振动格栅及草木纸皮振动格栅等。系统全部为自动化设计及控制，可根据客户需求进行产品系统程序控制。在设备运行维护中不需要专人管理，只需要在规定时间做好巡视即可。

（二）效益分析

1. 成本优势

目前，常见的市政污水处理厂预处理工艺流程，在泵站之后，需要配水渠和旋流沉沙池两种构筑物，以及细格栅、砂泵和砂水分离器螺旋输送机、压榨机、人工格栅、闸门等设备，才能完成除砂的预处理，但实际经验表明除砂效率并不理想，大量污水要回流，浪费了能源。

如果使用新型振动格栅污水处理设备，即可完全取代以上的配水渠、旋流沉沙池、细格栅、砂泵和砂水分离器。

使用振动格栅机的预处理系统的造价明显低于目前许多污水处理站实际使用的预处理系统的造价。振动格栅机的系统，土建构筑物只需要做一个基础平台，占地面积也远小于现有的预处理系统。

2. 节能

使用振动格栅机的预处理系统的能耗低于目前许多污水处理站实际使用的预处理系统的能耗。

四、微细格栅

（一）微细格栅的种类

按应用场合分为安装在沟渠中的微细格栅和安装在地面基础上的微细格栅两种。

第一，安装在沟渠中的微细格栅。根据安装角度，常用的安装角度为35°的转鼓（或转耙）式微细格栅和垂直安装的内进流微细格栅。

转鼓（或转耙）式微细格栅：该设备与水平面呈35°角安装在进水沟渠中，主要由转鼓滤网、清洗装置、螺旋输送与压榨合成的一体化装置等组成。污水从转鼓的前端挡水板中间流入转鼓滤网，水通过转鼓侧面的栅缝流出，并将水中的漂浮物等截留在转鼓内。转鼓滤网以一定的速度旋转，转鼓滤网的外侧上方有清洗装置（由冲洗水管及喷嘴组成），高压冲洗水可以将黏附在转鼓滤网上的栅渣冲离滤网，栅渣通过固定在螺旋输送槽体上的刷片将其从滤网上清除并进入螺旋输送槽体，最后通过螺旋体运转将栅渣输送、挤压脱水后运至设备上端的排料斗，栅渣从排料口落至配套的输送机或堆积在地面上。

内进流微细格栅：内进流微细格栅垂直安装于进水沟渠的中央，主要由设备框架、旋转滤网、传动链条、驱动装置、集渣槽、反冲洗装置等组成。两过滤面平行于水流方向，机架下部迎水端开有一个进水洞口，其对侧为封闭端。机架的两侧与沟渠之间的间隙为格栅滤后出水的通道。污水由进水洞口流入设备内排渣区。在此，栅渣被冲洗装置清洗后落入内部的集渣槽内，然后通过输送装置进入螺旋输送机后从内向外通过两侧的过滤网板排出，拦截在内部的栅渣随过滤网板旋转提升至上部的输送机内，而过滤网板也同时被冲洗干净并进入下一个工作循环。

第二，安装在地面基础上的微细格栅。根据有无动力分为无动力的固定式微细格栅（俗称水力筛和有动力的微细格栅）。

固定式微细格栅（俗称水力筛）：由箱体和栅网片组成。污水经进水管进入设备上部稳流槽后均匀布入倾斜放置的栅网上，靠重力作用沿着栅网流下，水从栅网缝隙中向下流出落入设备底部的集水槽中排走。水中固体物质则被截留在栅网上，并在后续水流的冲击和自身重力作用下向栅网底部运动，最后落入地面配套的集渣斗或输送栅渣的设备中，从而达到了固体物质与污水分离的目的。

外进水式旋转式固液分离机：由过滤网筒、箱体、驱动装置、除渣装置、除污转刷、挡板等组成。污水经进水管进入箱体后在水流的冲击下悬浮物附着在旋转的过滤网筒上，截留物通过转刷和转刷下面的刮板清理后与网筒分离，落入地面、配套的集渣斗或输送栅渣的设备中。过滤后的污水从网筒下部的排水管流入基础设备上并通过排水渠进入下道处理工序。由于排水的过程是水以近乎垂直的角度从网筒内流出，且进、出水有高差（接近网筒半径的高度）导致排水有压力，在排水过程中就完成了冲洗网筒的任务，所以该设备不需要配备冲洗装置。

内进水式旋转式固液分离机：由过滤网筒、进水管、传动装置、导向片、出水槽、缓冲布水管、冲洗水管、侧护板、清污刷片、底座等组成。污水经进水管流入缓冲布水管，水从布水管溢出进入旋转的过滤网筒中，水从网筒下部出水槽流入设备基础并通过排水渠（也可以将底座做成带集水槽的一体装置，集水槽带排水管进入下道处理工序）。截留物通过网筒内焊接形成的螺旋状导向片在旋转网筒的离心力作用下逐步从网筒中导出，落入地面、配套的集渣斗或输送栅渣的设备中。

转刷式细格栅：由箱体、栅网、驱动装置、旋转臂、清污刷片等组成。污水经进水管进入设备上部稳流槽后均匀布入倾斜放置的弧形栅网上，污水沿着弧形栅网向下流动并从栅网缝隙中流落到设备底部的集水槽中排走。水中固体物质则被截留在弧形栅网上，截留物通过旋转的两个刮臂从出渣口排到地面、配套的集渣斗或输送栅渣的设备中。

（二）各种微细格栅的特点及应用局限

第一，安装在沟渠中的微细格栅。这种微细格栅由于直接安装在沟渠中不需要泵提升，它具有安装方便、栅渣通过螺旋输送挤压的过程栅渣的含水率比其他微细格栅低的优点。缺点是由于过滤栅网置于水中，虽有高压水进行冲洗，对于含有油污、黏性较强的毛发、纤维等细小悬浮物清理效果不彻底、人工不易清理等劣势，时间长了会导致有效过滤面积逐渐减小，影响格栅的拦污效果。

第二，安装在地面基础上的微细格栅。这种微细格栅由于放置在地面或构筑物上面，人工清理过滤网筒或栅网比较方便，含有转刷的微细格栅对黏性较强的毛发、纤维等细小悬浮物的清除效果也比较好。缺点是需要用在泵提升后面，且除了内进水式旋转式固液分离机因有较长的输送段，其他微细格栅的栅渣含水率不如应用在沟渠中的微细格栅低。

第三节　水量水质调节

工业废水与城市污水的水量、水质都是随着时间而不断变化的，有高峰流量、低峰流量，也有高峰浓度和低峰浓度。流量和浓度的不均匀往往给处理设备带来很多困难，或者无法保证其在最优的工艺条件下运行。为了改善废水处理设备的工作条件，在很多情况下需要对水量进行调节、水质进行调和。

调节的目的是减小和控制污水水量、水质的波动，为后续处理（特别是生物处理）提供最佳运行条件。调节池的大小和形式随污水水量及来水变化情况而不同。调节池池容应足够大，以便能消除因厂内生产过程的变化而引起的污水增减，并能容纳间歇生产中的定期集中排水。水质和水量的调节技术主要用于工业污水处理流程。

工业污水处理进行调节的目的是：

①适当缓冲有机物的波动以避免生物处理系统的冲击负荷；

②适当控制 pH 或减小中和需要的化学药剂投加量；

③当工厂间断排水时还能保证生物处理系统的连续进水；

④控制工业污水均匀向城市下水道的排放；

⑤避免高浓度有毒物质进入生物处理工艺。

一、水量调节

污水处理中单纯的水量调节有两种方式：一种为线内调节，进水一般采用重力流，出水用泵提升；另一种为线外调节，调节池设在旁路上，当污水流量过高时，多余污水用泵打入调节池，当流量低于设计流量时，再从调节池回流至集水井，并送去后续处理。

大型污水处理厂进水通过配水系统将污水平均分配给各平行的处理单元，由于各单元进水管道阻力及流体水力特性的差异，污水处理厂中各单元配水易出现水量不均匀现象。进水配水不均衡造成水量大的单元曝气不足，水量小的单元曝气过剩，曝气不足与过剩都会影响微生物的活性，影响最终处理效果。另外，水量不均造成各处理单元水位不同，一般大型污水处理厂各生物处理单元曝气由总曝气管提供，处理单元水位影响曝气管路的背压，水位高的单元供氧曝气需要克服高水位带来的额外背压。同时，根据生化需氧量计算方法，水量大的好氧生物处理单元需要更多的氧气实现有机物的降解，但由于水量大的单元液位高、背压高，水量小的单元液位低、背压低。如果水厂没有曝气精确控制系统，水量小的单元曝气反而增大，水量大的单元曝气反而减小，进一步加剧了水量与生物处理单元曝气量之间的矛盾，影响了生物处理效果。

二、水质调节

水质调节的任务是对不同时间或不同来源的污水进行混合，使流出水质较均匀，水质调节池也称为均和池或匀质池。

水质调节的基本方法有两种：①利用外加动力（如叶轮搅拌、空气搅拌、水泵循环）而进行的强制调节，其特点是设备较简单、效果较好，但运行费用高；②利用差流方式使不同时间和不同浓度的污水进行自身混合，基本没有运行费，但设备结构复杂。

外加动力的水质调节池，采用空气搅拌;在池底设有曝气管，在空气搅拌作用下，使不同时间进入池内的污水得以混合。这种调节池构造简单，效果较好，并可预防悬浮物沉积于池内。最适宜在污水流量不大、处理工艺中需要预曝气以及有现成空气系统的情况下使用。如污水中存在易挥发的有害物质，则不宜使用空气搅拌调节池，可改用叶轮搅拌。

差流方式的调节池类型很多。典型的有折流调节池，它的配水槽设在调节池上部，池内设有许多折流板，污水通过配水槽上的孔口溢流至调节池的不同折流板间，从而使某一时刻的出水包含不同时刻流入的污水，起到了水质调节的作用。还有对角线出水调节池，其特点是出水槽沿对角线方向设置，同一时间流入池内的污水，由池的左、右两侧经过不同时间流到出水槽，从而达到自动调节和均和的目的。为防止污水在池内短路，可以在池内设置若干纵向隔板。池内设置沉渣斗，污水中的悬浮物在池内沉淀，通过排渣管定期排出池外。当调节池容积很大，需要设置的沉渣斗过多时，可考虑调节池设计成平底，用压缩空气搅拌污水，防止沉砂沉淀。空气量 1.5 ~ $3m^3/(m^2 \cdot h)$，调节池有效水深 1.5 ~ 2m，纵向隔板间距为 1 ~ 1.5m。

三、调节池的设计与计算

（一）调节池的设计

在大中型污水处理厂的设计中，由于进水量变化幅度小，并且处理系统自身的抗冲击能力较强，故没有必要设置调节池对水量的变化进行调节。但小型污水处理厂进水水量变化幅度大，给其运行和管理带来相当的困难，而且对处理设备和处理构筑物的正常运行也带来不利影响，甚至会造成设备损坏以及出水水质不达标。为解决这一矛盾，在进行小型污水处理厂的设计时往往需要设置调节池。

1. 调节池设置条件

是否需要设置调节池主要考虑两个因素：一是水量变化幅度；二是处理工艺类型。

（1）水量变化幅度

小型污水处理厂进水量变幅大，通过设置调节池，可解决水量大幅变化造成的水力冲击，使污水较均匀地进入污水处理系统，减轻水质和水量变化对后续处理设施的不利影响。

（2）处理工艺类型

对于完全混合类型的处理工艺，本身具有较强的抗冲击负荷能力，根据具体情况可不设调节池，如SBR、氧化沟、串联的完全混合反应池等。

对于小型的推流式类型的处理工艺，为保证处理系统的稳定，出水水质稳定达标，则需设置调节池。在具体工程中，还要综合其他因素一并考虑是否需要设置调节池。有时也会出现即使采用完全混合类型的工艺，也要考虑设置调节池。

2. 调节池设置位置

（1）泵前调节

这是一种常规的调节方式。调节池设置在进水提升泵之前，通常的做法是采取与提升泵集水池合建的方式。采用这种布置方式时，由于污水处理厂的进水管一般埋深较大，调节池需要做成下式，其有效调节容积只是集水池最高设计水位（即在进水管内充满度高程）以下的池容。

此种布置方式的缺点是：池中最高水位以上的池容均为无效池容，池容利用率低，尤其是进水管道埋深较大时更加不合理，同时清除污泥困难，土建构造复杂，投资大，不经济。优点是：污水一次提升到位，不需要二次提升；运行管理比较简单方便，节省能耗和运行费用。

此种布置方式的经济性取决于进水管埋深。当埋深较小时无效池容小，优点较突出，值得采用；当埋深较大时，无效容积大，缺点较突出，是否适合需要通过经济比较确定。

（2）泵后调节

此种方式是基于泵前调节的缺点提出的，具有土建投资低、构造简单、排泥方便等优点。该种调节池出水方式有两种：一是泵后高位调节，将调节池设置在高位，然后通过重力流入后续处理构筑物，此种出水方式对调节水量、稳定出流作用不大，工程上较少采用，故不予考虑。二是泵后二次提升调节，调节池后设置二次提升泵，此种出水方式调节水量可控、能保证稳定出流，缺点是由于增加了二次提升，运行费用和能耗会有所增加。

（3）泵前调节与泵后调节比较

泵前调节。

优点：污水一次提升到位，节省设备和运行费用；管理较简单、方便。

缺点：无效容积过大，造价高、施工困难；池深大，排泥困难。

适用性：进水管埋深较浅时适用于小型城镇污水处理厂。

泵后调节。

优点：调节池位于高位，没有无效池容、土建费用低；增加一种选择方案。

缺点：需要二次提升，增加设备和运行费用。要求较高的管理水平。

适用性：管理水平较高时适用于小型城镇污水处理厂。

（二）调节池计算

调节池的容积主要是根据污水浓度和流量的变化范围以及要求的均和程度来计算的。计算调节池的容积，首先要确定调节时间。当污水浓度无周期性变化时，要按最不利情况计算，即浓度和流量在高峰时的区间。采用的调节时间越长，污水越均匀。

先假设某一调节时间，计算不同时段拟定调节时间内的污水平均浓度。若高峰时段的平均浓度大于所求得的平均浓度，则应增大调节时间，直到满足要求为止。反之，若计算出拟调节时间的平均浓度过小，则可重新假设一个较小的调节时间计算。

当污水浓度呈周期性变化时，污水在调节池内的停留时间即为一个变化周期的时间。污水经过一定时间的调节后，其平均浓度可按下式计算：

$$C = \sum_{i=1}^{n} \frac{C_i q_i t_i}{qT} \tag{3-1}$$

式中 c——7 小时内的污水平均浓度，mg/L；

q——T 小时内的污水平均流量，m^3/h；

C_i——污水在 t_i 时段内的平均浓度，mg/L；

q_i——污水在 t_i 时段内的平均流量，m^3/h；

t_i——各时段时间，其总和等于 T。

所需调节池的容积为：

$$V = qT = \sum_{i=1}^{n} q_i t_i \tag{3-2}$$

第四节　沉沙池与沉淀池

一、沉沙池

污水中一般含有砂粒、石屑和其他矿物质颗粒。这些颗粒易在污水处理厂的水池与管道中沉积，引起水池、管道附件的阻塞，也会磨损水泵等机械设备。沉沙池的作用就是从污水中分离出这些无机颗粒，同时防止沉降的砂粒中混入过量的有机颗粒。沉沙池一般设于泉站和沉淀池之间，以保护机件和管道，保证后续作业的正常运行。

沉沙池是采用物理原理将无机颗粒从污水中分离出来的一个预处理单元，以重力分离作为基础（一般视为自由沉淀），即把沉淀池内的水流速度控制在只能使相对密度较大的无机颗粒沉淀，而较轻的有机颗粒可随水流出。

城市污水处理厂应设置沉沙池，其一般规定如下。

①沉沙池的设计流量应按分期建设考虑。当污水以自流方式流入时，设计流量按建设时期的最大设计流量考虑；当污水由污水泵站提升后进入沉沙池时，设计流量按每个建设时期工作泵的最大可能组合流量考虑；对合流制排水系统，设计流量还应包括雨水量。

②沉沙池按去除相对密度 2.65、粒径 0.2mm 以上的砂粒设计。

③沉沙池的个数或分格数不应小于 2 个，并宜按并联系列设计。当污水量较少时，可考虑一格工作、一格备用。

④城市污水的沉砂量可按 106m³，污水沉砂 30m³ 计算。合流制污水的沉砂量应根据实际情况确定。

⑤砂斗容积应按不大于 2d 的沉砂量计算，斗壁与水平面的倾角不应小于 55°　。

⑥沉砂一般宜采用泵吸式或气提式机械排砂，并设置贮砂池或晒砂场。排砂管直径不小于 200mm。

⑦当采用重力排砂时，沉沙池和贮砂池应尽量靠近，以缩短排砂管长度，并设排砂闸门于管的首端，使排砂管畅通和利于养护管理。

⑧沉沙池的超高不宜小于 0.3m。

沉沙池按水流形式可分为平流式、竖流式、曝气式和旋流式四种。

（一）平流式沉沙池

平流式沉沙池是一种常用的形式，它的结构简单，工作稳定，处理效果也比较好。

平流式沉沙池由进水装置、出水装置、沉淀区和排泥装置组成，池中的水流部分实际上是一个加宽加深的明渠，两端设有闸板，以控制水流。当污水流过沉沙池时，由于过水断面增大，水流速度下降，污水中夹带的无机颗粒将在重力作用下而下沉。而密度较小的有机物则处于悬浮状态，并随水流走，从而达到从水中分离无机颗粒的目的。在池底设有 1 ~ 2 个贮砂槽，下接带闸阀的排砂管，用以排除沉砂。平流沉沙池可利用重力排砂，也可用射流泵或螺旋泵进行机械排砂。

1. 平流式沉沙池的设计参数

①最大流速为 0.3m/s，最小流速为 0.15m/s。

②最大流量时停留时间不小于 30s，一般采用 30 ~ 60s。

③有效水深应不大于 1.2m，一般采用 0.25 ~ 1m，每格宽度不宜小于 0.6m。

④进水头部应采取消能和整流措施。

⑤池底坡度一般为 0.01 ~ 0.02。当设置除砂设备时，可根据设备要求考虑池的形状。

2. 平流沉沙池的计算公式

（1）池长

$$L=vt \tag{3-3}$$

式中 v——最大设计流量时的水平流速，m/s；

t——最大设计流量时的停留时间，s。

（2）水流断面面积 A

$$A=\frac{Q_{\max}}{v} \tag{3-4}$$

式中 $Q_{\max}$——最大设计流量，m/s。

（3）池总宽度 B

$$B=\frac{A}{h_2} \tag{3-5}$$

式中 h_2——设计有效水深，m。

（4）贮砂斗所需容积

$$W=\frac{Q_{\max}XT\times 86400}{k_2\times 10^6} \tag{3-6}$$

式中 X——污水的沉砂量，对污水一般采用 30m³/10⁶m³ 污水；

T——排砂时间间隔；

k_2——生活污水流量总变化系数。

（5）贮砂斗各部分尺寸

设贮砂斗的宽 b_1=0.5m，斗壁与水平面的倾角为 60°，则贮砂斗的上口宽 b_2 为：

$$b_2=2h_3'\tan 60^\circ+b_1 \tag{3-7}$$

贮砂斗的容积 V_1 为

$$V_1=\frac{1}{3}h_3'\left(S_1+S_2+\sqrt{S_1S_2}\right) \tag{3-8}$$

式中 h_3'——贮砂斗高度，m；

S_1、S_2——分别为贮砂斗上口和下口面积，m²。

（6）贮砂室的高度

设采用重力排砂，池底坡度 L=6%，坡向砂斗，则贮砂室高度

$$h = h_3^{'} + 0.06l_2 = h_3^{'} + 0.06\left(\frac{L - 2b_2 - b^{'}}{2}\right) \tag{3-9}$$

式中 h——贮砂斗的下口宽，m；

$b^{'}$——二沉砂斗之间隔壁厚，m。

（7）池子总高度

$$h = h_1 + h_2 + h_3 \tag{3-10}$$

式中 h_1——超高，m。

（8）校核最小水流速度

$$v_{\min} = \frac{Q_{\min}}{n_1 A_{\min}} \tag{3-11}$$

式中 $v_{\min}$——设计最小流量，m^3/s；

n_1——最小流量时工作的沉沙池数目，个；

$A_{\min}$——最小流量时沉沙池中水流断面面积，m^2。

（二）竖流式沉沙池

竖流式沉沙池是污水自下而上经中心管流入沉沙池内，根据无机颗粒比水密度大的特点，实现无机颗粒与污水的分离。竖流式沉沙池占地面积小、操作简单，但处理效果一般较差。

1. 设计参数

①最大流速为 0.1m/s，最小流速为 0.02m/s。

②最大流量时停留时间不小于 20s，一般采用 30 ~ 60s。

③进水中心管最大流速为 0.3m/s。

2. 计算公式

（1）中心管直径 d

$$d = \sqrt{\frac{4Q_{\max}}{v_1 \pi}} \tag{3-12}$$

式中 v_1——污水在中心管内流速，m/s；

$Q_{\max}$——最大设计流量，m^3/s。

（2）池子直径 D

$$D=\sqrt{\frac{4Q_{max}\left(v_1+v_2\right)}{\pi v_1 v_2}}$$

（3-13）

式中 v_2——池内水流上升速度，m/s。

（3）水流部分高度

$$h_2=v_2t \tag{3-14}$$

式中 v_2——最大流量时的停留时间，s。

（4）沉砂部分所需容积 V

$$V=\frac{Q_{max}XT\times86400}{k_2\times10^6}$$

（3-15）

式中 X——污水的沉砂量，对城市污水一般采用 $30m^3/10^6m^3$ 污水；

T——排砂时间间隔；

k_2——生活污水流量总变化系数。

（5）沉砂部分高度

$$h_3=(R-r)\tan\alpha$$

（3-16）

式中 R——池子半径，m；

r——圆截锥部分下底半径，m；

α——截锥部分倾角，°。

（6）圆截锥部分实际容积

$$v_1=\frac{1}{3}\pi h_4\left(R^2+Rr+r^2\right)$$

（3-17）

式中 h_4——沉沙池锥底部分高度，m。

（7）池总高度

$$H=h_1+h_2+h_3+h_4 \tag{3-18}$$

式中 h_1——超高，m；

沙沙 h_3——中心管底至沉砂砂面的距离，一般采用 0.25m。

（三）曝气式沉沙池

曝气式沉沙池从 20 世纪 50 年代开始使用，它具有以下特点：①沉砂中含有机物的量低于 5%；②由于池中设有曝气设备，它还具有预曝气、除臭、除泡作用以及加速污水中油类和浮渣的分离等作用。这些特点对后续的沉淀池、曝气池、污泥消化池的正常运行以及对沉砂的最终处置提供了有利条件。但是，曝气作用要消耗能量，对生物脱氮除磷系统的厌氧段或缺氧段的运行也存在不利影响。

曝气沉沙池是一个条形渠道，沿渠道壁一侧的整个长度上，距池底 60 ~ 90cm 处设置曝气装置，在池底设置沉砂斗，池底有 i=0.1 ~ 0.5 的坡度，以保证砂粒滑入砂槽。为了使曝气能起到池内回流作用，在必要时可在设置曝气装置的一侧装设挡板。

污水在池中存在的运动状态为水平流动（流速一般取 0.1m/s，不得超过 0.3m/s）。同时，由于在池的一侧有曝气作用，因而在池的横断面上产生旋转运动，整个池内水流产生螺旋状前进的流动形式。旋转速度在过水断面的中心处最小，而在池的周边则为最大。

由于曝气以及水流的旋流作用，污水中悬浮颗粒相互碰撞、摩擦，并受到气泡上升时的冲刷作用，使黏附在砂粒上的有机污染物得以摩擦去除，螺旋水流还将相对密度较轻的有机颗粒悬浮起来随流水带走，沉于池底的砂粒较为纯净，有机物含量只有 5% 左右，便于沉砂的处置。

1. 设计参数

①旋流速度应保持 0.25 ~ 0.3m/s。

②水平流速为 0.06 ~ 0.12m/s。

③最大流量时停留时间为 1 ~ 3min。

④有效水深为 2 ~ 3m，宽深比一般采用 1 ~ 2。

⑤长宽比可达 5，当池长比池宽大得多时，应考虑设计横向挡板。

⑥每立方米污水的曝气量为 0.2m^3 空气，或 3 ~ 5m^3/(m^2•h)。

⑦空气扩散装置设在池的一侧，距池底 0.6 ~ 0.9m，送气管应设置调节气量的阀门。

⑧池子的形状尽可能不产生偏流或死角，在集砂槽附近可安装纵向挡板。

⑨池子的进口和出口布置，应防止发生短路，进水方向应与池中旋流方向一致，出水方向应与进水方向垂直，并且考虑设置挡板。

⑩池内应考虑设消泡装置。

2. 计算公式

（1）池子总有效容积

$$V = 60Q_{max}t \tag{3-19}$$

式中 Q_{max}——最大设计流量，m^3/s；

t——最大设计流量时的停留时间，s。

（2）水流断面积 A

$$A=\frac{Q_{max}}{v_1} \tag{3-20}$$

式中 v_1——最大设计流量时的水平流速，m/s，一般采用 0.06 ~ 0.12m/s。

（3）池总宽度 B

$$B=\frac{A}{h_2} \tag{3-21}$$

式中 h_2——设计有效水深，m。

（4）池长 L

$$L=\frac{V}{A} \tag{3-22}$$

（5）每小时所需空气量 q

$$q=3600dQ_{max} \tag{3-23}$$

式中 q——每小时所需空气量，m^3/h；

d——每立方米污水所需空气量，m^3/m^3。

（四）旋流沉沙池

旋流沉沙池是利用机械力控制水流流态与流速、加速砂粒的沉淀并使有机物随水流带走的沉砂装置。旋流沉沙池有多种类型，某些形式还属于专利产品，这里介绍一种涡流式旋流沉沙池。

涡流式旋流沉沙池由进水口、出水口、沉砂分选区、集砂区、砂提升管、排砂管、电动机和变速箱组成。污水由流入口沿切线方向流入沉砂区，利用电动机及传动装置带动转盘和斜坡式叶片旋转，在离心力的作用下，污水中密度较大的砂粒被甩向池壁，掉入砂斗，有机物则被留在污水中。调整转速，可达到最佳沉砂效果。沉砂用压缩空气经砂、排砂管清洗后排除，清洗水回流至沉砂区。

二、沉淀池

（一）沉淀的基本原理

在流速不大时，密度比污水大的一部分悬浮物会借重力作用在污水中沉淀下来，从而实现与污水的分离，这种方法称为重力沉淀法。根据污水中可沉悬浮物质浓度的高低及絮凝性能的强弱，沉淀过程有以下四种类型，它们在污水处理工艺中都有具体体现。

1. 自由沉淀

自由沉淀是一种相互之间无絮凝倾向或弱絮凝固体颗粒在稀溶液中的沉淀。

污水中的悬浮固体浓度不高，而且不具有凝聚的性能。在沉淀过程中，固体颗粒不改变形状、尺寸，也不互相黏合，各自独立地完成沉淀过程。颗粒的形状、粒径和密度直接决定颗粒的下沉速度。另外，由于自由沉淀过程一般历时较短，因此污水中的水平流速与停留时间对沉淀效果影响很大。自由沉淀由于发生在稀溶液中，且是离散的，因此，入流颗粒浓度不影响沉淀效果。

2. 絮凝沉淀

絮凝沉淀是一种絮凝性颗粒在稀悬浮液中的沉淀。在絮凝沉淀的过程中，各微小絮状颗粒之间能互相黏合成较大的絮体，使颗粒的形状、粒径和密度不断发生变化，因此沉降速度也不断发生变化。

3. 成层沉淀

当污水中的悬浮物浓度较高时，颗粒相互靠得很近，每个颗粒的沉降过程都受到周围颗粒作用力的干扰，但颗粒之间相对的位置不变，成为一个整体的覆盖层共同下沉。此时，悬浮物与水之间有一个清晰的界面，这种沉淀类型为成层沉淀。

4. 压缩沉淀

发生在高浓度悬浮颗粒的沉降过程中，由于悬浮颗粒浓度很高，颗粒相互之间已集成团状结构，互相支撑，下层颗粒间的水在上层颗粒的重力作用下被挤出，使污泥得到浓缩。

（二）沉淀池概况

沉淀池是分离悬浮固体的一种常用处理构筑物。

1. 沉淀池类型

（1）沉淀池按工艺布置的不同，可分为初次沉淀池和二次沉淀池

①初次沉淀池。初次沉淀池是一级污水处理系统的主要处理构筑物，或作为生物处理中预处理的构筑物。初次沉淀池的作用是对污水中密度大的固体悬浮物进行沉淀分离。放污水进入初次沉淀池后流速迅速减小至 0.02m/s 以下，从而极大减小了水流夹带悬浮物的能力，使悬浮物在重力作用下沉淀下来成为初次沉淀污泥，而相对密度小于 1 的细小漂浮物则浮至水面形成浮渣而除去。初次沉淀池可去除污水中 40% ~ 55% 以上的 SS 以及 20% ~ 30% 的 BOD_5。

②二次沉淀池。通常把生物处理后的沉淀池称为二次沉淀池，是生物处理工艺中的一个重要组成部分。二次沉淀池的作用是泥水分离，使混合液澄清、污泥浓缩并将

分离的污泥回流到生物处理段。其工作效果直接影响回流污泥的浓度和活性污泥处理系统的出水水质。

（2）沉淀池常按池内水流方向不同分为平流式、竖流式、辐流式、斜板（管）沉淀池

①平流式沉淀池。平流式沉淀池呈长方形，污水从池的一端流入，水平方向流过池子，从池的另一端流出。在池的进水口处底部设置贮泥斗，其他部位池底设有坡度，坡向贮泥斗。

②竖流式沉淀池。竖流式沉淀池多为圆形，亦有呈正方形或多角形的，污水从设在池中央的中心管进入，从中心管的下端经过反射板后均匀缓慢地分布在池的横断面上，由于出水口设置在池面或池壁四周，故水的流向基本由下向上，污泥贮积在底部的污泥斗中。

③辐流式沉淀池。辐流式沉淀池亦称为辐射式沉淀池，多呈圆形，有时亦采用正方形。池的进水在中心位置，出口在周围。水流在池中呈水平方向向四周辐射，由于过水断面面积不断变化。故池中的水流流速从池四周逐渐减慢。泥斗设在池中央，池底向中心倾斜，污泥通常用刮泥机（或吸泥机）机械排除。

④斜板（管）沉淀池。斜板（管）沉淀池是根据“浅层沉淀”理论，在沉淀池中设斜板或蜂窝斜管，以提高沉淀效率的一种新型沉淀池。它具有沉淀效率高、停留时间短、占地少等优点。斜板（管）沉淀池应用于城市污水的初次沉淀中，其处理效果稳定，维护工作量小，但斜板（管）沉淀池应用于城市污水的二次沉淀中，当固体负荷过重时，其处理效果不太稳定，耐冲击负荷的能力较差。斜板（管）设备在一定条件下有滋长藻类等问题，给维护和管理工作带来一定的困难。

2. 沉淀池组成

沉淀池由五个部分组成，即进水区、出水区、沉淀区、贮泥区及缓冲区。进水区和出水区的功能是使水流的进入与流出保持均匀平稳，以提高沉淀效率。沉淀区是池子的主要部位。贮泥区是存放污泥的地方，它起到贮存、浓缩与排放的作用。缓冲区介于沉淀区和贮泥区之间，缓冲区的作用是避免水流带走沉在池底的污泥。

沉淀池的运行方式有间歇式与连续式两种。在间歇运行的沉淀池中。其工作过程大致分为三步:进水、静置及排水。污水中可沉淀的悬浮物在静置时完成沉淀过程，然后由设置在沉淀池壁不同高度的排水管排出。在连续运行的沉淀池中，污水是连续不断地流入和排出。污水中可沉颗粒的沉淀是在流过水池时完成。这时可沉颗粒受到由重力所造成的沉速与水流流动的速度两方面的作用。水流流动的速度对颗粒的沉淀有重要的影响。

3. 沉淀池的工艺设计

沉淀池的一般设计原则及参数。

（1）设计流量

沉淀池的设计流量与沉沙池的设计流量相同。在合流制的污水系统中，当废水自流进入沉淀池时，应按最大流量作为设计流域；当用水泵提升时，应按水泵的最大组合流量作为设计流量。在合流制系统中应按降雨时的设计流量校核，但沉淀时间应不小于 30min。

（2）沉淀池的数量

对于城市污水厂，沉淀池应不小于 2 座。

（3）沉淀池的经验设计参数

对于城市污水处理厂，可参考污泥沉淀性能的实测资料。

（4）沉淀池的构造尺寸

沉淀池超高不少于 0.3m；有效水深宜采用 2.0 ~ 4.0m；缓冲层高采用 0.3 ~ 0.5m；贮泥斗斜壁的倾角，方斗不宜小于 60°，圆斗不宜小于 55° 排泥管直径不宜小于 200mm。

（5）沉淀池出水部分

一般采用堰流，在堰口保持水平。初次沉淀池的出水堰的负荷一般取 1.5 ~ 2.9L/（s · m）。有时亦可采用多槽出水布置，以提高出水水质。

（6）贮泥斗容积

初次沉淀池一般按不大于 2d 的污泥量计算；二次沉淀池按贮泥时间不超过 2h 计算。

（7）排泥部分

沉淀池一般采用静水压力排泥，静水压力数值如下：初次沉淀池不小于 14.71kPa（1.5mH_2O）；或活性污泥法的二次沉淀池应不小于 8.83kPa（0.9mH_2O）；生物膜法的二次沉淀池应不小于 11.77kPa（1.2mH_2O）。

（三）平流式沉淀池

1. 平流式沉淀池的构造

平流式沉淀池由进水装置、出水装置、沉淀区和排泥装置组成。

（1）进水装置

进水装置采用淹没式横向潜孔，潜孔均匀地分布在整个整流墙上，在潜孔后设挡流板，其作用是消能，以使污水均匀分布。整流墙上潜孔的总面积为过水断面的 6% ~ 20%。

（2）出水装置

出水区多采用自由堰形式，堰前设挡板以拦截浮渣，也可采用浮渣收集和排除装置。出水堰是沉淀池的重要部件，它不仅控制沉淀池水位，而且可保证沉淀池内水流的均匀分布。

（3）沉淀区和排泥装置

该区起贮存、浓缩和排泥的作用。沉淀区能及时排除沉于池底的污泥，使沉淀池工作正常。由于可沉悬浮颗粒多沉于沉淀池的前部，因此，在池的前部设贮泥斗，贮泥斗中的污泥通过排泥管利用的静水压力排出池外。排泥方式一般采用重力排泥和机械排泥。

2. 平流沉淀池的设计参数

①沉淀池的个数或分格数应至少设置 2 个，按同时运行设计；若污水由水泵提升后进入沉淀池，则其容积应按泵站的最大设计流量计算，若污水自流进入沉淀池，则应按进水管最大设计流量计算。

②初次沉淀池沉淀时间一般取 1 ~ 2h，二次沉淀池沉淀时间一般稍长，取 1.5 ~ 3.0h；初次沉淀池表面负荷取 1.5 ~ 2.5m³/(m²•h)，二次沉淀池表面负荷取 0.5 ~ 2.5m³/(m²•h)，沉淀效率为 40% ~ 60%。

③对于工业废水系统中的沉淀池，设计时应对实际沉淀试验数据进行分析，确定设计参数。若无实际资料，可参照类似工业废水处理工程的运行资料。

④沉淀区的有效水深一般在 2.5 ~ 3.0m。

⑤池的长宽比不小于 4，长深比采用 8—12。

⑥池的超高不宜小于 0.3m。

⑦缓冲层的高度在非机械排泥时，采用 0.5m；机械排泥时，则缓冲层上缘应高出刮泥板 0.3m。排泥机械的行进速度为 0.3 ~ 1.2m/min。

⑧进水处设闸门调节流量，淹没式潜孔的过孔流速为 0.1 ~ 0.4m/s，出水处设三角形溢流堰，溢流堰的流量用下式计算

$$Q = 1.43H^{2.5} \tag{3-24}$$

式中 Q——三角堰的过堰流量，m³/s；

H——堰顶水深，m。

⑨池底一般设 1% ~ 2% 的坡度；采用多斗贮泥时，各斗应设置单独的排泥管及排泥闸阀，池底横向坡度采用 0.05；机械刮泥时，纵坡为 0。

⑩进、出水口的挡流板应在水面以上 0.15 ~ 0.2m；进水处设挡流板伸入水下的深度不小于0.25m，距进水口0.5 ~ 1.0m，而出口处的挡流板淹没深度不应大于0.25m，距离出水口 0.25 ~ 0.5m。

⑪排泥管一般采用铸铁管，其直径应按计算确定，但一般不宜小于 200mm，下端伸入斗底中央处，顶端敞口，伸出水面，其目的是疏通和排气。在水面以下 1.5～2.0m 处，排泥管连接水平排出管，污泥在静水压力的作用下排出池外，排泥时间一般采用 5～30min。

⑫泥斗坡度约为 45°～60°，二次沉淀池泥斗坡度不能小于 55°。

3. 平流沉淀池的设计

平流沉淀池设计的内容包括确定沉淀池的数量，入流、出流装置设计，沉淀区和污泥区尺寸计算，排泥和排渣设备选择等。

目前按照表面水力负荷、沉淀时间和水平流速进行设计计算。

（1）沉淀区表面积 A

$$A=\frac{Q_{max}}{q} \tag{3-25}$$

式中 A——沉淀区表面积，m^2；

Q_{max}——最大设计流量，m^3/h；

q——表面水力负荷，$m^3/(m^2 \cdot h)$，通过沉淀试验取得。

（2）沉淀区有效水深 h_2

$$h_2=qT \tag{3-26}$$

式中 h_2——沉淀区的有效水深，m；

T——沉淀时间，初次沉淀池一般取 0.5～2.0h，二次沉淀池一般取 1.5～4.0h，通常取 0～4.0m。

（3）沉淀区的有效容积 V

$$V=Ah_2 \tag{3-27}$$

或

$$V=Q_{max}t \tag{3-28}$$

式中 V——有效容积，m^3；

A——沉淀区表面积，m^2；

Q_{max}——最大设计流量，m^3/h。

（4）沉淀区总宽度

$$B=\frac{A}{L} \tag{3-29}$$

式中 B——沉淀区总宽度，m。

（5）沉淀池座数或分格数

$$n=\frac{B}{b} \tag{3-30}$$

式中 n——沉淀池座数或分格数；

b——每座或每格宽度，m，与刮泥机有关，一般用 5 ~ 10m。

为了使水流均匀分布，沉淀区长度一般采用 30 ~ 50m，长宽比不小于 4，长深比不小于 8，沉淀池总长度等于沉淀区长度加前后挡板至池壁的距离。

（6）污泥区计算

按每日污泥量和排泥的时间间隔设计。

每日产生的污泥量：

$$W = \frac{SNt}{1000} \tag{3-31}$$

式中 W——每日污泥量，m^3/d；

S——每人每日产生污泥量，L/(人 · d)；

N——设计人口数，人；

t——两次排泥的时间间隔，初次沉淀池按 2d 考虑；曝气池后的二次沉淀池按 2h 考虑；机械排泥的初次沉淀池和生物膜法处理后的二次沉淀池污泥区容积应按 4h 的污泥量计算。

如已知污水悬浮物浓度与去除率，污泥量可按下式计算：

$$W = \frac{24Q_{\max}\left(C_0 - C_1\right)t}{\gamma\left(1 - p_0\right)} \tag{3-32}$$

式中 C_0、C_1——分别为进水与沉淀出水的悬浮物浓度，kg/m^3，如有浓缩池、消化池及污泥脱水机的上清液回流至初次沉淀池中，则式中

C_0、C_1 应取 50% ~ 60%；

P_0——污泥含水率，%；

y——污泥容量，kg/m^3，因污泥的主要成分是有机物，含水率为 95% 以上，故可取为 $1000kg/m^3$；

t——两次污泥的时间间隔。

（7）沉淀池的总高度

$$H = h_1 + h_2 + h_3 + h_4 \tag{3-33}$$

式中 H——总高度，m；

h_1——超高，采用 0.3m；

h_2——沉淀区高度，m；

h_3——缓冲区高度，当无刮泥机时，缓冲层的上缘应高出刮板 0.3m；

h_4——污泥区高度，m。

根据污泥量、池底坡度、污泥斗几何高度及是否采用刮泥机决定；一般规定池底纵坡不小于 0.01，机械刮泥时，纵坡为 0，污泥斗倾角以方斗宜为 60° ，圆半径宜为 55° 。

（四）竖流式沉淀池

1. 竖流式沉淀池的构造

竖流式沉淀池的平面为圆形、正方形和多角形。为使池内配水均匀，池径不宜过大，一般采用 4 ~ 7m，不大于 10m。为了降低池的总高度，污泥区可采用多斗排泥方式。

沉淀池的直径与有效水深之比不大于 3。

污水从中心管流入，由中心管的下部流入，通过反射板的阻拦向四周分布，然后沿沉淀区的整个断面上升，沉淀后的出水由池四周溢出。出水区设在池周，采用自由堰或三角堰。如果池子的直径大于 7m，一般要考虑设辐射式集水槽与池边环形水槽相通。

2. 竖流式沉淀池的原理

污水是从下向上以流速 v 做竖向流动，污水中的悬浮颗粒有以下三种运动状态：①当颗粒沉速 $u > v$ 时，则颗粒将以 $u-v$ 的差值向下沉淀，颗粒得以去除；②当时，则颗粒处于随机状态，不下沉亦不上升；③当 $u < v$ 时，颗粒将不能沉淀下来，而会被上升水流带走。由此可知，当可沉颗粒属于自由沉淀类型时，其沉淀效果（在相同的表面水力负荷条件下）竖流式沉淀池的去除效率要比其他沉淀池低。但当可沉颗粒属于絮凝沉淀类型时，则发生的情况就比较复杂。一方面，由于在池中颗粒存在相反方向的运行，就会出现上升着的颗粒与下降着的颗粒，同时还存在着上升颗粒与上升颗粒之间、下降颗粒与下降颗粒之间的相互接触、碰撞，致使颗粒的直径逐渐增大，有利于颗粒的沉淀；另一方面，絮凝颗粒在上升水流的顶托和自身重力作用下，会在沉淀区内形成一个絮凝污泥层，这一层可以网捕拦截污泥中的待沉颗粒。

3. 竖流式沉淀池的设计参数

①为了使水流在沉淀池内分布均匀，水流自下而上做垂直流动，池子的直径和有效水深之比不小于 3，池子的直径（或半径）一般不大于 10m。

②污水在沉降区流速应等于待去除的颗粒最小沉速，一般采用 0.3 ~ 1.0m/s。

③中心管内流速应不大于 30mm/s，中心管下口应设喇叭口和反射板，喇叭口直径及高度为中心管直径的 1.35 倍；反射板直径为喇叭口直径的 1.35 倍。反射板表面与水平面倾角为 17° ,污水从喇叭口与反射板之间的间隙流出的流速不应大于 40mm/s。

④缓冲层高度在有反射板时，板底面至污泥表面高度采用 0.3m ；无反射板时，中心管流速应相应降低，缓冲层采用 0.6m。

⑤当沉淀池的直径小于 7m 时，处理后的污水沿周边流出，直径为 7m 和 7m 以上时，应增设辐流式汇水槽，汇水槽堰口最大负荷为 1.5 ~ 2.9U(s · m)。

⑥贮泥斗倾角为45° ~ 60° ，污泥借1.5 ~ 1.2m的静水压力由排泥管排出，排泥管直径一般不小于200mm，下端距池底不大于0.2m，管上端超出水面不小于0.4m。

⑦为了防止漂浮物外溢，在水面距池壁0.4 ~ 0.5m处安设挡板，挡板伸入水中部分的深度为0.25 ~ 0.3m，伸出水面高度为0.1 ~ 0.2m。

4. 竖流式沉淀池的设计

（1）中心管截面积A与直径d_0

$$f_1 = \frac{Q_{max}}{v_0} \tag{3-34}$$

$$d_0 = \sqrt{\frac{4f_1}{\pi}} \tag{3-35}$$

式中 Q_{max}——每组沉淀池最大设计流量，m^3/s；

f_1——中心管截面积，m^2；

v_0——中心管流速，m/s；

d_0——中心管直径，m。

（2）中心管喇叭口到反射板之间的间隙高度为

$$h_3 = \frac{Q_{max}}{v_1 \pi d_1} \tag{3-36}$$

式中 h_3——间隙高度，m；

v_1——间隙流出速度，m/s；

d_1——喇叭口直径，m。

（3）沉淀池面积f_2和池径D

$$f_2 = \frac{Q_{max}}{q} \tag{3-37}$$

$$A = f_1 + f_2 \tag{3-38}$$

$$D = \sqrt{\frac{4A}{\pi}} \tag{3-39}$$

f_2——沉淀池面积，m^2；

q——面水力负荷，$m^3/(m^2 \cdot h)$；

A——沉淀池面积（含中心管面积），m^2；

D——沉淀池直径，m。

其余各部分的设计与平流沉淀池相似。

（五）辐流式沉淀池

1. 辐流式沉淀池的构造

辐流式沉淀池是一种大型沉淀池，池径最大可达 100m，池周水深 1.5 ~ 3.0m。有中心进水和周边进水两种形式。

中心进水辐流式沉淀池进水部分在池中心，因中心导流管流速大，活性污泥在中心导流管内难以絮凝，并且，这股水流与池内水相比，相对密度较大，向下流动时动能也较高，易冲击池底沉淀。周边进水辐流式沉淀池的入流区在构造上有两个特点：①进水槽断面较大，而槽底的孔口较小，布水时的水头损失集中在孔口上，故布水比较均匀。但配水渠内浮渣难以排除，容易结壳。②进水挡板的下沿深入水面下约 2/3 深度处，距进水孔口有一段较长的距离，这有助于进一步把水流均匀地分布在整个入流渠的过水断面上，而且，污水进入沉淀区的流速要小得多，有利于悬浮颗粒的沉淀。池子的出水槽可设在池的半径的中间或池的周边。进出水的改进一定程度上克服了中心进水辐流式沉淀池的缺点，可以提高沉淀池的容积利用率。但是，如果辐流式沉淀池的直径很大，进口的布水和导流装置设计不当，则周边进水沉淀池会发生短流现象，严重影响效果。

2. 辐流式沉淀池的设计参数

①沉淀池的直径一般不小于 10m，当直径小于 20m 时，可采用多孔排泥；当直径大于 20m 时，应采用机械排泥。

②设计沉淀池时，进水流量取最大设计流量，初次沉淀池表面负荷取 2 ~ 3.6$m^3/(m^2 \cdot h)$，二次沉淀池表面负荷取 0.8 ~ 2$m^3/(m^2 \cdot h)$，沉淀效率一般在 40% ~ 60%。

③进水处设闸门调节流量，进水中心管流速大于 0.4m/s，进水采用中心管淹没式潜孔进水，过流流速宜为 0.1 ~ 0.4m/s，进水管穿孔挡板的穿孔率为 10% ~ 20%。

④沉淀区有效水深不大于 4m，池子直径与有效水深比值一般取 6 ~ 12。

⑤出水处设挡渣板，挡渣板高出池水面 0.15 ~ 0.2m，排渣管直径大于 200mm，出水集水渠内流速为 0.2 ~ 0.4m/sQ

⑥对于非机械排泥，缓冲层高宜为 0.5m；用机械刮泥时，缓冲层上缘高出刮板 0.3m。

⑦池底坡度，作为初次沉淀池时要求不小于 0.02；作为二次沉淀池用时则不小于 0.05。

⑧当池径小于 20m，刮泥机采用中心传动；当池径大于 20m 时，刮泥机采用周边传动，周边线速控制在 1 ~ 3r/h，一般不宜大于 3m/min。

⑨池底排泥管的管径应大于 200mm，管内流速大于 0.4m/s，排泥静水压力宜在 2 ~ 2.0m，排泥时间不宜小于 10min。

⑩沉淀池有效水深、污泥沉淀时间、沉淀池超高、污泥斗排泥间隔等的设计参数可参考平流式沉淀池。

3. 辐流式沉淀池的设计

（1）每个沉淀池的表面积

$$A_1 = \frac{Q_{max}}{nq_0} \tag{3-40}$$

式中 A_1——单池表面积，m^2；

n——池数，个；

Q_{max}——最大设计流量，m^3/h；

q_0——沉淀池表面水力负荷，$m^3/(m^2 \cdot h)$。

（2）每个沉淀池的直径

$$D = \sqrt{\frac{4A_1}{\pi}} \tag{3-41}$$

式中 D——单池直径，m。

（3）沉淀池的有效水深

$$h_2 = q_0 t \tag{3-42}$$

式中 h_2——有效水深，m；

t——沉淀时间，h。

（4）沉淀区的有效容积

$$V_0 = A_1 h_2 \tag{3-43}$$

式中 V_0——沉淀区的有效容积，m^3。

（5）污泥区容积

$$W = \frac{SNt}{1000} \tag{3-44}$$

式中 W——每日污泥量，m^3/d；

S——每人每日产生污泥量，L/(人 · d)，一般按 0.3 ~ 0.8 计算；

N——设计人口数，人；

t——两次排泥的时间间隔，初次沉淀池按 2d 考虑；曝气池后的二次沉淀池按 2h 考虑；机械排泥的初次沉淀池和生物膜法处理后的二次沉淀池污泥区容积应按 4h 的污泥量计算。

（6）污泥斗容积

$$V_1 = \frac{\pi h_5}{3}\left(r_1^2 + r_1 r_2 + r_2^2\right) \tag{3-45}$$

式中 V_1——污泥斗容积，m^3；

r_1——污泥斗上口半径，m；

r_2——污泥斗下口半径，m；

h_5——污泥斗的高度，m。

（7）沉淀池的总高度

$$H=h_1+h_2+h_3+h_4+h_5 \tag{3-46}$$

式中 H——总高度，m；

h_1——超高，采用 0.3m；

h_2——沉淀区高度，m；

h_3——缓冲区高度，m；

h_4——沉淀池底坡落差，m。

第四章　污水生物处理技术

第一节　活性污泥法

一、活性污泥法概述

污水中所含的污染物质复杂多样，往往用一种处理方法很难将污水中的污染物质去除殆尽，一般需要用几种方法组合成一个处理系统，才能完成处理功能。生物处理是利用微生物的特征在溶解氧充足和温度适宜的情况下，对污水中的易于被微生物降解的有机污染物质进行转化，达到无害化处理的目的。微生物根据生化反应中对氧气的需求与否，可分为好氧微生物、厌氧微生物和碱性微生物三类。生物法主要依靠微生物的新陈代谢将污水中的有机物转化为自身细胞物质和简单化合物，使水质得到净化。

不同污水所含污染物的种类不同，但普遍含有有机物。去除溶解态有机物最经济有效的方法是生物化学法，简称生物法。生物法主要依靠微生物的新陈代谢将污水中的有机物转化为自身细胞物质和简单化合物，使水质得到净化。

（一）好氧生物处理

污水的好氧生物处理，是利用好氧微生物，在有氧条件下，将污水中的污染物质，一部分分解后被微生物吸收并氧化分解成简单且稳定的无机物。同时释放出能量，用来作为微生物自身生命活动的能源，这一过程称为分解代谢。另一部分有机物被微生物所利用，作为本身的营养物质，通过一系列生化反应合成新的细胞物质，这一过程称为合成代谢。生物体合成所需的能量来自分解代谢。在微生物的生命活动过程中，分解代谢与合成代谢同时存在，二者相互依赖；分解代谢为合成代谢提供物质基础和能量来源，而通过合成代谢又使微生物本身不断增加，两者存在使得生命活动得以延续。

当污水中微生物的营养物质充足时，在一定的条件下（氧气和温度），微生物可以大量合成新的原生物质，微生物增长迅速；反之，当污水中的营养物质缺乏时，微生物只能依靠分解细胞内贮存的物质，甚至把原生质也作为营养物质利用，以获得保证生命活动最低限度的能量。这时，微生物的重量和数量均在减少。

（二）厌氧生物处理

污水中有机污染物质的厌氧生物分解可分为三个阶段。第一阶段是在厌氧细菌（水解细菌与发酵细菌）作用下，使碳水化合物、蛋白质、脂肪水解并发酵转化成单糖、氨基酸、甘油、脂肪酸以及低分子无机物（二氧化碳和氢）等；第二阶段是在厌氧细菌（产氢、产乙酸菌）的作用下，把第一阶段的产物转化成氢、二氧化碳和乙酸；第三阶段是通过两组生理上完全不同的产甲烷菌的作用，一组能把氢和二氧化碳转化成甲烷，另一组厌氧菌能对乙酸脱去羧基产生甲烷。

由于产甲烷阶段产生的能量，大部分用于维持细菌生命活动，只有很少部分能量用于细菌繁殖，所以，细菌的增殖量很少；再则，由于在厌氧分解过程中，溶解氧缺乏，且氧作为氢的受体，因而对有机物分解不彻底，代谢产物中含有许多的简单有机物。

二、活性污泥法基本概念和工艺流程

（一）活性污泥的基本概念

我们可以先通过实验来认识什么是活性污泥。正如当初它被人们发现时一样：向生活污水中注入空气进行曝气，并持续一段时间之后，污水中生成一种絮凝体，这种絮凝体易于沉淀分离，并使污水得到澄清，这就是活性污泥。活性污泥由细菌、真菌、原生动物、后生动物等异种群体组成。此外，还含有一些无机物、未被生物降解的有机物和微生物自身代谢残留物。活性污泥结构疏松、表面积大，对有机污染物有着较强的吸附凝聚和氧化分解能力，并易于沉淀分离，并能使污水得到净化、澄清。

在活性污泥法中起主要作用的是活性污泥。在活性污泥上栖息着具有强大生命力和降解水中有机物能力的微生物群体。活性污泥在外观上呈黄褐色的絮绒颗粒状，颜色因污水水质不同，深浅有所不同。活性污泥具有较大的比表面积，1mL 活性污泥的表面积为 20 ~ 100cm^2。

活性污泥法是污水处理技术领域中最有效的生物处理方法。随着在实际生产上广泛运用和技术上的不断改进，特别是近几十年来，由于水体污染的日趋加剧，各国对污水排放都有明确的要求，逐渐颁布了相应的污水水质排放标准。为了使水体免受污染，污水排放标准日趋严格化。因此，在水处理领域要求有更为合理的处理工艺，从提高净化机能和运行管理的适用性出发，对活性污泥法的生化反应和净化机理进行了广泛深入的研究；从生物学、反应动力学理论方面，以及在工艺方面都得到了迅速发展，相继出现了能够适应各种条件的工艺流程。迄今为止，活性污泥法已被广泛应用在城市污水处理和有机工业废水处理领域。

（二）活性污泥法基本流程

活性污泥法的形式有多种，但是其基本流程相同。活性污泥法处理系统是以活性污泥反应器——曝气池为核心的处理单元，此外还有二次沉淀池、污泥回流设备和曝气系统所组成。

污水经过初次沉淀池去除大量漂浮物和悬浮物后，进入曝气池内。与此同时，从二次沉淀池沉淀回流的活性污泥连续回流到曝气池，作为接种污泥，二者均在曝气池首端同时进入池体。曝气系统的空压机将压缩空气通过管道和铺放在曝气池底部的空气扩散装置以较小气泡的形式压入污水中，向曝气池混合液供氧，保证活性污泥中微生物的正常代谢反应。另外，通入的空气还能使曝气池内的污水和活性污泥处于混合状态。活性污泥与污水互相混合、生化反应得以正常进行。曝气池内的污水、回流污泥和空气互相混合形成的液体称为曝气池混合液。

在曝气池内，活性污泥和污水进行生化反应，反应结果是污水中的有机物得到降解、去除，污水得到净化，同时，微生物得以繁殖增长，活性污泥量也在增加。

活性污泥净化作用经过一段时间后，曝气池混合液由曝气池末端流出，进入二次沉淀池进行泥水分离，澄清后的污水作为处理水排出。二次沉淀池是活性污泥法处理污水的重要组成部分，它的主要作用是使曝气池混合液固液分离。但在二次沉淀池底部的泥都可以将活性污泥浓缩，经浓缩后活性污泥一部分作为接种污泥回流到曝气池，剩余部分则作为剩余污泥排出系统。剩余污泥与在曝气池内增长的污泥，在数量上保持平衡，使曝气池内污泥浓度相对保持在恒定的范围内。活性污泥法处理系统实质上是水体自净的人工强化过程。

（三）活性污泥的组成

活性污泥主要是由细菌、真菌、原生动物、后生动物等微生物组成。此外活性污泥内还夹杂着一些微生物自身氧化残留物、惰性有机物及一定数量的无机物。这些具有活性的微生物群体在温度适宜，且溶解氧充足的条件下，其新陈代谢功能可使污水中易于被微生物降解的有机污染物转化为稳定的无机物。活性污泥颗粒尺寸一般为 0.02 ~ 0.2mm，其表面积为 20 ~ 100cm²/mL。活性污泥的含水率为 99%，其相对密度介于 1.002 ~ 1.006，含水率小则相对密度偏高，反之偏低。活性污泥中的固体物质占 1%，这些固体物质由有机污染物和无机污染物组成，其比例因原水的性质而异，城市污水中有机物成分约占 75% ~ 85%，其余为无机成分。

活性污泥中固体物质的有机成分主要是栖息在活性污泥上的微生物群体所构成。此外，微生物自身氧化残留物，难以被微生物降解的有机物也存在于活性污泥的固体物质中。另外，还含有一部分无机成分，主要由原污水带入。因此，能准确反映活性污泥的成分，应从下列四个方面考虑：

①具有代谢功能活动的微生物群体（M_a）；

②微生物内源代谢、自身氧化残留物（M_e）；

③难以被微生物降解的惰性有机物（M_i）；

④吸附在活性污泥表面上的无机物（M_{ii}）。

（四）活性污泥的评价指标

活性污泥的性能决定污水处理的效果。活性污泥法处理系统的生物反应器（曝气池）中混合液的浓度、微生物活性、污泥密度、降解性能直接影响活性污泥降解有机物的速度和处理效果。因此，对活性污泥的性能评价应从反应器混合液中活性污泥微生物量和活性污泥的沉降性能考虑。

1. 混合液悬浮固体浓度（MLSS）

表示在曝气池单位容积混合液内所含有的活性污泥固体物的总重量，即

$$\mathrm{MLSS}=M_a+M_e+M_i+M_{ii} \tag{4-1}$$

单位：mg/L。

意义：工程上计量活性污泥微生物量的指标。

2. 混合液挥发性悬浮固体浓度（MLVSS）

表示在曝气池混合液活性污泥中有机性固体物质的浓度，即

$$\mathrm{MLVSS}=M_a+M_e+M_i \tag{4-2}$$

单位：mg/L。

意义：代表活性污泥微生物的数量。

此项指标在表示活性污泥活性部分数量上，又更准确一步，排除了污泥中夹杂的无机物成分。在表示活性污泥活性部分数量上，本项指标在精确度方面是进了一步，但只是相对于 MLSS 而言，在本项指标中还包含 M_e、M_i 等自身氧化残留物和惰性有机物质。因此，也不能精确地表示活性污泥微生物量，仍然是活性污泥量的相对值。

一般 MLVSS 与 MLSS 的关系可由下式表示：

$$f=\frac{\mathrm{MLVSS}}{\mathrm{MLSS}}$$

（4-3）

f值比较固定，对生活污水f=0.75，当生活污水占主体的城市污水亦取此值。

以上两项指标虽然不能准确反映生物量值，但其测量方法简便，所以在活性污泥处理系统应用广泛，对设计和运行方面有重要的指导作用。

3. 污泥沉降比（SV%）

污泥沉降比是指混合液在1000mL量筒中静止沉淀30min后所形成沉淀污泥的容积占原混合液容积的百分率，以%表示。

污泥沉降比反映污泥的沉淀性能，能及时发现污泥膨胀现象，防止污泥流失，便于早期查明原因，采取措施。污泥沉降比的测定方法比较简单，并能说明一定问题，在工作中常用它作为活性污泥的重要指标，是评定污泥数量和质量的指标。

意义：反映正常运行时污泥量，控制剩余污泥的排放，污泥膨胀异常情况。

4. 污泥容积指数（SVI）

污泥容积指数简称污泥指数，是从曝气池出口处取出的混合液，经过30 min静沉后，每克干污泥所占的容积，以mL计量。

污泥容积指数与污泥沉降比两项指标均表示污泥的沉降性能。从定义上可知，二者的关系式如下：

$$SVI=\frac{\text{混合液(1L)30 min静沉形成的活性污泥容积(mL)}}{\text{混合液(1L)中悬浮固体干重(g)}}=\frac{SV(mL)}{MLSS(mL)} \tag{4-4}$$

SVI的单位为mL/g，习惯上，只称数字，而把单位略去。

意义：反映活性污泥的松散程度和凝聚沉淀性能。

对于生活污水和城市污水，SVI值介于70～100为宜。当SVI值过低，说明泥粒细小，无机物质含量较高，活性差；当SVI值过高，说明污泥的沉降性能较差，可能产生污泥膨胀现象，必须查明原因，并采取措施。活性污泥微生物群体处在内源呼吸期，其含能水平较低，其SVI值较低，沉淀性能好。

一般认为SVI＜100～200时，污泥沉降性能良好。SVI＞200时，污泥沉降性差，污泥膨胀。

（五）污泥龄

在工程上习惯称污泥龄（Sludge Age），又称固体平均停留时间（SRT）、生物固体平均停留时间（BSRT）、细胞平均停留时间（MSRT）。它指在曝气池内，微生物从其生成到排出的平均停留时间，也就是曝气池内的微生物全部更新一次所需要的时间。从工程上来说，在稳定条件下，就是曝气池内活性污泥总量与每日排放的剩

余污泥量之比。即

$$\theta_e = \frac{VX}{\Delta X} \tag{4-5}$$

式中：θ_e——污泥龄（生物固体平均停留时间），一般用 d 表示；

ΔX——曝气池内每日增长的活性污泥量，即应排出系统外的活性污泥量，一般用 kg/d 表示；

VX——曝气池内活性污泥总量，kg。

在活性污泥反应器内，微生物在连续增殖，不断有新的微生物细胞生成，又不断有一部分微生物老化，活性衰退。为了使反应器内经常保持具有高度活性的活性污泥和保持恒定的生物量，每天都应从系统中排出相当于增长量的活性污泥量。

这样，每日排出系统外的活性污泥量，包括作为剩余污泥排出的和随处理水流出的，其表示式为

$$\Delta X = Q_w X_r + \left(Q - Q_w\right) X_e \tag{4-6}$$

式中：Q_w——作为剩余污泥排放的污泥量，一般用 m^3/d 表示；

X_r——剩余污泥浓度，一般用 kg/m^3 表示；

X_e——排放的处理水中悬浮固体浓度，一般用 kg/m 表示。

于是 θ_e 值为

$$\theta_e = \frac{VX}{Q_w X_r + (Q - Q_w) X_r} \tag{4-7}$$

在一般条件下，X_e 值极低，可忽略不计，上式可简化为

$$\theta_e = \frac{VX}{Q_w X_r} \tag{4-8}$$

此外，除上述五个评价指标，对活性污泥的生物进行观察也是反映活性污泥性能的重要方法，通常用光学显微镜及电子显微镜观察活性污泥中的细菌、真菌、原生动物及后生动物等。微生物的种类、数量、活性及代谢情况在一定程度上可反映曝气系统的运行状况。

三、活性污泥对有机物的净化过程与机理

（一）初期吸附作用

在生物反应器—曝气池中，污水与活性污泥从池首共同流入，充分混合接触。当二者接触后，在较短的时间内，通常为 5 ~ 10min，污水中呈悬浮和胶体状态的有机物被大量去除。产生这种现象的主要原因是活性污泥具有很强的吸附性。

活性污泥具有较大的表面积，据实验测试，每立方米曝气池混合液的活性污泥

表面积为 2000 ~ 10000m²/m³，在其表面上富集着大量的微生物。这些微生物表面覆盖着一种多糖类的黏质层。当活性污泥与污水接触时，污水中的有机污染物即被活性污泥所吸附和凝聚而被去除。吸附过程能够在 30min 内完成。污水中的 BOD 的去除率可达 70%。吸附速度的快慢取决于微生物的活性和反应器内水力扩散程度。

被吸附在活性污泥表面的有机物并没有从实质上被去除，而是要经过数小时降解后，才能够被摄入微生物体内，被转化成稳定的无机物。应当指出，有机物被吸附后，需经一段时间才被降解成无机物，这段时间内反应器中应有充足的溶解氧，且温度适宜。

（二）微生物的代谢作用

污水中的有机污染物被活性污泥吸附，而活性污泥中含有大量的微生物，有机物与微生物的细胞表面接触，在微生物透膜酶的催化作用下，一些小分子有机物能够穿过细胞壁进入微生物细胞体内，完成生物降解过程；而大分子的有机物，则应在细胞水解酶的作用下，被水解为小分子后，再被微生物摄入体内，才能得以降解。

微生物降解有机物分为合成代谢和分解代谢两个过程，无论是分解代谢还是合成代谢，都能去除污水中的有机污染物，但产物不同。分解代谢的产物是无机小分子的 CO_2 和 H_2O，可直接排入受纳水体；合成代谢的产物是新生的微生物细胞，应以剩余污泥的方式排出处理系统，并加以处置。

（三）污泥中的微生物

1. 活性污泥中的微生物

活性污泥中的微生物主要由细胞、真菌、原生动物和后生动物组成。

（1）菌胶团

能形成活性污泥絮状体的细菌称为菌胶团。它们是构成活性污泥絮状体的主要成分，有很强的吸附、氧化有机物的能力。絮凝体的形成可使细菌避免被微型动物吞噬，而性能良好的絮体是活性污泥絮凝、吸附和沉降功能正常发挥的基础。

（2）丝状细菌

丝状细菌也是活性污泥微生物的重要组成部分。丝状细菌在活性污泥中交叉穿织于菌、胶团内，或附着生长于絮凝体表面，少数种类也可游离于污泥絮凝体之间。

（3）真菌

活性污泥中的真菌主要是霉菌。霉菌是微小腐生或寄生的丝状菌，它能够分解碳水化合物、脂肪、蛋白质及其他含氮化合物，但大量增殖也可能导致污泥膨胀。

（4）原生动物

原生动物对废水的净化起着重要作用，而且可作为处理系统运行管理的一种指标。因此，可以将原生动物作为活性污泥系统运行效果的指示性生物。此外，原生动物还不断地摄食水中的游离细菌，起到了进一步净化水质的作用。原生动物主要有肉足虫、鞭毛虫和纤毛虫等。

（5）后生动物

后生动物在活性污泥系统中并不经常出现，只有在处理水质良好时才有一些微型后生动物存在，主要有轮虫、线虫和寡毛虫。

污水中的微生物种类繁多，主要有真菌、藻类。

2. 污泥中微生物的作用与分析

菌胶团是活性污泥的结构和功能的中心，是活性污泥的组成部分。它的作用表现在：

①有很强的吸附能力和氧化分解有机物的能力。

②对有机物的吸附和分解，为原生动物和微型后生动物提供了良好的生存环境，例如降解有机物、提供食料，使水中溶解氧升高。

③为原生动物和微型后生动物提供附着场所。

细菌是降解有机物的主要微生物，其世代时间一般为 20 ~ 30min，具有较强的分解有机物并将其转化为无机物的功能。

3. 微生物的生长规律

微生物的生长增殖规律一般用增殖曲线来表示。在微生物学中，对纯菌种的增殖规律已取得较成熟的结果。活性污泥法菌种的增殖规律已取得较成熟的结果。而活性污泥法处理系统中细菌为多种微生物群体，其增殖规律较复杂，但增殖的总趋势基本与纯种微生物相同。

微生物的增殖曲线可分为四个阶段，即适应期、对数增殖期、减速增殖期和内源呼吸期。在温度适宜、溶解氧充足，而且不存在抑制物质的条件下，活性污泥微生物的增殖速率主要取决于有机物量 F 与微生物量 M 的比值 F/M。它也是有机物降解速率、氧利用速率和活性污泥的凝聚、吸附性能的重要影响因素。

（1）适应期

适应期也称延迟期、调整期，这是微生物培养的最初始阶段。在这个时期，微生物刚接入新鲜培养液中，在新环境中微生物有一段时间不繁殖，微生物的数量不增加，因此，在此阶段生长速度接近于零。这一过程一般出现在活性污泥培养和驯化阶段，能够适应污水水质的微生物就能生存下来，不能适应的微生物则被淘汰。

（2）对数增殖期

经过适应期的调整，生存下来的微生物适应了新的培养环境。污水中含有大量的适应微生物生存的营养物质，此时，*F*/*M* 比值很高，有机物非常充分，微生物生长、繁殖不受到有机物浓度的限制，其生长速度最快。菌体数量以几何级数的速度增加，菌体数量的对数是与反应时间成直线关系，故本期也称为等速增长期。增长的速度大小取决于微生物自身的生理机能。

在对数增殖期，微生物的营养丰富，活性强，降解有机物速度快，污泥增长不受营养条件的限制，但此时的污泥含能水平高、凝聚性能差、难于重力分离，因而处理效果不好。对数增长期出现在反应器推流式曝气池的首端。

（3）减速增殖期

减速增殖期又称减衰增殖期、稳定期和平衡期。由于微生物的大量繁殖，污水中的有机物逐渐被降解，混合液中的有机物与微生物的数量比 *F*/*M* 逐渐降低，即培养液中的底物逐渐被消耗，从而改变了微生物的环境条件，致使微生物的增长速度逐渐减慢。

（4）内源呼吸期

内源呼吸期又称衰亡期。污水中有机物持续下降，达到近乎耗尽的程度，*F*/*M* 比值随之降至很低的程度。微生物由于得不到充足的营养物质，而开始大量地利用自身体内储存的物质或衰亡菌体，进行内源代谢以维持生命活动。

在此期间，微生物的增殖速率低于自身氧化的速率，致使微生物总量逐渐减少，并走向衰亡，增殖曲线呈显著下降趋势。实际上由于内源呼吸的残留物多是难以降解的细胞壁和细胞膜等物质，因此活性污泥不可能完全消失。在本期初始阶段，絮凝体形成速率提高，吸附、沉淀性能提高，易于重力分离，出水水质好，但污泥活性降低。

（四）活性污泥净化过程的影响因素

1. 溶解氧含量

活性污泥法处理污水的微生物是好氧菌为主的微生物群体。因此，在曝气池中必须有足够的溶解氧，一般控制曝气池出口不低于 2mg/L。溶解氧来自生物反应器的曝气装置。在曝气池的首端，有机物含量高，耗氧速度快，溶解氧量可能会低于 2mg/L。溶解氧过高，能使降解有机物速度加快，使微生物营养不良，活性污泥易老化，密度变小，结构松散。另外，溶解氧过高，电耗高，运行管理造价高，不经济。

2. 水温

好氧生物处理的污水温度维持在 15 ~ 25℃范围最佳。温度适宜，能促进微生物的生理活动；反之，破坏微生物的生理活动。温度过高或过低，可能导致微生物生理形态和生理特性的改变，甚至导致微生物死亡。因此，在寒冷地区应考虑曝气池建在室内，如果建在室外应考虑适当的保温和加热措施。

3.pH

在活性污泥法处理系统的曝气池内，pH 的范围在 6.5 ~ 8.5 为最佳，pH 过高或过低，都会影响微生物的活性，甚至导致微生物死亡。因此，要想取得良好的处理效果，应控制生物反应器的 pH。如果污水的 pH 变化较大时，应设调节池，使污水的 pH 调节到最佳范围，再进入曝气池。

4. 营养物质平衡

参与活性污泥处理污水的各种微生物，其体内的元素和需要的营养元素基本相同。碳是构成微生物细胞的重要物质。生活污水或城市污水的碳源非常充足，某些工业废水可能含碳量较低，应补充碳源，一般投加生活污水。氮是微生物细胞内蛋白质和核酸的重要元素，一般来自 N_2、NH_3　NO_3 等化合物，生活污水中的氮元素丰富，无须投加，某些工业废水氮量如果不足，可投加尿素、硫酸铵等。磷是合成核蛋白、卵磷脂的重要元素，在微生物的代谢和物质转化过程中作用重大；在微生物的代谢和物质转化过程中作用重大。所以，微生物降解有机物过程中，应保证 BOD_5 ∶ N ∶ P=100 ∶ 5 ∶ 1，如果处理污水的 BOD_5 与氮、磷不能形成上述比例，应投加所缺元素，以便调整微生物的营养平衡。

5. 有毒物质

有毒物质是指对微生物生理活动具有抑制作用的某些物质。主要有毒物质有重金属离子（如锌、铜、铅、镉、铬等）和一些非金属化合物（如酚、醛、氧化物、硫化物等）。重金属离子可以和微生物细胞的蛋白质结合，使其变性或沉淀；酚类能促进微生物体内蛋白质凝固；醛类能与蛋白质的氨基相结合，使蛋白质变性。所以被处理污水中含有有毒物质，应逐渐增加在反应器内的有毒物质浓度，以便使微生物得到变异和驯化。

四、活性污泥法的运行方式

最早的活性污泥处理系统采用的是传统活性污泥法。此法自开创以来，经过近 90 年的研究和实践，现已拥有以传统活性污泥处理系统为基础的多种运行方式。改进主要表现在以下几个方面：

①曝气池的混合反应形式；

②进水点的位置；

③污泥负荷率；

④曝气技术。

由于这些改进，活性污泥法出现了很多新的运行方式，下面就常见的几种运行方式加以阐述。

（一）传统活性污泥法

传统活性污泥法是活性污泥处理系统最早的运行方式，又称普通活性污泥法。传统活性污泥法生物反应器——曝气池的平面尺寸一般为矩形，且池长远远大于池宽。原污水从曝气池首端进入池内，与二次沉淀池回流的回流污泥同步进入曝气池。污水与回流污泥混合后呈推流形式流动至池末端，流出池外进入二次沉淀池，进行混合液泥水分离；二次沉淀池沉淀的污泥一部分回流到曝气池，另一部分作为剩余污泥排出系统。有机污染物在曝气池内经历了净化过程的吸附阶段和代谢阶段的全过程，活性污泥经历了从池首端的对数增殖期、减速增殖期到池末端的内源呼吸期的全部生长周期。流出曝气池的混合液中的微生物活性减弱，凝聚和沉降性能好，有利于二次沉淀池的泥水分离。

（二）阶段曝气法

阶段曝气法亦称分段进水活性污泥法、多段进水活性污泥法。此种方法和活性污泥法的不同之处在于：污水沿曝气池长度分散、均匀地进入曝气池内。

阶段曝气法是为了克服传统活性污泥法的供氧不合理、体积负荷率低等缺点而改进的一种运行方式。由于分段多点进水，使有机物负荷分布较均匀，从而均化了需氧量，避免了前段供氧不足、后段供氧过剩的问题。

与此同时，混合液中的活性污泥浓度沿池长逐渐降低，在池末端流出的混合液的浓度较低，减轻二次沉淀池的负荷，有利于二次沉淀池固液分离。阶段曝气法具有如下特点。

①有机废物浓度沿池均匀分布，符合均衡，一定程度地缩小了供氧速率与耗氧速率之间的差距。

②污水分段注入，提高曝气池对水质、水量冲击负荷的适应能力。

（三）吸附再生活性污泥法

吸附再生活性污泥法又称接触稳定法，是通过部分了解活性污泥微生物生长代谢规律控制和发展活性污泥处理工艺的最好例证之一。

这个方式主要是活性污泥对底物降解的两个过程——吸附与代谢稳定，分别在各自的容器内进行。污水与活性污泥在吸附池内接触 15～60min，使其中的大部分悬浮物和胶体物质被活性污泥吸附去除。吸附再生活性污泥法具有如下特点。

1. 适于处理固体和胶体物质

吸附再生法主要利用活性污泥的吸附作用去除污染物，对固体和胶体物质的去除效果好，对溶解性有机物的去除效果差，所以吸附再生法适用于处理固体和胶体物质含量高的污水。

2. 池容小

吸附时间短（15～60min），MLSS 为 2000mg/L 左右，所以吸附池容积很小。再生池中的混合液（MLSS 为 8000mg/L）是浓缩后的回流污泥，浓度很高，在相同污泥负荷下容积负荷成倍增加，再则排出剩余污泥使需稳定的有机物减少，所以再生池容积大大降低。吸附池和再生池的总容积减少，基建投资大幅降低。

3. 能耗低

剩余污泥的排放，带走一部分有机物，使需要稳定的有机物减少，动力能耗降低。

4. 耐冲击负荷

吸附再生法回流污泥量大，再生池的污泥多，当吸附池内污泥遭到破坏时，可用再生池中污泥迅速代替，因此耐冲击负荷能力增强。

5. 不易发生污泥膨胀

污泥曝气再生可抑制丝状菌的生长，防止污泥膨胀。

6. 出水水质较差

污水曝气时间很短，又不能有效地去除溶解性有机物，所以处理效果不如传统法，出水水质较差。尤其是含溶解性有机物较多的污水，处理效果更差。

（四）延时曝气活性污泥法

延时曝气法又称完全氧化活性污泥法，最早出现 20 世纪 50 年代。

延时曝气活性污泥法的特点是曝气时间长（1～2d），污泥负荷低[0.05～0.2kgBOD_5/（kgMLSS · d）]，所以曝气池容积较大，空气用量多，投资和运行费用较大，仅适用于小流量污水处理（一般处理水量不超过 1000m^3/d）。MLSS 值较高，污泥在池内长期处于内源呼吸期，剩余污泥量少且稳定，无须消化。而且其处理水水质稳定，抗冲击负荷能力较强，可不设初次沉淀池。对于不是 24h 连续来水的场合，常常不设沉淀池，而采用间歇式运行。

延时曝气法大都采用完全混合式曝气池，池中污泥处于衰亡初期（内源呼吸）。曝气池中污泥浓度较高（3～6g/L），剩余污泥少，稳定性好。污泥细小疏松，不易沉淀，沉降时间长，二次沉淀池容积也大。对于间歇来水的场合不设二次沉淀池，而采用间歇运行方式，即曝气、沉淀、排水交替运行。延时曝气法对氮、磷的要求不高，耐冲击负荷能力很强，出水水质好。

（五）完全混合式活性污泥法

完全混合式活性污泥法曝气池呈圆形、正方形或矩形。圆形和正方形池从中间进水，周边出水；矩形池从一个长边进水，另一个长边出水。污水进入曝气池后在曝气设备的搅拌下，立即与原混合液充分混合，继而完成吸附和稳定的净化过程。

完全混合式曝气池内各点水质均匀，污泥浓度相同，并处于同一个生长阶段。

污水进入曝气池后立即被原混合液稀释，使进水水质的波动得到均化，从而将进水水质变化对污泥的影响降低到最低程度。所以，完全混合法的耐冲击负荷能力较强。

完全混合式曝气池具有很强的稀释作用，可以直接进入高浓度有机污水。完全混合式曝气池内各部分易控制在同一良好的运行状态，所以微生物的活性强，污泥负荷率高，池容积小，基建投资低。

完全混合式曝气池中混合液各部分需氧均匀，与氧的供应相一致，所以不会造成氧的浪费，供氧动力消耗相应降低。完全混合法各质点性质相同，生化反应传质推动力小，易发生短流，所以出水水质比推流式差，易发生污泥膨胀。完全混合活性污泥法的曝气池和二次沉淀池可以分建或合建，分别称分建式曝气池和合建式曝气池。

本方法特点如下。

①进入曝气池的污水很快即被池内已存在的混合液稀释、均化，因此，该工艺对冲击负荷有较强的适应能力，适用于处理工业废水，特别是高浓度工业废水。

②污水和活性污泥在曝气池中分布均匀，F/M值相同，微生物群体组成和数量一致，即工况相同。因此，有可能通过对F/M值的调控，将整个曝气池工况控制在最佳点，使活性污泥的净化功能得以发挥。在相同处理效果下，其负荷率低于推流式曝气池。

③池内需氧均匀，动力消耗较低。

④该工艺较易产生污泥膨胀，其处理的水质一般不如推流式。

（六）深井曝气活性污泥法

深井曝气活性污泥法也称超水深曝气活性污泥法。它以深度为40～150m的深井作为曝气池，是种高效率、低能耗的活性污泥法。深井曝气工作原理为：深井被分隔为下降管和上升管两部分。混合液沿下降管和上升管反复循环流动，使得有机污染物被降解，污水得到处理。

深井曝气池直径介于1～6m，深度可达40～150m，由于井深，氧转移推动力是常规的6～14倍，充氧能力强，充氧能力为0.25～3.0kgO_2/(m^3·h)，充氧动力效率为 3 ~ 6kgO_2/(kW · h)，氧的利用率为 50% ~ 90%(普通活性污泥法一般为 10%)。深井曝气池是一种高效率、低能耗的活性污泥法。

深井曝气活性污泥法特点：由于深井曝气氧转移的速度快，所以其污泥负荷较高，池容积大大减小，占地面积也小，反应器容积约为普通法的 1/4 ~ 1/7，面积约为 1/20。深井曝气法的设备结构简单，可减轻维修作业，不需要特殊的空气扩散装置，空气管不发生堵塞，维护管理方便。再则，混合液溶解度高，可抑制丝状细菌繁殖，不易产生污泥膨胀，且耐冲击负荷。由于储氧充足，池内各点都保持好氧状态，减少恶臭，环境好。

（七）纯氧曝气活性污泥法

纯氧曝气活性污泥法又名富氧曝气活性污泥法。在一般的活性污泥法中，由于供氧能力受到限制，生物反应器内能保持的 MLSS 浓度是有限的。由于 MLSS 浓度直接影响污水的净化能力，若要提高反应器内的 MLSS 浓度，就必须提高供氧能力，纯氧曝气法能满足这一要求。

空气中氧的含量为 21%，纯氧中氧的含量为 90% ~ 95%，纯氧的氧分压比空气的氧分压高 5 倍左右。因此，生物反应器内的溶解氧浓度可维持在 6 ~ 10mg/L。MLSS 在反应器内可达 6000 ~ 8000mg/L。尽管该方法单位 MLSS 的 BOD 去除量与空气曝气池差别不大，但因为其 MLSS 值高，远大于空气曝气法，因此，即使在 BOD 负荷相同的情况下，BOD 容积负荷远远大于空气曝气法。所以，应用该方法可以缩短曝气时间，减小生物反应器容积，减小占地面积，减小反应器基本建设投资。

纯氧曝气系统氧利用率高达 80% ~ 90%，鼓风曝气仅为 10% 左右，曝气混合液的污泥容积指数 SVI 较低，一般均低于 100，污泥密实，很少发生污泥膨胀现象。纯氧是由纯氧发生器制造的，其设备复杂，维持管理水平要求高，与空气法相比，易于发生故障。

五、活性污泥法的发展与新工艺

活性污泥法是污水生物处理的主要方法之一。它广泛地应用于生活污水、城市污水和有机工业废水的处理。但是，活性污泥法系统当前还存在着某些问题，如曝气池庞大，基建投资和占地面积大，耗电较高，管理复杂等。

近几年来，有关专家和技术工作者针对上述问题，就活性污泥反应理论、净化功能、运行专式、工艺系统等方面进行了大量研究，并有所发展。

从净化功能方面，在降解去除 BOD 基础上，活性污泥法具有良好的脱氮除磷功能。

在工艺方面，为提高污水处理的效能，近年来研究出几种以提高供氧能力、增加混合液污泥浓度、强化微生物代谢功能的高效活性污泥法工艺。

（一）氧化沟

氧化沟又称连续循环反应器、循环混合式曝气池，第一座氧化沟于20世纪50年代中期开始服务，属活性污泥法的一种改型和发展。

氧化沟是延时曝气法的一种特殊型，其曝气设备多采用转刷曝气器和曝气转盘。反应器一般呈封闭的环状沟渠形，池体狭长，池深较浅。通过曝气装置的转动，使混合液在池内循环流动，完成了曝气和搅拌作用。氧化沟水力停留时间较长，一般为10~40h。

1. 氧化沟的工作原理和特征

与传统活性污泥法曝气池相比较，氧化沟的出水构造上采用溢流堰式，并可升降，以调节池内水深。采用交替工作系统时，溢流堰应能自动启闭，并与进水装置相呼应，以控制沟内水流方向。在流态上，氧化沟介于完全混合与推流式之间。污水在沟内流速平均为0.4m/s，污水在整个停留时间内在氧化沟中要作上百次循环，水质几近一致，氧化沟内的流态是完全混合式的。但又具有某些推流式的特征，如曝气装置下游，溶解氧浓度由高向低变化，甚至可能出现缺氧段。

在工艺方面，一般不设初次沉淀池，二次沉淀池可以与氧化沟合建，省去污泥回流；与延时曝气系统相同，耐冲击负荷，可存活世代时间长的微生物，如硝化菌，污泥产率低，且多已达到稳定程度，无须再进行消化处理。

2. 氧化沟的工艺流程

氧化沟工艺流程较简单，运行管理方便。设初次沉淀池，二次沉淀池也可不单设，使氧化沟与二次沉淀池合建，可省去污泥回流装置。

氧化沟是延时曝气池的一种改良，其BOD负荷较低，一般为0.05~0.2kgBOD_5/（kgMLSS·d），污泥浓度2~6g/L，对污水的水温、水量、水质的变化有较强的适应性。污水在氧化沟内的流速为0.3~0.5m/s，当氧化沟总长为100~500m时，污水流动完成一次循环需4~20min，由于其水力停留时间长，水流在沟渠内的循环次数多，因此氧化沟内的混合液的水质基本相同，氧化沟内的流态接近完全混合式，但是混合液在沟渠内循序定向流动，又具有某些推流的特征；如在曝气装置的下游，溶解氧浓度从高变低，有时可能出现缺氧段。氧化沟的这种独特的水流状态有利于活性污泥的生物凝聚作用，而且可以将其区分为富氧区、缺氧区，用以进行硝化和反硝化，取得脱氮的效果。

在氧化沟内可以生长污泥龄较长的细菌，有时污泥龄可达15~30d，因此在氧化沟内可以繁殖世代时间长、增殖速度慢的微生物，有利于硝化反应，有益于污水中氨氮的去除。

3. 氧化沟的构造

氧化沟一般是环形沟渠状，平面形状多为椭圆形、圆形或马蹄形，沟渠长度可达几十米，甚至百米以上。沟深一般 2～6m，一般取决于曝气装置。氧化沟的构造形式多样，运行较灵活。氧化沟可采用单沟，也可采用多沟系统。

由于氧化沟内微生物的污泥龄长，污泥负荷率低，排出的剩余污泥已得到高度稳定，剩余污泥量较少，因此，不需要进行厌氧硝化，只需进行浓缩脱水处理。

氧化装置是氧化沟中最主要的机械设备，它对处理效率、能耗及运行稳定性有很大影响。其主要功能是：

①供氧。

②保证其活性污泥呈悬浮状态，使污水、空气和污泥三者充分混合与接触。

③推动水流以一定的流速（不低于 0.25m/s），沿池长循环流动，这对保持氧化沟的净化功能具有重要的意义。

4. 氧化沟的优缺点

①优点：氧化沟工艺具有基建投资低、运行费用低、中小型构造简单、处理效果好、剩余污泥量少、有生物脱氮功能等。

②缺点：占地面积大于活性污泥法、机械曝气动力效率低、能耗较高。

（二）AB 法污水处理工艺

吸附 - 生物降解工艺，简称 AB 法。这项污水生物处理技术是解决传统的二级生物处理系统存在的去除难降解有机物和脱氮除磷效率低及投资运行费用高等问题开发的新型污水生物处理工艺。

AB 法为两段活性污泥法，即分为 A 段（吸附段）和 B 段（生物氧化段）。A 段由曝气池和中间沉淀池组成，B 段则由曝气池及二次沉淀池所组成。AB 两段各自设污泥回流系统，污水经过沉沙池进入 A 段系统，A 段的污泥负荷率高，一般大于 2.0kgBOD_5/（kgMLSS · d），有时可高达 3～5kgBOD_5/（kgMLSS · d）。对不同水质可选择以好氧或缺氧方式运行。在 A 段曝气池中，水力停留时间较短（30～60min），对有机物的去除率可达 50%～70%，便进入中间沉淀池进行泥水分离。

B 段接受 A 段的处理水，以低负荷运行［污泥负荷一般为 0.1—0.3kgBOD_5/（kgMLSS · d）］。水力停留时间一般为 2～4h，去除有机物是 B 段的主要净化功能。B 段还具有产生硝化反应的条件，有时也可将 B 段设计成 A 段工艺。B 段曝气池较传统活性污泥法处理系统的曝气池容积可减少 40% 左右。

（三）间歇式活性污泥法

间歇式活性污泥法简称SBR工艺，又称序批式（间歇）活性污泥法处理系统。在活性污泥法开创的初期，就是以间歇式运行的，只是由于诸如运行操作比较烦琐，曝气装置易于堵塞以及某些认识上的原因，后来长期采用连续运行的式。

近年来，电子计算机得到飞速发展，污泥回流、曝气以及混合液中的pH、电导率等各项指标都可实行微机控制。无论是大、中、小型的污水处理厂，都可以实施自动操作的运行管理。这样，为重新考虑采用间歇式运行的活性污泥法创造了条件。

1. 间歇式活性污泥法工作原理

SBR工艺的运行工况是以间歇操作为主要特征。所谓序批间歇式有两种含义：一是运行操作在空间上是按序列、间歇的方式进行的，由于污水大多是连续排放且流量的波动很大，间歇反应器为两个或三个池以上，污水连续按序列进入每个反应池，它们运行时的相对关系是有次序的，也是间歇的；二是每个SBR反应器的运行操作在时间上也是按次序排列的、间歇运行的。按运行次序，一个运行周期可分为五个阶段，即①流入；②反应；③沉淀；④排放；⑤闲置。

①流入阶段。污水注入之前，反应器内残存着高浓度的活性污泥混合液，来自前个周期的待机阶段，这些高浓度的活性污泥混合液相当于传统活性污泥法中的回流污泥。污水注满后再进行反应，从这个意义来说，反应器起到水质调节池的作用。如果一边进水一边曝气，则对有毒物质或高浓度有机物污水具有缓冲作用，表现出耐冲击负荷的特性。

②反应阶段。反应阶段包括曝气与搅拌混合。由于SBR法在时间上的灵活控制，它很容易实现好氧、缺氧与厌氧状态交替的环境条件，为其实现脱氮除磷提供了有利条件。为保证沉淀工序效果，在反应工序后期，需进行短时微量曝气，以便吹脱产生的氮气，防止在沉淀工序出现污泥上浮。

③沉淀阶段。防止曝气或搅拌，使混合液处于静止状态。活性污泥与水分离。本工序相当于传统活性污泥法中的二次沉淀池。由于本工序是静止沉淀，沉淀效率高，沉淀时间为1h就足够了。

④排放阶段。经过沉淀后产生的上清液，作为处理水出水，一直排放到最低水位。反应池底部沉降的活性污泥大部分为下个处理周期使用，排水后还可根据需要排放剩余污泥。

⑤闲置阶段，也称待机阶段，即在处理水排放后，反应器处于停滞状态，等待下一个操作运行周期开始的阶段。此阶段根据污水水量的变化情况，其时间可长可短。SBR工艺是一种结构形式简单，运行方式灵活多变、空间上混合液呈理想的完全混合，时间上有机物降解呈理想推流的活性污泥法。

2. 间歇式活性污泥法处理系统的工艺特征

间歇式活性污泥法处理系统最主要的特征是采用集有机物降解与混合液沉淀于一体的反应器——间歇曝气池。与连续式活性污泥法系统相比，不需要污泥回流及其设备和动力消耗，不设二次沉淀池。

此外，还具有如下优点：工艺流程简单，基建与运行费用低；生化反应推动力大，速率高、效率高、出水水质好；通过对运行方式的调节，在单一的曝气池内能够进行脱氮和除磷；耐冲击负荷能力较强，处理有毒或高浓度有机废水的能力强；不易产生污泥膨胀现象；应用电动阀、液位计、自动计时器及可编程序控制器等自控仪表，能使本工艺运行过程实现全部自动化的操作与管理。

3. 间歇式活性污泥法的工艺流程及其特征

与连续式活性污泥法系统相比较，本工艺系统组成简单，无须设污泥回流设备，不设二次沉淀池，曝气池容积也小于连续式，建设费用与运行费用都较低。此外，还具有如下特征。

①在大多数情况下（包括工业废水处理），无须设置调节池。

② SVI 值较低，污泥易于沉淀，一般无污泥膨胀。

③通过对运行方式的调节，在单气曝气池内能够实现脱氮除磷。

④运行管理得当，处理水水质优于连续式。

第二节　生物膜法

一、生物膜的基本原理

生物膜法属于好氧生物处理方法。污水通过滤料时，滤料截留了污水中的悬浮物质，并把污水中的胶体物质吸附在其表面上，这些物质中的有机物使微生物很快地繁殖起来，这些微生物又进一步吸附水中呈悬浮、胶体和溶解状态的物质，逐渐形成生物膜。

当含有大量有机污染物的污水连续不断地通过某种固体介质表面时，在介质的表面上会逐渐生长出各种微生物，当微生物的质（活性）与量（数量）积累到一定程度，便形成了生物膜。生物膜内部主要是由细菌、真菌、原生动物、后生动物和一些藻类组成。当污水与生物膜接触时，污水中的有机物作为微生物的营养物质被微生物所摄取，污水得到净化，微生物本身也在繁殖、生长。

生物膜法包括普通生物滤池、高负荷生物滤池、塔式生物滤池、生物转盘、生物流化床及生物接触氧化等。

（一）生物膜的构造及其净化原理

污水流过固体介质（滤料）表面经过一段时间后，固体介质表面形成了生物膜，生物膜覆盖了滤料表面。这个过程是生物膜法处理污水的初始阶段，亦称挂膜。对于不同的生物膜法污水处理工艺以及性质不同的污水，挂膜阶段需 15 ~ 30d；一般城市污水在 20℃左右的条件下，需 30d 左右完成挂膜。

固体介质（滤料）表面外，依次由厌氧层、好氧层、附着水层、流动水层组成了生物膜降解有机物的构造。

降解有机物的过程实质就是生物膜与水层之间多种物质的迁移与微生物生化反应过程。由于生物膜的吸附作用，其表面附着很薄的水层，称为附着水层。它相对于外侧运动的水流——流动水层，是静止的。这层水膜中的有机物首先被吸附在生物膜上，被生物膜氧化。由于附着水层中有机物浓度比流动层中的低，根据传质理论，流动水层的有机物可通过水流的紊动和浓度差扩散作用进入附着水层，并进一步扩散到生物膜中，被生物膜吸附、分解、氧化。同时，空气中的氧气不断溶入水中，穿过流动水层、附着水层。

在生物膜内、外，生物膜与水层之间进行着多种物质的传递过程。这包括空气中的氧和水中的有机物传递进入生物膜和生物膜中的代谢产物进入水中和空气中而排走过场。但当厌氧层逐渐加厚达到一定程度后，大量的厌氧代谢产物透过好氧层外逸，使好氧层的生态系统稳定状态遭到破坏而失去活性。处于这种状态的生物膜即为老化生物膜。老化生物膜净化功能较差而且易于脱落，生物膜脱落后，生成新的生物膜，新生物膜必须在经过一段时间后才能充分发挥其净化功能。比较理想的情况是：减缓生物膜老化进程，不使厌氧层过分增长，加快生物膜的更新，不使生物膜集中脱落。

（二）生物膜法工艺

属于生物膜法工艺的主要有生物滤池（普通生物滤池、高负荷生物滤池和塔式生物滤池）、生物转盘、生物接触氧化池和生物流化床等。生物滤池是早期出现，至今仍在发展的生物处理技术，而后三者则是近几十年来开发的新工艺。

（三）生物膜处理法的特征

生物膜法的特点是针对活性污泥法而言的，可从两个方面来对生物膜法的主要特征进行分析。

1. 微生物相方面的特征

生物膜中的微生物主要是细菌组成的菌胶团为主，多相对于活性污泥法而言，在生物膜中丝状菌很多，因为它净化能力很强，有时还起着主要作用，而且为生物膜形成了立体结构，使其密度疏松、增大了表面积。由于生物膜固着在固体介质表面上，所以不产生污泥膨胀现象。在生物滤池中真菌生长较普遍，常见的真菌种类有酵母菌、链刀霉菌、白地霉菌等。另外，生物膜上能够生长世代时间较长、比增殖速度小的硝化菌。后生动物如线虫、轮虫及寡毛虫的微型动物也经常出现，有时在生物滤池上能产生滤池蝇等昆虫类生物。

2. 处理工艺方面的特征

①运行管理方便、耗能较低。生物处理法中丝状菌起一定的净化作用，但丝状菌的大量繁殖会降低污泥或生物膜的密度。在活性污泥法运行管理中，丝状菌增加能导致污泥膨胀，而丝状菌在生物膜法中无不良作用。相对于活性污泥法，生物膜法处理污水的能耗低。

②具有硝化作用。在污水中起硝化作用的细菌属自养型细菌，容易生长在固体介质表面上被固定下来，故用生物膜法进行污水的硝化处理，能取得好的效果，且较为经济。

③抗冲击负荷能力强。污水的水质、水量时刻在变化。当短时间内变化较大时，即产生了冲击负荷，生物膜法处理污水对冲击负荷的适应能力较强，处理效果较为稳定。有毒物质对微生物有伤害作用，一旦进水水质恢复正常后，生物膜净化污水的功能即可得到恢复。

④污泥沉降与脱水性能好。生物膜法产生的污泥主要是从介质表面上脱落下来的老化生物膜，为腐殖污泥、其含水率较低、且呈块状、沉降及脱水性能良好，在二次沉淀池内易分离，得到较好的出水水质。

（四）生物膜法的特点

①微生物相复杂，能去除难降解有机物。

②微生物量大，净化效果好。

③剩余污泥少。

④污泥密实，沉降性能好。

⑤耐冲击负荷，能处理低浓度的污水。

⑥操作简单，运行费用低。

⑦不易发生污泥膨胀。

二、生物滤池

生物膜法处理污水最初使用的装置为普通生物滤池，为第一代生物滤池。这种装置是将污水喷洒在由粒状介质（石子等）堆积起来的滤料上，污水从上部喷淋下来，经过堆积的滤料层，滤料表面的生物膜将污水净化，供氧是自然通风完成的，氧气通过滤料的空隙，传递到流动水层、附着水层、好氧层。此种方法处理污水的负荷较低，但出水水质很好。

生物滤池可分为普通生物滤池、高负荷生物滤池、塔式生物滤池。

普通生物滤池的特点为：出水水质好；运行管理方便；运行费用低；有机物负荷极低，处理设备占地面积大；但卫生条件差，滤池可滋生滤池蝇，影响环境。

（一）普通生物滤池的构造

普通生物滤池由池体、滤床、布水装置和排水系统、通风口等组成。

1. 池体

普通生物滤池的平面形状一般为方形、矩形和圆形。池壁采用砖砌或混凝土浇筑。池体的作用是维护滤料。一般在池壁上设有孔洞，以便通风。池壁一般高出滤料表面 0.5 ~ 0.9m，以防风力对表面均匀布水的影响。

2. 滤料

滤料表面上有生物膜附着，是净化污水的主体，生物滤池的滤床由滤料组成，滤料的性质影响生物滤池的处理能力。滤料应具有下列要求。

①强度高，材质要轻。

②滤料的比表面积要大。

③空隙率大。

④物理化学性质稳定。

⑤就地取料，价廉。

⑥表面粗糙，便于挂膜。

一般滤料按形状可分为块状、板状和纤维状。滤料可选天然滤料如碎石、矿渣、碎砖、焦炭等，也可选人工滤料如塑料球、小塑料管等。普通生物滤池的滤料粒径为 25 ~ 40mm；此外滤池底部集水孔板以上应设厚度为 20 ~ 30mm，粒径为 70 ~ 100mm 的承托层，起承托作用，滤料总厚度为 1.5 ~ 2.0m。

3. 布水装置

布水装置应具有适应水量变化、不易堵塞和易于清通等特点。普通生物滤池可采用固定布水装置，亦可采用活动布水装置。

一般采用固定喷嘴式布水系统。固定喷嘴式布水系统包括投配池、配水管网和喷嘴三部分。投配池一般设在滤池一侧或两池中间，借助投配池的虹吸作用，使布水自动间歇进行。喷洒周期一般为 5 ~ 15min。

配水管网设置在滤料层中，距滤料表面 0.7 ~ 0.8m，配水管应有一定坡度，以便放空。喷嘴安装在配水管上，伸出滤料表面 0.15 ~ 0.20m，口径一般为 15 ~ 25mm。

4. 排水系统

普通生物滤池底部设有排水系统，包括渗水装置、集水沟和总排水沟等，其作用是支撑滤料、排出滤过的污水和通风。为保证滤池滤料的通风状态，渗水装置上的孔隙率不得小于滤池总表面积的 20%，底部空间高度不小于 0.6m，以保证通风良好；池底以 1% ~ 2% 的坡度坡向集水沟，集水沟以 0.5% ~ 2% 的坡度坡向排水渠。为防止老化生物膜淤积在池底部，排水渠的流速不应小于 0.7m/s。

5. 通风装置

普通生物滤池的通风为自然通风，一般在池底部设通风孔，其总面积不应小于滤池表面积的 1%。

（二）普通生物滤池的计算

普通生物滤池的计算内容：求出所需滤料的容积；设计渗水装置及排水系统；设计与计算配水系统。

普通生物滤池滤料容积一般按负荷率计算，即 BOD、容积负荷率和水力负荷率。

BOD 容积负荷率：每立方米滤料 1d 内所能处理的 BOD_5 量，$gBOD_5/(m^3{}_{滤料}\cdot d)$；

水力负荷率：每立方米滤料或每平方米滤池表面 1d 内所能处理的污水量，$m^3/(m^3{}_{滤料}\cdot d)$ 或 $m^3/(m^3{}_{滤料表面}\cdot d)$。

当处理对象为生活污水和以生活污水为主的城市污水时，BOD_5 负荷率一般为（$0.15 \sim 0.3kg/m^3{}_{滤料}\cdot d$），而水力负荷值可取 $13m^3/(m^3{}_{滤料}\cdot d)$。普通生物滤池一般仅适用于处理污水量不高于 1000 的小城镇污水或有机性工业废水。

1. 滤料容积的计算

普通生物滤池的滤料容积可按负荷率法和系数法计算。

①负荷率法。

国前常用的负荷率法由 BOD_5 容积负荷率法和水利负荷率法两种。BOD_5 容积负荷率是指在保证处理水达到要求水质的前提下，每立方米滤料在一天内能接受的 BOD_5 量，其单位为 $gBOD_5/(m^3{}_{滤料}\cdot d)$。水力负荷率是指在保证处理水达到要求质量的前提下，每立方米滤料或每平方米滤池表面在一天内所能够接受的污水水量，其单位为 $m^3/(cm^3$ 滤料 $\cdot d)$ 或 $m^3/(cm^2$ 滤池表面 $\cdot d)$。

②系数法。

$$K=L_0/L_e \tag{4-9}$$

式中：L_e——进入生物滤池进行处理污水的 BOD_5，一般不超过 220mg/L；

L_0——处理水的 BOD_5 值，按当时环保或回用要求确定。

2. 滤池的总面积

根据污水量 Q（m^3/d）及平面水力负荷 q[$m^3/(m^2 \cdot d)$] 求定滤池的总面积。

（三）高负荷生物滤池

高负荷生物滤池解决了普通生物滤池在运行中负荷极低、易堵塞及滤池蝇的产生等一系列问题。高负荷生物滤池的有机容积为普通生物滤池的 6～8 倍。水力负荷率高达 10 倍，因此池体的占地面积小；由于水力负荷增大，能及时地冲刷掉老化的生物膜，促进其更新，使其保持较高的活性，提高了生物降解能力。但高负荷生物滤池要求进水 BOD_5 值必须低于 200mm/L，采用回流水稀释。高负荷生物滤池有机物去除率一般为 75%～90%，低于普通生物滤池。

1. 高负荷生物滤池的构造

高负荷生物滤池的构造与普通生物滤池基本相同，由于其布水系统系采用旋转布水器，故其平面尺寸多为圆形。

高负荷生物滤池的滤料与普通生物滤池不同。其滤料粒径一般为 40～100mm，大于普通生物滤池滤料的空隙率较高，滤料层高一般为 2.0m。

2. 布水装置

高负荷生物滤池多采用旋转布水器。它由固定不动的进水管和旋转的布水横管组成，布水横管有 2 根或 4 根，横管中心轴距滤池地面 0.15～0.25m，横管绕竖管旋转。

3. 高负荷生物滤池的运行特征

由于高负荷生物滤池进水的 BOD_5 浓度不能高于 200mg/L，而实际处理的污水污染物物质浓度往往高于此值，为了解决这一问题，应采用处理水回流的办法，即将处理后的污水回流到滤池之前与进水相混合，降低 BOD_5 的浓度。通过回流水，还可以增大水力负荷，冲刷老化的生物膜，使之更新，保证其较高活性，抑制厌氧层产生。同时也防止了滤池堵塞，均和了进水水质，抑制了滤池蝇的过度滋长、减轻散发臭气，改善了处理环境。

（四）塔式生物滤池

塔式生物滤池属于第三代生物滤池，是得到污水处理工程界重视和应用较广泛的一种滤池。

1. 塔式生物滤池的特征

①塔式生物滤池的工艺特征。塔式生物滤池的主要特征是池体高，通风情况好，并且污水从池顶流下，水流紊动强，固、液、气传质好，降解污水中有机物速度快。

塔式滤池水流落差大紊动强烈，使生物膜受到强烈的水力冲刷，从而保持良好的活性。当进水 BOD_5 浓度较高时，由于生物膜生长迅速容易引起滤料堵塞，所以进水 BOD_5 值控制在 500mg/L 以下，否则需采取处理水回流措施；其水力负荷可达 80～200m^3/(m^2-d)，为一般高负荷生物滤池的 2～10 倍，BOD_5 容积负荷达 1000～3000gBOD_5/(m^3 · d)，较高负荷生物滤池高 2～3 倍；由于塔内微生物存在分层的特点，所以能承受较大的有机物和有毒物的冲击负荷；占地面积小，经常运行费用较低，但基建投资较大，BOD 去除率较低，适用于城市污水和各种工业有机废水，但只适宜于少量污水的处理。

②物滤池的构造特征。塔式生物滤池的平面多呈圆形或方形，外形如塔。一般高 8～24m，直径 1～3.5m；高度与直径比为（6～8）：1，塔顶高出上层滤料表面 0.5m 左右，塔身上开有观察窗，用于采样和更换滤料。

塔式生物滤池具有负荷高、占地少、不用设置专用的供氧设备等优点。质轻、强度高、空隙大、比表面积大的塑料滤料的应用，更促进了塔式生物滤池的应用。

池体：主要起围挡滤料的作用，可采用砖砌，也可以现场浇筑混凝土或采用预制板构件现场组装，还可以采用钢框架结构，四周用塑料板或金属板围嵌，这种结构可以大大减轻池体重量。

塔身沿高度分层建设，分层设格栅，格栅承托在塔身上，起承托滤料的作用。每层高度以不大于 2.5m 为宜，以免强度较低的下层滤料被压碎，每层设检修器，以便检修和更换滤料。

滤料：对于塔式生物滤池填充的滤料的各项要求，大致与高负荷生物滤池相同。由于其构造上的特征，最好对塔滤池采用质轻、高强、比表面积大、空隙率高的人工塑料滤料。国内常用滤料为环氧树脂固化的玻璃布蜂窝滤料其特点为比表面积大、质轻、构造均匀、有利于空气流通和污水均匀分布、不易堵塞。

布水装置：塔式生物滤池常使用的布水装置有两种，一是旋转布水器；二是固定布水器。旋转布水器可用水力反冲转动，也可电机驱动，转速一般为 10r/min 以内；固定布水器多采用喷嘴，由于塔滤表面积较小，安装数量不多，布水均匀。

通风孔：塔式生物滤池一般采用自然通风，塔底有高度为 0.4～0.6m 的空间，周围留有通孔，有效面积不小于池面积的 75%～10%。当塔式生物滤池处理特殊工业废水时，为吹脱有害气体，可考虑机械通风，尾气应经水洗，去除有害物质才能排入大气，即在滤池的下部和上部设鼓、引风机加强空气流通。

2. 塔式生物滤池的计算与设计

塔式生物滤池的工艺设计与计算主要按 BOD- 容积负荷率 N_v 进行计算，方法如下所述。

（1）确定容积负荷率

对于城市污水可参考国内外运行数据选定，对于工业废水，当无实例资料时，应通过实验确定。

（2）滤料容积

$$V=Q_aL_a/N_a \quad (4\text{-}10)$$

式中：V——滤料容积，m^3；

L_a——进水 BOD_5，也可按 BOD_5 考虑，g/m^3；

Q_a——污水流量，取平均日污水量，m^3/d；

N_a——BOD 容积负荷或 BOD_u 容积允许负荷，$gBOD_5/(m^3 \cdot d)$。

（3）滤塔的表面积

$$A=V/H \quad (4\text{-}11)$$

式中：A——滤塔的表面积，m^2；

H——滤塔的工作高度，m。

三、生物转盘

生物转盘又名转盘式生物滤池，属于充填式生物膜法处理设备。目前国内外已用生物转盘处理生活污水和多种工业污水，并取得了较好效果。生物转盘去除污染物的原理与生物滤池相同，但构造形式与生物滤池不同。

（一）生物转盘的构造与原理

生物转盘主要由盘片、接触反应槽、转轴及驱动装置组成。生物转盘反应器由垂直固定在水平轴上的一组盘片（圆形或多边形）及与之配套的氧化水槽组成。氧化水槽的断面为半圆形、矩形或梯形。盘片一般用塑料、璃钢等材料制成，要求轻质、耐腐蚀和不变形。盘片为平板、点波纹板等，或是平板和波纹板的复合。盘片直径一般为 2～3m，最大 5m。片间净距离为 10～35mm，片厚 1～15 mm。固定盘片的轴长一般不超过 7.0m。许多盘片固定在一根轴上，形成一个大的生物转盘。转盘轴与分级氧化水槽平行，轴的两端固定在轴承上，靠机械传动。转盘转速 0.8～3.0r/min，边缘线速度 10～20m/min 为宜。

生物转盘上生长着生物膜，靠生物膜的吸附稳定作用去除有机物。生物转盘在低速转动过程中，附着在盘片上的生物膜与污水和空气交替接触，完成生物降解有机污染物。在生物膜构造中，除含有有机污染物及氧气以外，还有生物降解产物如 CO_2，NH_3 等物质的传递。由于生物降解有机物，生物膜逐渐增厚，靠近盘片内形成厌氧层，生物膜开始老化。在反应槽内的污水产生的剪切力的作用下，老化的生物膜剥落，随处理水流入二次沉淀池被重力分离。

（二）生物转盘系统特征

生物转盘具有结构简单、运转安全、处理效果好、效率高、便于维护和运行费用低等优点，是因为其运行工艺和维护方面具有下面特征。

1. 微生物浓度高

特别最初几级的生物转盘，盘片上的生物量如折算成曝气池的 MLVSS 可达 40000 ~ 60000mg/L（单位接触反应槽容积中微生物的量），这是生物转盘高效率的一项主要原因。

2. 处理污水成本较低

由于转盘上的生物膜从水中进入空气中时充分吸收了有机污染物，生物膜外侧的附着水层可以从空气中吸氧，接触反应槽不需要曝气，因此，生物转盘运转较为节能。以流入污水的 BOD 浓度为 200mg/L 计，每去除 1kgBOD 约耗电 0.71kW · h，为活性污泥反应系统的 1/3 ~ 1/4。

3. 污泥龄长

在转盘上能够增殖世代时间长的微生物，如硝化菌等，因此，具有硝化、反硝化功能，向最后几级接触反应槽或直接向二次沉淀池投加混凝剂，生物转盘还可以用以除磷。

4. 生物相分级

在每级转盘上生长着适应于流入该级污水性质的生物相，这有利于微生物生长和有机物降解。

5. 能够处理高浓度及低浓度的污水

能够处理 40000 ~ 10mg/L 范围的污水，并能取得较好的处理效果。多段生物转盘最适合处理高浓度污水。当 BOD 浓度低于 30mg/L 时，就能产生硝化反应。

6. 噪声低，无不良气味

设计运行合理的生物转盘不生长滤池蝇，不产生恶臭和泡沫；由于没有曝气装置，噪声极低。

7. 接触反应时间短

P/M 值为 0.05 ~ 0.1，只是活性污泥法 F/M 值的几分之一。因此，生物转盘能以较短的接触时间取得较高的净化率。

8. 产生的污泥量少

在生物膜上存在较长的食物链，微生物逐级捕食，因此，污泥产量少，BOD_5 去除率为 90% 时，去除 1kgBOD 的污泥产率为 0.25 kg 左右。

9. 具有除磷功能

直接向接触反应槽投加混凝剂，能够去除 80% 以上的磷，再则生物转盘无须回流污泥，可直接向二次沉淀池投加混凝剂去除磷和胶体性污染物质。

10. 易于维护管理

生物转盘反应器设备简单，复杂设备少，不产生污泥膨胀现象，日常对设备定期保养即可。

（三）生物转盘的特点

（1）生物转盘法与活性污泥法相比有以下特点

①不需污泥回流，不发生污泥膨胀，操作简单，易于控制。

②剩余污泥量小，密实而稳定，易于分离和脱水。

③构造简单，无须曝气和回流设备，动力消耗少，运行费用低。

④采用多层布置时，可节省用地，采用单层布置时占地面积大。

⑤耐冲击负荷，处理效率高，BOD_5 去除率 90% 以上，对难溶解有机物的净化效果好。

⑥散发臭气和其他挥发性物质。

⑦处理效果受气温影响大，寒冷地区需保温。

（2）生物转盘法与生物滤池相比具有以下特点：

①自然通风效果好，充氧能力强。

②能处理高浓度污水，进水 BOD_5 可达 100mg/L。

③无堵塞现象。

④生物膜与污水接触均匀，盘面利用率高，无死角。

⑤污水与生物膜接触时间长，处理效率高，可通过调节转速来控制传质条件、充氧量和生物膜更新程度。

⑥单层布置的占地面积比普通生物滤池小，比高负荷滤池大，多层布置的占地面积与塔式生物滤池相当。

⑦水头损失小，能耗低。

⑧盘片材料贵，投资大。

⑨须设雨棚，防止雨水淋掉生物膜。

（四）生物转盘反应器处理污水的流程

生物转盘的流程要根据污水水质和处理后水质的要求确定。

四、生物接触氧化法

生物接触氧化法是一种活性污泥法与生物滤池两者结合的生物处理技术。因此，此方法兼具备活性污泥法与生物膜法的特点。

（一）生物接触氧化法反应器的构造

生物接触氧化池主要由池体曝气装置、填料床及进出水系统组成。池体的平面形状多采用圆形、方形或矩形。池体的高度一般为4.5～5.0m，其中填料床高度为3.～3.5 m，底部布气高度为0.6～0.7m，顶部稳定水层为0.5～0.6m。由于填料是产生生物膜的固体介质，所以对填料的性能有如下要求。

①要求比表面积大、空隙率高、水流阻力小、流速均匀。

②表面粗糙、增加生物膜的附着性，并要外观形状、尺寸均统一。

③化学与生物稳定性较强，经久耐用，有一定的强度。

④要就近取材，降低造价，便于运输。

目前，生物接触氧化池中常用的填料有蜂窝状填料、波纹板状填料及软性与半软性填料等。曝气系统由鼓风机、空气管路、阀门及空气扩散装置组成。生物接触氧化池的曝气装置亦可采用表面曝气供氧。

（二）生物接触氧化池的工艺流程

原污水先经初次沉淀池处理后进入生物接触氧化池，经接触氧化后，水中的有机物被氧化分解，脱落或老化的生物膜与处理水进入二次沉淀池进行泥水分离，经沉淀后，沉泥排出处理系统，二次沉淀池沉淀后的水作为处理水排放。

五、生物流化床

（一）生物流化床的构造

生物流化床的微生物量大，传质效果好，是生物膜法新技术之一。如果使附着生物膜的固体颗粒悬浮于水中做自由运动而不随出水流失，悬浮层上不保持明显界面，这种悬浮态生物膜反应器叫生物流化床。由于载体颗粒一般很小比表面积非常大（2000～3000m^2/m^3载体），所以单位体积反应器的微生物量很大。由于载体呈硫化状态，与水充分接触，紊流激烈，所以传质效果很好。因此，生物流化床的处理效率高。

（二）生物流化床的类型

生物流化床有两相生物流化床和三相生物流化床两种。

1. 两相生物流化床

两相生物流化床靠上升水流使载体流化，床层内只存在液固两相。两相生物流化床设有专门的充氧设备和脱膜装置。污水经过充氧设备后从底部流入流化床。载体上微生物吸收降解污水中的污染物，使水质得到净化。净化水从流化床的上部流出，经二次沉淀后排放。

2. 三相生物流化床

三相生物流化床是靠上升起泡的提升力使载体硫化，床层内存在着气、固、液三相。

三相生物流化床不设置专门的充氧设备脱膜装置。空气通过射流曝气或扩散装置直接进入流化床充氧。在体表面的微生物依靠气体和液体的搅拌、冲刷和相互摩擦而脱落。随水流出的少量载体进入二次沉淀池后再回流到流化床。

三相生物流化床操作简单，能耗、投资和运行费用比两相生物流化床低，但充氧能力比两相生物流化床差。

第三节　自然生物处理

一、稳定塘

自然生物处理是利用自然环境的净化功能对污（废）水进行处理的一种方法。分为稳定塘处理和土地处理两大类，即利用水体和土壤净化污水。

（一）稳定塘的分类和工作原理

稳定塘又称氧化塘、生物塘。它是自然的或经过人工适当修整，设围堤和防渗层的污水池塘。稳定塘主要依靠自然生物净化功能净化污水，污水在塘中的净化过程与自然水体的自净过程相近。

1. 稳定塘的类型及优缺点

①稳定塘的类型。可分为好氧塘、兼性塘、厌氧塘、曝气塘四种。专门用以处理二级处理后出水的稳定塘称为深度处理塘。

②稳定塘处理污水优点:依靠自然功能净化污水，能耗低，便于维护，管理方便，运行费用低；建设周期短，易于施工，基建投资低；稳定塘能够将污水中的有机物转化为可用物质，处理后的污水可用于农业灌溉，以利用污水的水肥资源。

③稳定塘处理污水缺点：污水净化效果在很大程度上受季节、气温、光照等自然因素的控制，不够稳定;污水停留时间长，占地面积大，没有空闲的余地不宜采用；卫生条件较差，易滋生蚊蝇，散发臭气，塘底防渗处理不好，可能引起对地下水的污染。

2. 稳定塘净化机理

①稳定塘生物系。在稳定塘中对污水起净化作用的生物有细菌、藻类、微型动物（原生动物与后生动物）、水生植物等。细菌在稳定塘内对有机污染物的降解起主要作用。这类细菌以有机化合物作为碳源，并以这些物质分解过程中产生的能量作为维持其生理活动的能源。藻类具有叶绿体，能够进行光合作用，是塘水中溶解氧的主要提供者。原生动物与后生动物捕食藻类、菌类，防止过度增殖，其本身又是良好的鱼饵。水生植物能提供稳定塘对有机污染物和氮磷等无机营养层的去除效果。

②稳定塘生态系。稳定塘的生态系统包括好氧区、厌氧区及两者之间的兼性区。在稳定塘内存活的不同类型的生物构成了其生态系统。菌藻共生体系是稳定塘内最基本的生态系统。其他水生植物和水生动物的作用则是辅助性的，它们的活动从不同途径强化了污水的净化过程。

3. 稳定塘对污水的净化作用

①稀释作用。进入稳定塘的污水在风力、水流以及污染物的扩散作用下与塘水混合，使进水得到稀释，其中各项污染指标的浓度得以降低。

②沉淀和絮凝作用。塘水中的生物分泌物一般都具有絮凝作用，使污水中的细小悬浮颗粒产生絮凝作用，沉于塘底成为沉积层。

③好氧微生物的代谢作用。在好氧条件下，异养型好氧菌和兼性菌对有机污染物的代谢作用，是稳定塘内污水净化的主要途径。绝大部分有机污染物都是在这种作用下得以去除的，BOD 可去除 90% 以上，COD 去除率也可达 80%。

④厌氧微生物的代谢作用。在兼性塘的塘底沉积层和厌氧塘内，厌氧细菌对有机污染物进行厌氧发酵分解，厌氧发酵经历水解、产氢产乙酸和产甲烷三个阶段，最终产物主要是 CH_4，CO_2 及硫醇等。

⑤水生植物的作用。水生植物能吸收氮、磷等营养，使稳定塘去除氮、磷的功能得到提高；其根都具有富集重金属的功能，可提高重金属的去除率。

⑥浮游生物的作用。藻类的主要功能是供氧，同时也可从塘水中去除一些污染物，如氮、磷等。

4. 影响稳定塘净化过程的因素

①温度。温度直接影响细菌和藻类的生命活动，在适宜温度下，微生物代谢速率较高。

②光照。光是藻类进行光合作用的能源，在足够的光照强度条件下，藻类才能将各种物质转化为细胞的原生质。

③混合。进水与塘内原有塘水的充分混合，能使营养物质与溶解氧均匀分布，使有机物与细菌充分接触，以使稳定塘更好地发挥其净化功能。

④营养物质。要使稳定塘内微生物保持正常的生理活动，必须充分满足其所需要的营养物质，并使营养元素、微量元素保持平衡。

⑤有毒物质。应对稳定塘进水中的有毒物质的浓度加以限制，以避免其对塘内微生物产生抑制或毒害作用。

⑥蒸发量和降雨量。蒸发和降雨的作用使稳定塘中污染物质的浓度得到浓缩或稀释。

⑦污水的预处理。预处理包括去除悬浮物和油脂、调整 pH、去除污水中的有毒有害物质、水解酸化等。

以上因素有些可人为控制，有些则只能顺其自然，但可以采取一定的措施，以保证稳定塘净化功能的良好发挥。

5. 稳定塘的特点

①投资费用低。利用旧河道和废洼地改建成稳定塘，工程量小，投资费用低。

②运行费用低。稳定塘管理简单，不消耗动力（曝气塘除外）和药剂，无设备维修，运行费用很低。

③功能全。稳定塘作用机制复杂，停留时间长，能去除各种污染物，对有机毒物和重金属净化效果好。

④实现污水资源化。稳定塘出水含丰富的氮、磷元素。

⑤占地面积大。稳定塘占地面积大。

⑥卫生条件差。稳定塘散发臭气，滋生蚊蝇，影响环境卫生。

⑦污染地下水。稳定塘底一般不作防渗处理，污水渗透污染地下水。

⑧处理效果受环境影响。大季节、光照和天气的变化。

6. 稳定塘的运行方式

根据水质和自然条件，将各种类型的稳定塘单元优化组合成不同的运行方式以取得最佳运行效果。稳定塘应设在城镇下风向较远的地方，以防止臭气和蚊蝇影响居民生活。稳定塘应设在离机场 2km 以外，以防止鸟类危及飞行安全。此外，还应采取防渗措施，防止地下水污染，设计时还应避免短流和死区。为防止塘内淤积，应设置格栅、沉沙池和沉淀池。

（二）好氧塘

1. 概述

好氧塘深度一般在 0.5m 左右，以使阳光能够透入塘底。主要由藻类供氧，塘表面也由于风力搅动进行自然复氧。全部塘水都呈好氧状态，由好氧微生物对有机污染物起降解作用。在好氧塘内高效地进行着光合反应和有机物的降解反应。BOD_5 去除率达 95% 以上。为使全部塘水保持好氧状态，必须满足两个条件：

①水深较浅（一般为 0.3 ~ 1.5m），以获得充足的光照，为藻类生长创造条件。

②进水有机负荷较低，以降低好氧速度。

2. 好氧塘的设计

①好氧塘的分格数不宜少于两格，可串联或并联运行。每座塘面积以不超过 40000m^3 为宜。

②塘形以矩形为宜，长宽比取 2 ~ 3 ∶ 1，堤顶宽取 1.8 ~ 2.4m。

③以塘深 1/2 处面积作为设计计算面积，超高一般取 0.5m。

④好氧塘的水深应在保证阳光透射到塘底，保持一定的深度，不宜过浅。

⑤塘内污水的混合主要依靠风力，因此，好氧塘应建于通风良好的地域。

⑥进水口的设计应尽量使横断面上配水均匀，宜采用多点进水方式；进水口与出水口的直线距离应尽可能大，以避免短流。

⑦可以考虑处理水回流措施。

⑧好氧塘处理水含有藻类，必要时应考虑除藻处理。

（三）兼性塘

1. 概述

兼性塘塘深在 1.0 ~ 2.5m，在阳光能够照射透入的塘的上层为好氧层，与好氧塘相同，由好氧异养微生物对有机污染物进行氧化分解。由沉淀的污泥和衰死的藻类在塘的底部形成厌氧层，由厌氧微生物起主导作用进行厌氧发酵。兼性塘内进行的净化反应是比较复杂的，生物相也比较丰富，其污水净化是由好氧、兼性、厌氧微生物协同完成的，BOD_5 去除率为 60% ~ 95%。

2. 兼性塘的设计

兼性塘计算的主要内容是求定塘的有效面积，多按经验数据进行计算。

①塘深一般采用 1.2 ~ 2.5m。其中，保护高按 0.5 ~ 1.0m 考虑，一般为 0.2 ~ 0.6m，污泥层厚度一般取 0.3m，在有完善的预处理工艺的条件下，此厚度可容纳 10 年左右的积泥。

② BOD_5 表面负荷率一般按 20 ~ 100kg/（$10^2m^2·d$）考虑。低值用于北方寒冷地区，高值用于南方炎热地区。

③停留时间一般规定为 7 ~ 180d，幅度很大。

④如采取处理水循环措施，循环率可为 0.2% ~ 2.0%。

⑤藻类浓度一般在 10 ~ 100mg/L。BOD 去除率一般可达 70% ~ 90%。

⑥塘数一般不宜少于两座，小规模的兼性塘可以考虑采用一座。

⑦塘形以矩形为宜。四角可做成圆形，以减少死区，长宽比取 2∶1 或 3∶1。

⑧出水口与进水口一般按对角线设置，以减少短路。

⑨进水口应尽量使槽的横断面上的配水均匀，宜采用扩散管或多点进水。

（四）厌氧塘

1. 概述

厌氧塘深度一般在 2.0m 以上，有机负荷率高，整个塘水基本上都呈厌氧状态。厌氧塘是依靠厌氧菌的代谢功能使有机污染物得到降解，包括水解、产酸及甲烷发酵等厌氧反应全过程。净化速度低，污水停留时间长。BOD_5 去除率为 70% 左右。

2. 厌氧塘的设计

①塘深一般采用 2.0～4.5m。其中，保护高按 0.6～1.0m 考虑；污泥层厚度一般取 0.5m。

②停留时间一般规定为 20～50d。

③ BOD_5 表面负荷率一般按 200～600kg/（$m^2 \cdot d$）。

④水力停留时间。我国对城市污水的建议值是 30～50d。

⑤厌氧塘一般位于稳定塘之首，宜设为并联，这样便于清除塘泥。污泥清除周期为 5～10 年。

⑥厌氧塘宜采用矩形，长宽比 2∶1～2.5∶1。

⑦厌氧塘单塘面积应不大于 800 m，堤内坡 1∶1～1∶3，塘底略有坡度。

⑧厌氧塘的有效深度为 3～5m，保护高一般为 0.6～1.0m。

⑨厌氧塘进口一般设在高于塘底 0.6～1.0 m 处，使进水与塘底污泥相混合。塘底宽度小于 9m 时，可以只设一个进口，否则应采用多个进口。进水管径 200—300mm。出水口为淹没式，深入水下 0.6 m，应不小于冰层厚度或浮渣层厚度。

⑩处理效果，BOD 去除率一般为 30%～60%。厌氧塘还具有通过化学沉淀去除重金属离子的能力。

（五）曝气塘

1. 概述

曝气塘又可分为好氧曝气塘及兼性曝气塘两种，主要取决于曝气设备安设的数量及密度、曝气强度的大小等。好氧曝气塘与活性污泥处理法中的延时曝气法相近。在曝气条件下，藻类的生长与光合作用受到抑制。BOD_5 去除率为 60%～90%。

由于经过人工强化，曝气塘的净化效果及工作效率都明显地高于一般类型的稳定塘。污水在塘内的停留时间短，曝气塘所需容积及占地面积均较小，这是曝气塘的主要优点，但由于采用人工曝气措施，能耗增加，运行费用也有所提高。

2. 曝气塘的设计

①曝气塘一般按表面负荷率进行设计计算。

②塘深与采用的表面机械曝气器的功率有关，一般介于 2.5 ~ 5.0m。

③停留时间，好氧曝气塘为 d；兼性曝气塘为 7 ~ 20d。

④塘内悬浮固体（生物污泥）浓度在 80 ~ 200。

曝气塘是经过人工强化的稳定塘。塘深在 2.0m 以上，塘内设曝气设备向塘内污水充氧，并使塘水搅动。曝气设备多采用表面机械曝气器，也可以采用鼓风曝气系统。

二、土地处理

（一）土地处理系统与净化机理

1. 污水土地处理系统

污水土地处理系统也属于污水自然处理范畴，是在人工控制下，将污水投配在土地上，通过土壤—植物系统，进行一系列净化过程，使污水得到净化。污水土地处理系统能够经济有效地净化污水，还能充分利用污水中的营养物质和水来满足农作物、牧草和林木对水、肥的需要，并能绿化大地、改良土壤。所以说，土地处理系统是一种环境生态工程。

2. 污水土地处理系统的组成

污水土地处理系统的组成部分包括：

①污水处理预处理设备。

②污水的调节及贮存设备。

③污水的输送、配布和控制系统。

④土地净化田。

⑤净化水收集、利用系统。

其中，土地净化田是土地处理系统的核心环节。

3. 净化机理

土壤净化作用是一个十分复杂的综合过程，其中包括物理及物化过程的过滤、吸附和离子交换、化学反应的化学沉淀、微生物的代谢作用下的有机物分解等。过滤是靠土壤颗粒间的孔隙来截留、滤除水中的悬浮颗粒。

①悬浮物。污水流经土壤时，悬浮物和胶态物质被过滤、截留和吸附在土壤颗粒的孔隙中，与水分离。

②有机物。土壤的透气性良好，在上层存在大量好氧微生物，在下层有较多的

兼氧或厌氧微生物。微生物的代谢作用使水质得到净化，处理二级出水的 BOD_5 去除率可达 85% ~ 99%。

③氮、磷。氮主要通过植物吸收、微生物脱氮和 NH 逸出等方式去除；磷主要通过植物吸收、化学沉淀等形成吸附等方式去除。

④病原体。土地处理系统可吸附杀死病原体，去除率达 95% 以上。

⑤重金属。重金属主要通过化学沉淀、吸附和植物吸收等方式去除。

土地处理系统的进水负荷不宜过高，否则会引起土壤堵塞或污染物渗透，污染地下水。

（二）土地处理系统的基本工艺

土地处理系统的基本工艺有慢速渗滤、快速渗滤、地表漫流和地下渗滤四种。

1. 慢速渗滤系统

该工艺适用于渗水性能良好的土壤和蒸发量小、气候湿润的地区。其对 BOD 的去除率一般可达 95% 以上，COD 去除率达 85% ~ 90%，氮的去除率则在 70% ~ 80%。

慢地系统滤速慢，处理水量小，部分污水被植物吸收和蒸发，污染物去除率高，出水水质好。

2. 快速渗滤系统

快速渗透出水通过地下集水管或井群收集利用。该工艺具有较强的去除大肠菌的能力，去除率可达 99.9%，出水含大肠菌为 ≤ 40 个 /100mL。

3. 地表漫流系统

用喷灌或漫灌方式将污水投注到地面较高处，顺坡流下，形成很薄的水层。该工艺的其 BOD 去除 90% 左右，总氮的去除率则在 70% ~ 80%，悬浮物的去除率一般达 90% ~ 95%。

4. 湿地处理系统

污水投放到土壤经常处于水饱和状态而且生长有芦苇、香蒲等耐水植物的沼泽地上，污水沿一定方向流动，在流动过程中，在耐水植物和土壤的联合作用下，使污水得到净化。

湿地处理系统有以下几种类型。

①天然湿地系统。利用天然洼淀、苇塘，并加以人工修整而成。中设导流土堤，使污水沿一定方向流动，水深一般在 30 ~ 80cm，不超过 1m，净化作用类似于好氧塘，适宜作污水的深度处理。

②自由水面人工湿地。用人工筑成水池或沟槽状，底面铺设隔水层以防渗漏，

再充填一定深度的土壤层，在土壤层种植维管束植物，污水由湿地的一端通过布水装置进入，并以较浅的水层表以推流式方向向前流动，从另一端溢入集水沟，流动过程中保持着自由水面。

③人工潜流湿地处理系统。人工潜流湿地处理系统又名人工苇床，是人工筑成的床槽，床内充填介质以支持芦苇类的挺水植物生长。污水与布满生物膜的介质表面和溶解氧充分的植物根区接触而得到净化。

5. 污水地下渗滤处理系统

污水地下渗滤处理系统是将经过化粪池或酸化水解池预处理后的污水有控制地通入设于地下距地面约 0.5m 深处的渗滤田，在土壤的渗滤作用和毛细管作用下，污水向四周扩散，通过过滤、沉淀、吸附和在微生物作用下的降解作用，使污水得到净化。该工艺具有以下特征。

①整体处理系统都设于地下，地面上可种植绿色植物，美化环境。

②不受或较小受到外界气温变化的影响。

③易于建设，便于维护，不堵塞，建设投资少，运行费用低。

④对进水负荷的变化适应性较强，耐冲击负荷。

⑤运行得当可回收到水质良好、稳定的处理水，用于农灌、浇灌城市绿化地、街心公园等。地下渗滤处理系统是一种以生态原理为基础，以节能、减少污染、充分利用水资源的一种新型的小规模的污水处理工艺技术。我国近年来对这一技术也日益重视，但尚处于初步启动阶段。该工艺适用于处理居住小区、旅游点、度假村、疗养院等。

第五章　污水的物理处理技术

第一节　沉淀池及调节池

物理分离法是指利用污水中泥沙、固体悬浮物和油脂类等在重力作用与水分离的特性，经过自然沉降，将污水中密度较大的悬浮物除去。

所有利用物理方法来改变污水成分的方法都可称为物理处理过程。物理处理的特点是仅仅使得污染物和水发生分离，但是污染物的化学性质并没有发生改变。常用的过程有水量与水质的调节（包括混合）、隔滤、离心分离、沉降、气浮等。

一、沉淀池

（一）沉淀池的类型

按照水在池内的总体流向，沉淀池可分为平流式、竖流式和辐流式三种形式。平流式沉淀池，污水从池一端流入，按水平方向在池内流动，从另一端溢出，池体呈长方形，在进口处的底部设储泥斗。辐流式沉淀池表面呈圆形，污水从池中心进入，澄清水从池周溢出，在池内的污水也呈水平方向流动，但流速是变化的。竖流式沉淀池表面多为圆形，但也有呈方形或多角形的，污水从池中央下部进入，由下向上流动，澄清污水由池面和池边溢出。

所有类型的沉淀池都包括入流区、沉降区、出流区、污泥区和缓冲区五个功能区。进水处为入流区，池子主体部分为沉降区，出水处为出流区，池子下部为污泥区，污泥区与沉降区交界处为缓冲区。入流区和出流区的作用是进行配水和集水，使水流均匀地分布在各个过流断面上，提高容积利用系数以及为固体颗粒的沉降提供尽可能稳定的水力条件。沉降区是可沉颗粒与水分离的区域。污泥区是泥渣储存、浓缩和排放的区域。缓冲区是分隔沉降区和污泥区的水层，防止泥渣受水流冲刷而重新浮起。以上各部分相互联系，构成一个有机整体，以达到设计要求的处理能力和沉降效率。

（二）平流沉淀池

在平流沉淀池内，水是沿水平方向流过沉降区并完成沉降过程的。废水由进水槽经淹没孔口进入池内。在孔口后面设有挡流板或穿孔整流墙，用来消能稳流，使进水沿过流断面均匀分布。在沉淀池末端设有溢流堰（或淹没孔口）和集水槽，澄清水溢过堰口，经集水槽排出。在溢流堰前也设有挡板，用以阻隔浮渣，浮渣通过可转动的排渣管收集和排除。池体下部靠近进水端有泥斗，斗壁倾角为50°～60°，池底以0.01～0.02的坡度坡向泥斗。泥斗内设有排泥管，开启排泥阀时，泥渣便在静水压力作用下由排泥管排出池外。

平流式沉淀池的流入装置常用潜孔，在潜孔后垂直水流方向设有挡板，其作用一方面是消除入流废水的能量；另一方面也可使入流废水在池内均匀分布。入流处的挡板一般高出池水水面0.1～0.5m，挡板的浸没深度在水面下应不小于0.25m，并距进水口0.5～1.0m。出流区设有流出装置，出水堰的作用是控制沉淀池内水位的高度，而且对池内水流的均匀分布有着直接的影响，出水堰的要求是在整个出水堰的单位长度上溢流量要基本一致。其中应用最为广泛的是锯齿形三角堰，水面不宜超过齿高的1/2。为了适应水流的变化以及构筑物的不均匀沉降，往往在堰口处设有调节堰板的装置，堰前也应设挡板或浮渣槽。挡板应高出池内水面0.1～0.15m，并浸没在水面下0.3～0.4m。

平流式沉淀池的排泥装置与方法一般如下。

1. 静水压力法

所谓静水压力法，就是利用池内的静水压将污泥排出池外。排泥管直径为200mm，插入污泥斗，上端伸出水面以便清通。静水压力水头高为1.5m（初次沉淀池）和0.9m（二次沉淀池）。为了使池底污泥能滑入污泥斗，池底应有0.01～0.02的坡度，但这会造成池总深加大，故也可采用多斗排泥平流式沉淀池，以减小深度。

2. 机械排泥法

机械排泥法是用机械装置把污泥集中到污泥斗，然后排出，常用的有链带式刮泥机和行走小车式刮泥机。链带式刮泥机链带上装有刮板，沿池底缓慢移动，速度约为1m/min，把沉泥缓缓推入污泥斗，当链带刮板转到水面时，又可将浮渣推向流出挡板处的浮渣槽。链带式的缺点是机件长期浸于污水中，易被腐蚀，且难维修。行走小车刮泥机的小车沿着池壁顶部的导轨往返行走，刮板被带动起来将沉泥刮入污泥斗，浮渣也被刮入浮渣槽。此方法刮泥时，整套刮泥机都位于水面之上，故行走时刮泥机易于修理，不易被腐蚀。

3. 吸泥法

当沉淀物密度低，含水率高时，不能被刮除，可采用单口扫描泵吸式排泥设备，使吸泥与排泥同时完成，吸口、吸泥泵及吸泥管用猫头吊挂在桁架的工字钢上，并沿工字钢作横向往返移动，吸出的污泥排入安装在桁架上的排泥槽，通过排泥槽输送到污泥后续处理的构筑物中。这样可以保持污泥的高程，便于后续处理。单口扫描泵吸式向流入区移动时吸、排沉泥，向流出区移动时不吸泥。吸泥时的耗水量约占处理水量的 0.3% ~ 0.6%。

平流式沉淀池的沉淀区有效水深一般为 2 ~ 3m，废水在池中停留时间为 1 ~ 2h，表面负荷为 1 ~ $3m^3/(m^2 \cdot h)$，水平流速一般不大于 4 ~ 5mm/s，为了保证废水在池内分布均匀，池长与池宽比以 4 ~ 5 为宜。

在实际的沉淀池内，污水流动状态和理论状态差异很大。由于流入污水与池内原有污水之间在水温和密度方面的差异，因此可产生异重流。由于惯性力的作用，污水在池内能够产生股流；又由于池壁、池底及其他构件的存在，导致污水在池内流速分布不均，出现偏流、絮流等现象。这些因素在设计时可采用一些经验系数和校正项加以处理。

平流式沉淀池的优点是沉积面大，效果好，造价低，能够适应各种流量。缺点是占用场地大，排泥困难。

（三）竖流沉淀池

竖流式沉淀池多用于小流量废水中絮凝性悬浮固体的分离，池面多呈圆形或正多边形。上部为沉降区，下部为污泥区，两者间有 0.3 ~ 0.5m 的缓冲地段。沉淀池运行时，废水经进水管进入中心管，由管口出流后，借助反射板的阻挡向四周分布，并沿沉降区断面缓慢竖直上升。沉速大于水速的颗粒下沉到污泥区，澄清水则由周边的溢流堰溢入集水槽排出。如果池径大于 7m，可增加辐射向出水槽。溢流堰内侧设有半浸没式挡板来阻止浮渣被水带出。池底锥体为储泥斗，它与水平的倾角常不小于 45°，排泥一般采用静水压力，污泥管直径一般用 200mm。

竖流式沉淀池的水流流速 v 是向上的，而颗粒沉速 u 是向下的，颗粒的实际沉速是 u 与 v 的矢量和，只有 $u \geq v$ 的颗粒才能被沉淀去除，因此颗粒去除率比平流与辐流式沉淀池小。但若颗粒具有絮凝性，则由于水流向上，带着微颗粒在上升过程中，互相碰撞，促进絮凝，使颗粒变大，沉速随之增大，颗粒去除率就会增大。竖流式沉淀池可用静水压力排泥，不必用机械刮泥设备，但池深较大。

竖流式沉淀池的直径（或边长）为 4 ~ 8m，沉淀区的水流上升速度一般采用 0.5 ~ 1.0mm/s，沉淀时间为 1 ~ 1.5h。为保证水流自下而上垂直流动，要求池子直径与沉淀区深度之比不大于 3 : 10，中心管内水流速度应不大于 0.03m/s，而当设置反射板时，可取 0.1m/s。

污泥斗的容积视沉淀池的功能而各异。对于初次沉淀池，泥斗一般以储存 2d 污泥量来计算，而对于活性污泥法中的二次沉淀池，其停留时间以 2h 为宜。

竖流式沉淀池排泥方便，不需要加设机械刮泥设备，且占地面积较小。但是它也有造价高、单池容积小、池深大以及施工较困难等缺点。

（四）辐流沉淀池

辐流式沉淀池大多呈圆形。辐流式沉淀池的直径一般为 6～60m，最大可达 100m，池周水深 1.5～3.0m。废水经进水管进入中心布水桶后，通过筒壁上的孔口和外围的环形穿孔整流挡板（穿孔率为 10%～20%）沿径向呈辐射状流向池周，其水力特征是污水的流速由大向小变化。沉淀后的水经溢流堰或淹没孔口汇入集水槽排出。溢流堰前设挡板，可以拦截浮渣。沉于池底的污泥，由安装于桁架底部的刮板以螺旋形轨迹刮入泥斗，刮泥机由桁架及传动装置组成。当池径小于 20m 时，用中心传动；当池径大于 20m 时，用周边传动。周边线速为 1.0～1.5m/min，池底坡度一般为 0.05，污泥靠静压或污泥泵排出。

（五）沉淀池的选择

在选择沉淀池的池型时，应考虑以下主要因素。

①废水量与沉淀池的选择。如要处理的废水量很大，那么一般考虑使用平流式、辐流式沉淀池；若废水量小，可用竖流式沉淀池。

②悬浮物沉降性能与沉淀池的选择。悬浮物沉降性能差的污泥不宜使用静水压力排泥，此时应考虑用机械排泥，故不宜采用竖流式沉淀池。

③总体布置与地质条件。用地紧张的地区，宜用竖流式沉淀池。地下水位高、施工困难地区，不宜用竖流式沉淀池，宜用平流式沉淀池。

④造价的高低、运行管理与沉淀池的选择。通常平流式沉淀池的造价低，竖流式沉淀池的造价高。若从运行管理方面考虑，竖流式沉降池排泥方便，管理简单，而辐流式沉淀池排泥设备较为复杂，对管理的要求也较高。

一般来说，日处理污水流量 5000m³ 以下的小型污水处理厂，可以使用竖流式沉淀池。对大、中型污水处理厂，宜采用辐流式沉淀池或平流式沉淀池，特别是采用平流式沉淀池，有利于降低处理厂的总水头损失，减少能耗，并可节约占地面积。

二、调节池

工业、企业往往采用分批或周期性方式组织生产，由于采用的生产工艺和所用原料不同，许多工业废水的流量、污染物组成和污染物的浓度或负荷随时间而波动。为使污水处理设施正常工作，需要采用均衡调节的方法来缓和这种水质和水量的波动，以维持污水处理工艺的稳定运行。

（一）调节池的功能及优点

调节池的功能包括以下几个方面：①减少或者防止有机物质的冲击负荷和有毒物质对系统的不利影响；②尽量保持废水处理中的酸碱平衡，以减少中和反应所需要的化学药品的用量；③加快热量的散失，尽可能地用混合低温废水和高温废水，以调节水温；④若采用间歇式的废水处理方式，可考虑一段时间内生物处理系统的连续进水。

设置调节池的优点如下：①消除或降低冲击负荷；②有毒性抑制物得以稀释；③ pH 得以稳定；④保证了后续的生物处理效果；⑤由于生物处理单元在固体负荷率方面保持相对一致性，后续的二次沉淀池在出水质量和沉淀分离方面效果也大大改善；⑥在需要投加化学药剂的场合，由于水量与水质得到调节，化学投药易于控制，工艺也越具有可靠性。不可否认，设置调节池也会带来一些负面因素，如占地面积增大、投资加大、维护管理的难度增加。

（二）调节池的设置

1. 调节池布设位置

调节池布设的位置要根据废水收集系统和待处理废水的特性、占地面积以及处理工艺类型等来决定。如果考虑将调节池设置在废水处理厂附近，需要考虑如何将调节池纳入废水处理的工艺流程中。在一些场合，可将调节池设置在一级处理与生物处理之间，以避免在调节池内形成浮渣和固体沉积。如果将调节池设置在一级处理之前，应当选择合理的搅拌方式。

2. 调节池的类型与均质、均量方式

调节池的类型决定了其他的一些参数。如果调节池的主要作用是调节水量，那么只需要设置简单的水池，保持适量的调节池容积能够确保均匀出水就可以。如果调节池起的是保证废水的水质平衡的作用，那么就需要使调节池的构造更为特殊一些，目的是使不同时间进入调节池的废水得到混合，以获得均匀的水质。为了使废水进行充分混合，防止悬浮物在调节池内沉淀与累积，工程上更多使用的方式是在调节池内增设空气搅拌、机械搅拌、水力搅拌等设施。

（三）调节池的设计计算

1. 水量调节池

目前比较常用的调节池，进水一般为重力流动，出水采用泵抽升；但在市区内，因工厂用地紧张或地价高，水量调节池也可以是高位的（如废水处理站楼顶），进水通过水泵提升，出水为重力流，池有效水深一般为 2 ~ 3m。

2. 水质调节池

（1）普通水质调节池

对调节池可写出物料平衡方程：

$$C_1QT+C_0V=C_2QT+C_2V \tag{5-1}$$

式中，Q 为取样间隔时间内的平均流量，单位为 m^3/h；C_1 为取样间隔时间内进入调节池污物的浓度，单位为 mg/L；T 为取样间隔时间，单位为 h；C_0 为取样间隔开始时调节池污物的浓度，单位为 mg/L；V 为调节池容积，单位为 m^3；C_2 为取样间隔时间终了时调节池出水污物的浓度，单位为 m3/h。

（2）穿孔导流槽式水质调节池

穿孔导流槽式水质调节池中，同时进入调节池的废水，由于流程长短不同，使前后进入调节池的废水相混合，以此达到均匀水质的目的。

这种调节池的容积可按下式计算：

$$W_T=\sum_{i=1}^{t}\frac{q_i}{2} \tag{5-2}$$

考虑到废水在池内流动可能出现短路等因素，一般引入 η =0.7 的容裸加大系数。则式（5-2）应为

$$W_T=\sum_{i=1}^{t}\frac{q_i}{2\eta} \tag{5-3}$$

水质调节池的形式除上述矩形的调节池外还有方形和圆形的调节池。

（3）搅拌调节池

采用空气搅拌的调节池，一般多在池底或池一侧装设曝气穿孔管，或采用机械曝气装置。空气搅拌不仅起到混合及防止悬浮物下沉的作用，还有一定限度的预除臭和预曝气作用。为了保持调节池内的好氧条件，空气供给量以维持 0.01 ~ 0.015m^3/（m^3 · min）为宜。

机械搅拌调节池一般是在池内安装机械搅拌设备以实现废水的充分混合。为降低机械搅拌功率，调节池尽可能设置在沉沙池之后，采用的搅拌功率宜控制在 0.004 ~ 0.008kW/h。

水力搅拌调节池多采用水泵强制循环搅拌，即在调节池内设穿孔管，穿孔管与水泵的压水管相连，利用水压差进行强制搅拌。

第二节 隔油池（罐）

在煤化工、石油化工以及石油开采过程中，都会带来大量的含油废水。其中大

多油品相对密度一般都小于 1，只有重焦油相对密度大于 1。如果悬浮油珠粒径较大，则可依据油水密度差进行分离。这类设备统称为隔油池。目前国内外常用的有平流式隔油池和斜板式隔油池两类。这里也浅谈隔油调节罐设计。

一、平流式隔油池

（一）平流式隔油池的构造

平流式隔油池与平流式沉淀池相似，废水从池的一端进入，以较低的水平流速流经池子，从另一端流出。在此过程中，废水中轻油滴在浮力作用下上浮聚积在池面，通过设在池面的刮油机和集油管收集回用，密度大于水的颗粒杂质沉于池底，通过刮泥机和排泥管排出。刮油刮泥机的作用是将水面的浮油推向末端集油管，而在池底部起着刮泥的作用。

平流式隔油池一般不少于两个，池深 1.5 ~ 2.0m，超高 0.4m，每单格的长宽比不小于 4，工作水深与每格宽度之比不小于 0.4，池内流速一般为 2 ~ 5mm/s，停留时间一般为 1.5 ~ 2.0h。

一般隔油池水面的油层厚度不应大于 0.25m。集油管常设在池出口处及进水口，一般为直径 200 ~ 300mm 的钢管，管轴线安装高度与水面相平或低于水面 5cm，沿管轴方向在管壁上开有 60° 角的切口。集油管可用螺杆控制，使集油管能绕管轴转动，平时切口处于水面以上，收油时将切口旋转到油面以下，浮油溢入集油管并沿集油管流向池外。

为了保证隔油池的正常工作，池表面应加盖，以防火、防雨、保温及防止油气散发污染大气。在寒冷地区或冬季，为了增大油的流动性，隔油池内应采取加温措施，在池内每隔一定距离加设蒸汽管，提高废水温度。

（二）平流式隔油池的设计

平流隔油池的设计可按油粒上升速度或废水停留时间计算。油粒上升速度可通过试验求出（与沉淀试验相同）或直接应用修正的 Stokes 公式计算。

$$u=\frac{\beta g\left(\rho_0-\rho_1\right)}{18\mu}(\mathrm{cm/s}) \tag{5-4}$$

式中，ρ_0是水的密度，μ是水的绝对黏度，ρ_1为油的密度；β 表示由于水中悬浮物的影响使油粒上浮速度降低的系数。

$$\beta=\frac{4\times10^4+0.8c^2}{4\times10^4+c^2} \tag{5-5}$$

式中，C 表示废水悬浮物的浓度。

隔油池的表面积：

$$A=\frac{\alpha Q}{u}\left(m^{2}\right) \tag{5-6}$$

式中，Q 为废水设计流量，单位为 m^3/h；α 为隔油池容积利用系数及水流紊流状态对池表面积的修正值，它与 v/u 的比值有关；v 为水平流速，单位为 m/h，一般要求 $v < 15 < u$，且 v 不大于 54m/h。

平流式隔油池构造简单，工作稳定性好，能去除油粒的最小直径为 100～150μm，可将废水中含油量从 400～1000mg/L 降至 150mg/L 以下，油类去除率达 70% 左右。

二、斜板式隔油池

（一）斜板式隔油池的构造

对于废水中的细分散油，同样可以利用浅层理论来提高分离效果。池内斜板的材料大多数采用聚酯玻璃钢波纹板，板间距为 40mm 左右，倾角不小于 45°。采用异向流形式，废水自上而下流入斜板组，从出水堰排出；油粒沿斜板上浮，经集油管收集排出。

（二）斜板式隔油池的设计

斜板式隔油池设计计算方法与斜板沉淀池基本相同，停留时间一般不大于 30min，表面水力负荷宜为 0.6～0.8$m^3/(m^2 \cdot h)$，斜板净距一般采用 40mm，倾角＞45°，能去除油滴的最小直径为 60μm，处理石油炼制厂废水出水含油量可控制在 50mg/L 以内。但是斜板式隔油池结构复杂，斜板刮油易堵，所以斜板应选择耐腐蚀、不沾油和光洁度好的材料，并且需要定期用蒸汽及水冲洗。废水含油量大时，可采用较大的板间距（或管径）；含油量少时，间距可以减小。

三、隔油调节罐设计

（一）隔油调节罐的设置位置

在炼油污水处理中隔油调节罐的作用是对高浓度的污水起调节均质和隔油作用。一般来说，隔油调节罐设置在污水处理流程中的平流式隔油池的前后都是可以的，但考虑到目前进入平流式隔油池的污水含油量较高，而需要进行调节的那部分污水更是高含油的，如果让这部分高含油污水先进入平流式隔油池，由于是大水量并高含油，势必减少污水在隔油池中的停留时间并加重平流式隔油池的负担，影响其除油效果。由于平流式隔油池出水含油量高进而影响气浮和生化处理。如果将隔油调节罐设置在平流式隔油池前，则隔油调节罐将去除相当一部分污油，从而大大减轻平流式隔油池的负担，提高平流式隔油池的污油去除率，改善气浮和生化处理的处理条件。因此，隔油调节罐设置在平流式隔油池前部为宜。

隔油调节罐收油沟槽的竖向布置及数量是一个需要注意的问题。以前设计的隔油调节罐大多为沿罐壁布置的单层收油沟槽，且设置在罐内接近罐顶的位置需要收油时先要将罐内的液位升高到沟槽口才能排油。此时，该调节罐的调节能力实际上已为零。如果设有 2 个调节罐，那么只要通过调节手段使另一个调节罐具有足够的调节容量就可以维持系统的正常运行。但当污水处理场在增设隔油调节罐时，由于受到建设场地和资金的限制往往只建有一个罐，因此当罐内液位升高排油时，隔油调节罐完全失去了调节作用。同时当排油结束，罐内的高液位只能缓慢地下降（至少几十个小时）才能使罐内逐步恢复调节容量。如果此时装置区发生事故或检修恰有大流量的污水需要进入污水处理场，就必然造成对污水处理流程的冲击。为了尽量避免出现罐体高位排油时罐内调节容量全部消失的不利情况，在隔油调节罐收油沟槽设计时，应该沿罐壁不同高度同时设计三条左右的收油沟槽。其一般位置大致可设置在沿罐壁接近中部处、罐体最高液位处和二者之间处。排油时除注意避开装置检修外，还要尽量掌握在低位收油沟槽排油以保证排油时留有相当的调节空间以应付不测。

（二）污油加热及排泥问题

加热一般采用蒸汽为热源，蒸汽加热的方式有两种，直接加热和间接加热（即伴热）直接加热即将蒸汽通入污油层，其加热速度快，但会造成油品飞溅，蒸汽伴有油气从罐顶通气孔外泄，既浪费了能源又污染了环境，因此这种加热方式不宜采用。

间接加热（即伴热）是指热量通过管壁传导到污油中，使污油的温度升高以提高它的流动性。以往的设计大多将蒸汽管设置在排油槽以上部位，热量需通过罐内空气传导到污油层，传热效果比较差，因此最好将蒸汽管设置于能与油层直接接触的地方，以提高传热效果。隔油调节罐内蒸汽伴热管的设计计算比较复杂，要考虑到蒸汽的压力，需加热污油的性质、数量的做法，蒸汽管可采用小管径多管路的布置方式以提高传热效果。在蒸汽回路管的底部应设置疏水器。

在长期运行过程中隔油调节罐底部会有油泥沉积。需要定期清除由于罐内油泥特别是黏滞沉积油泥的自然排放和人工清除都比较困难。由于隔油调节罐应具有调节和均质功能，为了达到均质作用，通常在罐底设置穿孔布气管，通过空气的搅拌达到均质的目的，因此只要定期启动空气搅拌装置，就能够使油泥不在罐底沉积下来。

前面已述，当隔油调节罐设置在平流式隔油池前面时，罐内含油污水中的泥渣随着出水进入平流式隔油池，而平流式隔油池内大都设有泥斗和机械刮泥设备，油泥的去除是没有问题的。况且隔油调节罐内穿孔布气管不断地布气具有一定的气浮作用，能提高隔油调节罐的除油能力，因此油泥的问题可通过平流式隔油池来解决，隔油调节罐内的污水应遵循上进下出的原则。

（三）污油排放的操作和控制

隔油调节罐的密闭构造和进入污水含油量的不断变化，使操作工人难以了解罐内污水液的难题，通过仪控手段解决这一难题的办法较多，设置在罐内的浮子式液面计可使操作工人在现场观察到液面高度和油层厚度，借助伺服式液面计通过信号转换器把液面和界面数据传送到操作控制室，操作工人就可以根据仪表上显示的数据进行操作，或适当关闭出水阀门使罐内污水液位升高，或打开蒸汽进气阀对污油层进行加热进而排油，当伺服式液面计显示液面高度和油面高度数据基本一致时，表示污油已经排尽，此时可及时打开污水出水阀适当加大出水量，促使罐内液位下降，逐步恢复隔油调节罐的调节容量。为了及时掌握罐内出水流量的变化，可在出水管上设置流量计。

（四）消防设施及污油的输送

隔油调节罐内含有相当多的油类，有一定的着火可能，因此需要进行消防设计。除了充分利用罐体周围已有的消防设施，在罐顶应该设置泡沫灭火装置（固定式或半固定式泡沫灭火装置）和消防冷却管线有关的油泵和仪表应考虑防爆。

隔油调节罐内污油排放一般有两个去处，一是设在附近的污油池，还有的是送到污油罐 pH 控制在 4.5 ~ 8.5 范围，沉降 35min，出水浊度为 5 度，SS 为 12.4mg/L，再经过简单的二次处理后，就可使 COD 及油的指标达到排放标准继续进行脱水。由于污油池一般设在地下，罐内的污油可靠重力自流排入但是污油罐都有一定的高度，隔油调节罐内污油自流排入污油罐往往有一定的难度，需要用油泵提升，油泵设置不少于 2 台。所有污油回收系统的污油管道宜伴热保温。

在污水处理场设计中，特别在污水处理场改扩建设计中，隔油调节罐的设置既能起到对污水的调节作用，又能对污水水质进行均化，还能起到很好的隔油作用。经过隔油调节罐隔油处理的含油污水进入后续隔油池气浮池和生化处理设施时，可明显减轻这些构筑物的冲击负荷和处理负荷，提高处理效果。同时，隔油调节罐较一般调节池而言，明显具有占地面积小的特点，因此在项目改扩建时容易实现而且由于隔油调节罐液位通常远高于调节池，便于利用高液位实现污水重力流从而节省能源。

第三节　气浮除油

气浮是将空气以某种方式分散到废水中，形成大量微小气泡，使废水中的污染物吸附在气泡上，并随气泡一起上浮到水的表面而形成三相泡沫层，然后分离泡沫与水而实现去除污染物的过程。

实现气浮必须具备以下三个基本条件：①必须向水中引入一定量的微气泡，理想的气泡尺寸为15～30μm；②必须使固态或液态污染物质颗粒呈悬浮状态且具有疏水性质，从而能附着在气泡上上浮；③必须有适于气浮工艺的设备。气浮过程包括气泡产生、气泡与颗粒（固体或液体）附着以及上浮分离等连续步骤。

在废水处理中，气浮法广泛应用于：①分离回收含油废水中的悬浮油和乳化油；②再次利用废水中的有用成分；③替代二次沉淀池；④浓缩剩余活性污泥；⑤分离回收以分子或离子状态存在的表面活性物质、金属离子等物质。

根据生成气泡的方式，气浮法又可以分为电解气浮法、散气气浮法和溶气气浮法。

一、电解气浮法

电解气浮法运用电化学方法，使设置在废水中的电极在直流电的作用下电解水，在电极周围产生细小均匀的氢气泡或氧气泡，这些气泡黏附废水中的固体或液体污染物共同上浮，以去除废水中污染物。电解气浮法的电极既可以采用可溶性的电极，也可以采用不溶性的电极。可溶性电极的处理效果好于不溶性电极，但前者耗能、耗材，在实际应用中多采用不溶性电极。

电解气浮法除用于固液分离外，还具有氧化、杀菌、降低BOD等作用。

电解气浮装置可分为平流式和竖流式两种。

（一）平流式电解气浮装置

平流式电解气浮装置采用矩形气浮池，其中电极组安装在接触区里。气浮池工作时，废水先进入入流室，经过整流栅整流后通过电极组。在电极组中电极在直流电的作用下电解水产生细小均匀的氢气泡或氧气泡，这些气泡黏附废水中的固体或液体污染物随水流进入分离室，上浮至水面形成含有大量固体或液体污染物的泡沫状浮渣。浮渣在刮渣机的作用下刮入浮渣室，通过排渣阀排出。出水通过水位调节器进入出水管。一些不能被分离的沉淀物通过排泥口排出。

（二）竖流式电解气浮装置

竖流式电解气浮装置采用中央进水方式。电极组放置在中央整流区，废水进入入流室，经过整流栅整流后进入电极组。电极组中的电极在直流电的作用下电解废水产生细小均匀的氢气泡或氧气泡，这些气泡黏附废水中的固体或液体污染物，随水流通过出流孔进入分离室，并上浮至水面形成含有大量固体或液体污染物的泡沫状物质。这些物质通过刮渣机进入浮渣室后排出；出水通过集水孔进入出水管再经过水位调节器排出。一些不能被分离的沉淀于分离室底部的物质则通过排泥管和排渣阀排出。

电解气法的优点是：①去除污染范围广；②泥渣量少；③工艺简单；④设备简单。其缺点是：①电耗较大；②电极清理更换不方便。电解气浮法多用于刮除细小分散的悬浮固体或乳化油。

二、散气气浮法

散气气浮法是一种直接向水中充入气体，利用散气装置使气体以气泡的形式均匀分布于废水中的一类气浮法，散气气浮法按照散气装置的不同分为微孔曝气气浮法和剪切气泡气浮法。

（一）微孔曝气气浮法

微孔曝气气浮法是使压缩气体通过微孔散气装置，利用压缩气体的爆破力和微孔的剪力使气体分裂成微气泡分布于水中的一种气浮法。

在实践中主要应用扩散板曝气气浮法。压缩气体经过位于气浮池底的微孔陶瓷扩散板形成大量小气泡，小气泡黏附废水中的固态或液态污染物，通过分离区，形成含有大量固体或液体污染物的浮渣上浮至水面。浮渣从位于气浮池上部的排渣口排出，处理后的水从位于气浮池下部的出水管排出。

此方法的特点是简便易行，但其散气装置中的微孔容易堵塞，产生的气泡直径较大且难以控制，气浮效果不甚理想。

（二）剪切气泡气浮法

剪切气泡气浮法是采用散气装置形成的剪力来破碎、分割、散布气体的一种气浮法。根据气泡分割采用方法的不同，剪切气泡气浮法又可以分为射流气浮法、叶轮气浮法和涡凹气浮法等。

1. 射流气浮法

射流气浮法采用射流器向水中充入空气。在气浮过程中，高压水经过喷嘴喷射而产生负压，使空气从吸气管吸入并与水混合形成汽水混合物。汽水混合物在通过喉管时将水中的气泡撕裂、剪切、粉碎成微气泡，并在进入扩散管后，将汽水混合物的动能转化为势能，进一步压缩气泡，最后进入气浮池进行气液分离过程。射流气浮池通常采用圆形竖流式，这种方法的特点是设备简单、易操作，但是由于设备自身限制，其吸气量一般不超过进水量的10%。

2. 叶轮气浮法

叶轮气浮法是利用叶轮高速旋转，在盖板下形成负压，从盖板上的空气管中吸入空气，废水通过盖板上的小孔。在叶轮搅动下，空气受剪切力被破碎成细小的气泡，然后与水混合均匀，又被甩出导向叶片以外，最后经过整流板稳流后，气体在池内上升，产生气浮效果。

叶轮气浮适用于处理水量不大，悬浮物含量高的废水，如用于洗煤废水或含油脂、羊毛等废水的处理，去除率比较高，一般可达80%左右。该方法的特点是设备不易堵塞、运行管理、操作较为简单。

3. 涡凹气浮法

涡凹气浮法又叫空穴气浮法，其工作原理是：污水流经涡凹曝气机的涡轮，涡轮利用高速旋转产生的离心力，使涡轮轴心产生负压，从进气孔，吸入空气。空气沿涡轮的四个气孔排出，并被涡轮叶片打碎，从而形成大量微小的气泡均匀地分布在水中。微气泡与水中悬浮的固态或液态污染物质颗粒黏附，形成水—气—颗粒三相混合体系，颗粒黏附上气泡后，密度小于水即上浮到水面。刮泥机将浮在水面的黏附气泡后的浮渣刮进集渣槽，通过螺旋输送器排出系统外。气浮池底部回流管的循环作用大大减少了固体沉淀的可能性。涡凹气浮法的优点是：污水和循环水不需要通过一些强制的孔或者喷嘴，因此流体运行十分流畅，不会有任何堵塞现象的发生，污水的循环不需要泵和其他的一些设备。

CAF涡凹气浮系统是专门为了去除工业废水和城市污水中的油脂、胶状物以及固体悬浮物而设计的。

三、溶气气浮法

溶气气浮法是利用气体在水中的溶解度随着压力的提高而增加的原理，通过对废水增加或减少压力，使气体在高压力时溶入水中，在低压力时从水中析出，从而产生大量气泡，达到气浮效果的一类气浮法。

溶气气浮法的气泡是由溶解于水中的气体自然析出产生的，产生的气泡粒径小且均匀、气泡量大、上升速度慢、对池搅动小、分布均匀，气浮效果好，应用最为广泛。

溶气气浮法不同于其他气浮法的地方就在于它具有溶气、释气设备。根据产生压力差的方法不同，溶气气浮法分为真空溶气气浮法和加压溶气气浮法。

（一）真空溶气气浮法

真空溶气气浮法的工作原理是通过产生负压的方法形成压力差，从而使气体在常压下溶入废水，在低压析出并实现溶气气浮的过程。废水通过入流调节器后进入曝气室，由曝气器进行预曝气，使废水中的溶气量接近于常压下的饱和值。未溶空气在消气井中脱除，然后废水被提升到分离区。分离池处于低压状态，所以溶于水的空气很容易以小气泡的形式溢出来。废水中悬浮的固态或液态污染物质黏附在这些细小的气泡上，并随气泡上浮到浮渣层，旋转的刮渣板将浮渣刮至集渣槽，然后经出渣室排出。处理后的水由环形出水槽收集后排出。在真空气浮设备底部装有刮泥板，用以排除沉到池底的污泥。

（二）加压溶气气浮法

加压溶气气浮法是通过产生正压的方法实现气体在废水中溶入，在常压下析出的一类溶气气浮法。

加压溶气气浮法工艺主要由压缩空气产生设备、空气释放设备和气浮池等组成。加压溶气气浮法根据溶气水的来源或数量的不同分为全部废水溶气气浮法、部分废水溶气气浮法和部分回流加压溶气气浮法。

1. 全部废水溶气气浮法

全部废水溶气气浮法工艺流程是将全部废水进行加压溶气，再经减压释放装置进入气浮池进行气浮分离。全部废水溶气气浮法工艺电耗高，但因不另加溶气水，所以气浮池容积小。至于泵前投加混凝剂形成的絮凝体在加压及减压释放过程中是否会受到不利影响，目前尚无定论，不过从分离效果来看并无明显区别。其原因是气浮法对洗凝反应的要求与沉淀法不一样，气浮并不要求生成大的絮凝体，只要求混凝剂与水充分混合。

2. 部分废水溶气气浮法

部分废水溶气气浮法工艺流程是将部分废水进行加压溶气，其余废水直接进入气浮池。该工艺比全部废水溶气气浮工艺省电，且由于部分废水经溶气罐加压，所以溶气罐的容积比较小。但因部分废水加压溶气所能提供的空气量较少，因此，要提供较大的空气量，就必须加大溶气罐的压力。

上述两种流程存在的共同问题是废水通过溶气罐和溶气释放器时容易发生堵塞。

3. 部分回流加压溶气气浮法

部分回流加压溶气气浮法工艺流程是将部分出水进行回流，加压后送入气浮池，而废水则直接送入气浮池中。该法适用于悬浮物含量高的废水的固液分离，但气浮池的容积较前两种气浮工艺大。

四、气浮池

目前常用的气浮池均为敞开式水池，分为平流式气浮池和竖流式气浮池两种。

（一）平流式气浮池

平流式气浮池的池体一般为矩形，池深一般为 1.5 ~ 2.0m，不会超过 2.5m，池深与池宽之比大于 0.3。气浮池的表面负荷轻，总停留时间为 30 ~ 40min。在平流式气浮池中，为了防止进水水流对池中常取 5 ~ 10m³/（m²·h）上浮的气泡产生干扰和影响，一般把气浮池的上浮部分分隔出来，前面的整流部分称为接触区，后面的上浮部分则称为分离区。

（二）竖流式气浮池

竖流式气浮池一般采用圆柱形池体，池体高度一般为 4 ~ 5m，直径一般在 9 ~ 10m 以内，采取中央进水的方式。

竖流式气浮池中一般采用行星式刮渣机，平流式气浮池中一般采用桥式刮渣机。

（三）附属设备

1. 加压泵

用来供给一定量的溶气水。加压泵压力过高时，由于单位体积溶解的空气量增加，经减压后能析出大量的空气，反而会促进微气泡的聚合，对气浮分离不利。此外，由于高压下所需的溶气水量减少，不利于溶气水与进水充分混合。反之，如果加压泵压力过低，势必增加溶气水量，从而增加了气浮池容积。目前国产离心泵的压力为 0.25 ~ 0.35MPa，流量为 10 ~ 200m³/h，可满足不同的处理要求。加压泵的选择，除满足溶气水的压力外，还应考虑管路系统的压力损失。

2. 溶气罐

溶气罐的作用是使水和空气充分接触，加速空气的溶解。目前常采用填充式溶气罐。溶气罐的表面负荷一般为 300—2500m³/（m²·d）。

关于溶气罐中填料堵塞问题，按表面负荷来说，远远超过生物滤池的表面负荷，可以达到 10m³/（m²·d），似乎不会发生堵塞。但对于较大的溶气罐，由于布水不均匀，在某些部位可能发生堵塞，特别是对悬浮物含量高的废水，在采用全部或部分废水加压时应考虑堵塞问题。关于空气和水在填料内的流向问题，研究结果表明，最好采用从溶气罐顶部进气和进水。由于空气从罐顶进入，可防止出现因操作不慎使压力水倒流入空压机，以及排出的溶气水中夹带较大气泡等问题。所以，其供气部分的最低位置应在溶气罐有效水深 1.0m 以上。

3. 减压阀

利用现成的减压阀，其缺点是：①多个阀门相互间的开启度不一致，难以调节控制最佳开启度，因而从每个阀门的出流量各不相同，且释放出的气泡尺寸大小不一致；②阀门安装在气浮池外，减压后经过一段管道才送入气浮池，如果此段管道较长，则气泡合并现象严重，从而影响气浮效果；③在压力溶气水长期冲击下，阀芯与阀杆螺栓易松动，造成流量改变，使运行不稳定。

（四）专用释放器

专用释放器根据溶气释放规律专门制造。国外有 WRC 喷嘴、针形阀等，国内有 TS 型、TJ 型和 TV 型等。它们的特点是：①在 0.15MPa 以上时，即能释放溶气量的 99% 左右；②能在 0.2MPa 以上的压力下工作，且能取得良好的净水效果，节约能耗；③释放出的气泡微细均匀，平均直径为 20 ~ 40 μ m，气泡密集且附着性能好。

第六章　污水的深度处理技术

第一节　混凝沉淀、过滤及消毒

一、混凝沉淀

（一）混凝的概念

混凝是向水中投加药剂，通过快速混合，使药剂均匀分散在污水中，然后慢速混合形成大的可沉絮体。胶体颗粒脱稳碰撞形成微粒的过程称为凝聚，微粒在外力扰动下相互碰撞，聚集而形成较大絮体的过程称为絮凝，絮凝过程过去称为“反应”。混合、凝聚、絮凝合起来称为混凝，它是污水深度处理的重要环节。混凝产生的较大絮体通过后续的沉淀或澄清、气浮等从水中分离出去。

（二）混凝剂的投加

1. 混凝剂的投加方法

混凝剂的投加分干投法和国投法两种。

干投法是将经过破碎易于溶解的固体药剂直接投放到被处理的水中。其优点是占地面积少，但对药剂的粒度要求较高，投配量控制较难，机械设备要求较高，而且劳动条件也较差，故这种方法现在使用较少。

干投法的流程是：药剂输送→粉碎→提升→计量→混合池。

目前用得较多的是国投法，即先把药剂溶解并配成一定浓度的溶液后，再投入被处理的水中。

国投法的流程是：溶解池→溶液池→定量控制→投加设备→混合池（混合器）。

2. 混凝工艺流程

混凝剂投加的工艺过程包括混凝剂配制及投加、混合和絮凝三个步骤。

3. 药液配制设备

（1）溶解池设计要点

①溶解池数量一般不少于两个，以便交替使用，容积为溶液池的 20% ~ 30%。

②溶解池设有搅拌装置，目的是加速药剂溶解速度及保持均匀的浓度。搅拌可采用水力、机械或压缩空气等方式，具体由用药量大小及药剂性质决定，一般用药量大时用机械搅拌，用药量小时用水力搅拌。

③为便于投加药剂，溶解池一般为地下式，通常设置在加药间的底层，池顶高出地面 0.2m，投药量少采用水力淋溶时，池顶宜高出地面 1m 左右，以减轻劳动强度，改善操作条件。

④溶解池的底坡不小于 0.02，池底应有直径不小于 100mm 的排渣管，池壁必须设超高，防止搅拌溶液时溢出。

⑤溶解池一般采用钢筋混凝土池体，若其容量较小，可用耐酸陶土缸做溶解池。当投药量较小时，也可在溶液池上部设置淋溶斗以代替溶解池。

⑥凡与混凝剂溶液接触的池壁、设备、管道等，应根据药剂的腐蚀性采取相应的防腐措施或采用防腐材料，使用三氯化铁时尤需注意。

（2）溶液池设计要点

①溶液池一般为高架式或放在加药间的楼层，以便能重力投加药剂。池周围应有宽度为 1.0 ~ 1.5m 的工作台，池底坡度不小于 0.02，底部应设置放空管。必要时设溢流装置，将多余溶液回流到溶解池。

②混凝剂溶液浓度低时易于水解，造成加药管管壁结垢和堵塞；溶液浓度高时则投加量较难准确，一般以 10% ~ 15%（按商品固体质量计）较合适。

③溶液池的数量一般不少于两个，以便交替使用。

4. 投药设备

投药设备包括投加和计量两个部分。

（1）计量设备

计量设备多种多样，应根据具体情况选用。

电磁流量计、苗嘴、计量泵等。采用苗嘴计量仅适用于人工控制，其他计量设备既可人工控制，也可自动控制。

（2）投加方式

根据溶液池液面高低，一般有重力投加和压力投加两种方式。

（三）混合设施

原水中投加混凝剂后，应立即瞬时强烈搅动，在很短时间（10 ~ 20s）内，将药剂均匀分散到水中，这一过程称为混合。在投加高分子絮凝剂时，只要求混合均匀，不要求快速、强烈的搅拌。

混合设备应靠近絮凝池，连接管道内的流速为0.8~1.0m/s，主要混合设备有水泵叶轮、压力水管、静态混合器或混合池等。

利用水力的混合设备，如压力水管、静态混合器等。虽然比较简单，但混合强度随着流量的增减而变化，因而不能经常达到预期效果。利用机械进行混合，效果较好，但必须有相应设备，并增加维修工作量。

（四）絮凝设施

絮凝设施主要设计参数为搅拌强度和絮凝时间。搅拌强度用絮凝池内水流的速度梯度G表示，絮凝时间以T表示。GT值间接表示整个絮凝时间内颗粒碰撞的总次数，可用来控制絮凝效果，根据生产运行经验，其值一般应控制在10^4—10^5为宜（T的单位是s）。在设计计算完成后，应校核GT值，若不符合要求。应调整水头损失或絮凝时间进行重新设计。

絮凝池（室）应和沉淀池连接起来建造，这样布置紧凑，可节省造价。如果采用管渠连接不仅增加造价，而且管道流速大易使已结大的絮凝体破碎。

絮凝设备也可分为水力和机械两大类。前者简单，但不能适应流量的变化；后者能进行调节，适应流量变化，但机械维修工作量较大。絮凝池形式的选择，应根据水质、水量、处理工艺高程布置、沉淀池形式及维修条件等因素确定。

（五）沉淀池

用于沉淀的构筑物称为沉淀池。按照水在池中的流动方向和线路，常用的沉淀池类型有4种，即平流式（卧式）、竖流式（立式）、辐流式（辐射式或择流式）、斜流式（如斜板、斜管沉淀池）。大型沉淀池附带机械刮泥、排泥设备。

沉淀池池体由进口区、沉淀区、出口区及泥渣区4个部分组成。沉淀池的设计计算，主要应确定沉淀区和泥渣区的容积及几何尺寸，计算和布置进、出口及排泥设施等。

二、过滤

过滤是使污水通过颗粒滤料或其他多孔介质（如布、网、纤维束等），利用机械筛滤作用、沉淀作用和接触絮凝作用截留水中的悬浮杂质，从而改善水质的方法。根据过滤材料不同，过滤可分为颗粒材料过滤和多孔材料过滤两类。

（一）常用滤池

滤池种类很多，但其过滤过程均基于砂床过滤原理而进行，所不同的仅是滤料设置方法、进水方式、操作手段和冲洗设施等。

（二）滤池设计要求

在污水深度处理工艺中，滤池的设计宜符合 9 项要求。

①滤池的进水浊度宜小于 10 度。

②滤池应采用双层滤料滤池、单层滤料滤池、均质滤料滤池。

③双层滤池滤料可采用无烟煤和石英砂。滤料厚度为无烟煤 300 ~ 400mm。石英砂 400 ~ 500mm，滤速宜为 5 ~ 10m/h。

④单层滤池滤料，滤料厚度可采用 700 ~ 1000mm，滤速宜为 4 ~ 6m/h。

⑤均质滤料滤池的厚度可采用 1.0 ~ 1.2m，粒径 0.9 ~ 1.2mm，滤速宜为 4 ~ 5m/h。

⑥滤池宜设汽水冲洗或表面冲洗辅助系统。

⑦滤池的工作周期宜采用 12 ~ 24h。

⑧滤池的构造形式，可根据具体条件通过比较确定。

⑨滤池应备有冲洗水管，以备冲洗滤池表面污垢和泡沫。滤池设在室内时，应安装通风装置。

三、消毒

消毒方法大体上可分为物理法和化学法两大类。物理法主要有加热、冷冻、辐射、紫外线和微波消毒等方法，化学法是利用各种化学药剂进行消毒。

（一）液氯消毒

液氯消毒的效果与水温、pH、接触时间、混合程度、污水浊度及所含干扰物质、有效氯含量有关。加氯量应根据试验确定，对于生活污水，可参用下列数值：一级处理水排放时，加氯量为 20 ~ 30mg/L；不完全二级处理水排放时，加氯量为 10 ~ 15mg/L；二级处理水排放时，加氯量为 5 ~ 10mg/L。混合反应时间为 5 ~ 15s。当采用鼓风混合，鼓风强度为 0.2mV。用隔板式混合池时，池内平均流速不应小于 0.6m/s。加氯消毒的接触时间应不小于 30min，处理水中游离性余氯量不低于 0.5mg/L，液氮的固定储备量一般按最大量 30d 计算。

（二）二氧化氯消毒

二氧化氯消毒也是氯消毒法中的一种，但它又与通常的氯消毒法有不同之处：

二氧化氯一般只起氧化作用，不起氯化作用，因此它与水中杂质形成的三氯甲烷等要比氯消毒少得多。与氯不同，二氧化氯的一个重要特点是在碱性条件下仍具有很好的杀菌能力。实践证明，在 pH=6 ～ 10 二氧化氯的杀菌效率几乎不受 pH 影响。二氧化氯与氨也不起作用，因此在高 pH 的含氨系统中可发挥极好的杀菌作用。二氧化氯的消毒能力次于臭氧而高于氯。

与臭氧相比，其优越之处在于它有剩余消毒效果，但无氯臭味。通常情况下二氧化氯也不能储存，一般只能现场制作使用。近年来二氧化氯应用于水处理工程有所发展，国内也有了一些定型设备产品可供工程设计选用。

在城市污水深度处理工艺中，二氧化氯投加量与原水水质有关，为 2 ~ 8mg/L，实际投加量应由试验确定，必须保证管网末端有 0.05mg/L 的剩余氯。

二氧化氯的制备方法主要分两大类：化学法和电解法。化学法主要以氯酸盐、亚氯酸盐、盐酸等为原料；电解法常以工业食盐和水为原料。

（三）臭氧消毒

臭氧在水中的溶解度为 10mg/L 左右，因此通入污水中的臭氧往往不可能全部被利用，为了提高臭氧的利用率，接触反应池最好建成水深为 5 ~ 6m 的深水池，或建成封闭的几格串联的接触池，设管式或板式微孔扩散器散布臭氧。扩散器用陶瓷或聚氯乙烯微孔塑料或不锈钢制成。臭氧消毒迅速，接触时间可采用 15min，能够维持的剩余臭氧量为 0.4mg/L。接触池排出的剩余臭氧，具有腐蚀性，因此需作消除处理。臭氧不能贮存，需现场边发生边使用。

（四）UV 消毒

紫外（UV）消毒技术是利用特殊设计制造的高强度、高效率和长寿命的波段，254nm 紫外光发生装置产生的强紫外光照射水流，使水中的各种病原体细胞组织中的 DNA 结构受到破坏而失去活性，从而达到消毒杀菌的目的。

紫外线的最有效范围是 UV-C 波段，波长为 200 ~ 280nm 的紫外线正好与微生物失活的频谱曲线相重合，尤其是波长为 254nm 的紫外线，是微生物失活的频谱曲线的峰值。

紫外灯与其镇流器（功率因数能大于 0.98），再加上监测控制（校验调整 UV 强度）系统是 UV 消毒的核心。紫外灯的结构与日光灯相似，灯管内装有固体汞源，目前市场上较好的低压高强紫外灯，满负荷使用寿命可以达到 12000h 以上，而且可以通过监测控制系统将灯光强度在 50% ~ 100% 之间无级调整，根据水量的变化随时调整灯光强度，以便达到既节约能源又保证消毒效果。紫外线剂量的大小是决定微生物失活的关键。紫外线剂量不够只能对致病微生物的 DNA 造成伤害，而不是致命的破坏，这些受伤的致病微生物在见到可见光后会逐渐自愈复活。

紫外线剂量 = 紫外线强度 × 曝光时间

在接触池形状和尺寸已定即曝光时间已定的情况下，进入水中的紫外线剂量与紫外灯的功率、紫外灯石英套管的洁净程度和污水的透光率三个因素有关。

由于紫外灯直接与水接触，当水的硬度较大时，随着时间的延长，灯管表面必然会结垢，影响紫外光进入水中的强度，导致效率降低和能耗增加。化学清洗除了要消耗药剂，还要将消毒装置停运，因此实现自动清洗防止灯管表面结垢是 UV 消毒技术运行中的最实际用处。

接触水槽的水流状态必须处于紊流状态，一般要求水流速度不小于 0.2m/s，如果水流处于层流状态，因为紫外灯在水中的分布不可能绝对均匀，所以水流平稳地流过紫外灯区，部分微生物就有可能在紫外线强度较弱的部位穿过，而紊流状态可以使水流充分接近紫外灯，达到较好的消毒效果。

第二节　活性炭吸附技术

活性炭吸附工艺是水和废水处理中能去除大部分有机物和某些无机物的最有效的工艺之一，因此，它被广泛应用在污水回用深度处理工艺中。但是研究发现，在二级出水中有些有机物是活性炭吸附所去除不了的。能被活性炭吸附去除的有机物，主要有苯基醚、正硝基氯苯、苯乙烯、二甲苯、酚类、DDT、醛类、烷基苯磺酸以及多种脂肪族。因此，活性炭对吸附有机物来说也不是万能的，仍然需要组合其他工艺，如反渗透、超滤、电渗析、离子交换等工艺手段，才能使污水回用深度处理达到预定目的。

进行活性炭吸附工艺设计时，必须注意：应当确定采用何种吸附剂，选择何种吸附操作方式和再生模式，对进入活性炭吸附前的水进行预处理和后处理措施等。这些一般均需要通过静态吸附试验和动态吸附试验来确定吸附剂、吸附容量、吸附装置、设计参数、处理效果和技术经济指标等。

一、活性炭的种类

污水深度处理中常用的活性炭材料有两种，即粒状活性炭（GAC）和粉状活性炭（PAC）。当进行吸附剂的选择设计时，产品的型号是首先要考虑的。

有些活性炭商品尽管型号相同，由于品牌不同、生产厂家不同，甚至批号不同。

其性能指标也相差较大。因此，进行工艺设计，对活性炭吸附剂进行选择设计时，非常有必要对拟选活性炭吸附剂商品做性能指标试验。对活性炭吸附剂的选择进行评价。

活性炭吸附性能的简单试验常用4种方法：碘值法，ABS法，亚甲基蓝吸附值法和比表面积BET法（具体实验操作方法请参阅相关资料）。

二、影响吸附的因素

了解影响吸附因素的目的，是选择合适的活性炭和控制合适的操作条件。影响活性炭吸附的主要因素如下。

①活性炭本身的性质。活性炭本身孔径的大小及排列结构会显著影响活性炭的吸附特性。活性炭的比表面积越大，其吸附量将越大。常用的活性炭比表面积一般在500～1000m²/g，可近似地以其碘值（对碘的吸附量，mg/g）来表示。

②废水的pH。活性炭一般在酸性溶液中比在碱性溶液中有较高的吸附率。

③温度。在其他条件不变的情况下，温度升高吸附量将会减少，反之吸附量增加。

④接触时间。在进行吸附操作时。应保证吸附质与活性炭有一定的接触时间，使吸附接近平衡，以充分利用活性炭的吸附能力。吸附平衡所需的时间取决于吸附速度。一般应通过试验确定最佳接触时间，通常采用的接触时间在0.5～1h内。

⑤生物协同作用。

三、类型

在废水处理中，活性炭吸附操作分为静态、动态两种。在废水不流动的条件下进行的吸附操作称为静态吸附操作。静态吸附操作的工艺过程是，把一定数量的活性炭投入要处理的废水中，不断地进行搅拌，达到吸附平衡后，再用沉淀或过滤的方法使废水和活性炭分开。如一次吸附后出水的水质达不到要求时，可以采取多次静态吸附操作。多次吸附由于操作麻烦，所以在废水处理中采用较少。静态吸附常用的处理设备有水池和反应槽等。

动态吸附是在废水流动条件下进行的吸附操作。废水处理中采用的动态吸附设备有固定床、移动床和流化床三种方式。

此外，从处理设备装置类型上考虑，活性炭吸附方式又可以分为四类，即接触吸附方式、固定床方式、移动床方式和流化床方式。

四、设备装置

（一）固定床

固定床是水处理工艺中最常用的一种方式。固定床根据水流方向又分为升流式和降流式两种形式。降流式固定床的出水水质较好，但经过吸附层的水头损失较大。特别是处理含悬浮物较高的废水时，为了防止悬浮物堵塞吸附层，需定期进行反冲洗。有时需要在吸附层上部设反冲洗设备。

在升流式固定床中，当发现水头损失增大时，可适当提高水流流速，使填充层稍有膨胀（上下层不能互相混合）就可以达到自清的目的。这种方式由于层内水头损失增加较慢，所以运行时间较长，但对废水入口处（底层）吸附层的冲洗难于降流式。另外由于流量变动或操作一时失误就会使吸附剂流失。

固定床可分为单床式、多床串联式和多床并联式三种。

（二）移动床

原水从吸附塔底部流入和活性炭进行逆流接触，处理后的水从塔顶流出。再生后的活性炭从塔顶加入，接近吸附饱和的炭从塔底间歇地排出。

这种方式较固定床式能够充分利用吸附剂的吸附容量，水头损失小。由于采用升流式废水从塔底流入，从塔顶流出，被截留的悬浮物随饱和的吸附剂间歇地从塔底排出，所以不需要反冲洗设备。但这种操作方式要求塔内吸附剂上下层不能互相混合，操作管理要求严格。

（三）流化床

流化床不同于固定床和移动床的地方，是由下往上的水使吸附剂颗粒相互之间有相对运动，一般可以通过整个床层进行循环，起不到过滤作用，因此适用于处理悬浮物含量较高的污水。

五、设计要点与参数

活性炭处理属于深度处理工艺。

出水的个别水质指标仍不能满足排放要求时才考虑采用。

确定选用活性炭工艺之前。应取前段处理工艺的出水或水质接近的水样进行炭柱试验，并对不同品牌规格的活性炭进行筛选，然后通过试验得出主要的设计参数，如水的滤速、出水水质、饱和周期、反冲洗最短周期等。

活性炭工艺进水一般应先经过过滤处理，以防止由于悬浮物较多造成炭层表面堵塞。同时进水有机物浓度不应过高，避免造成活性炭过快饱和，这样才能保证合理的再生周期和运行成本。当进水 COD 浓度超过 50 ~ 80mg/L 时，一般应该考虑采用生物活性炭工艺进行处理。

对于中水处理或某些超标污染物浓度经常变化的处理工艺，对活性炭处理单元应设跨越或旁通管路，当前段工艺来水在一段时间内不超标时，则可以及时停用活性炭单元，这样可以节省活性炭床的吸附容量，有效地延长再生或更换周期。

采用固定床应根据活性炭再生或更换周期情况，考虑设计备用的池子或炭塔。移动床在必要时也应考虑备用。

由于活性炭与普通钢材接触将产生严重的电化学腐蚀，所以设计活性炭处理装置及设备时应首先考虑钢筋混凝土结构或不锈钢、塑料等材料。如选用普通碳钢制作时，则装置内面必须采用环氧树脂衬里，且衬里厚度应大于 1.5mm。

使用粉末炭时，必须考虑防火防爆，所配用的所有电器设备也必须符合防爆要求。

六、活性炭的再生

活性炭的再生主要有以下几种方法。

（一）高温加热再生法

水处理粒状炭的高温加热再生过程分五步进行：

①脱水。使活性炭和输送液体进行分离；

②干燥。加温到 100 ~ 150℃，将吸附在活性炭细孔中的水分蒸发出来，同时部分低沸点的有机物也能够挥发出来；

③炭化。加热到 300 ~ 700℃，高沸点的有机物由于热分解，一部分成为低沸点的有机物进行挥发，另一部分被炭化留在活性炭的细孔中；

④活化。将炭化阶段留在活性炭细孔中的残留炭，用活化气体（如水蒸气、二氧化碳及氧）进行气化，达到重新造孔的目的，活化温度一般为 700 ~ 1000℃；

⑤冷却。活化后的活性炭用水急剧冷却，防止氧化。

上述干燥、炭化和活化三步在一个直接燃烧立式多段再生炉中进行。再生炉体为钢壳内衬耐火材料，内部分隔成 4 ~ 9 段炉床，中心轴转动时带动把柄使活性炭自上段向下段移动。该再生炉为六段，第一、二段用于干燥，第三、四段用于炭化，第五、六段为活化。

从再生炉排出的废气中含有甲烷、乙烷、乙烯、焦油蒸气、二氧化硫、二氧化碳、一氧化碳、氢以及过剩的氧等。为了防止废气污染大气，可将排出的废气先送入燃烧器燃烧后，再进入水洗塔除去粉尘和有臭味物质。

（二）化学氧化再生法

活性炭的化学氧化再生法分为下列 3 种方法。

1. 湿式氧化法

在某些处理工程中，为了提高曝气池的处理能力，向用气池内投加粉状炭，吸附饱和后的粉状炭可采用湿式氧化法进行再生。饱和炭用高压泵经换热器和水蒸气加热后送入氧化反应塔。在塔内被活性炭吸附的有机物与空气中的氧反应，进行氧化分解，使活性炭得到再生。再生后的炭经热交换器冷却后，送入再生炭储槽。在反应器底积集的无机物（灰分）定期排出。

2. 电解氧化法

将碳作为阳极进行水的电解，在活性炭表面产生的氧气把吸附质氧化分解。

3. 臭氧氧化法

利用强氧化剂臭氧，将吸附在活性炭上的有机物加以分解。

（三）溶剂再生法

用溶剂将被活性炭吸附的物质解吸下来。常用的溶剂有酸、碱及苯、丙酮、甲醇等。此方法在制药等行业常有应用，有时还可以进一步从再生液中回收有用物质。

（四）生物再生活性炭法

利用微生物的作用，将被活性炭吸附的有机物加以氧化分解。在再生周期较长、处理水量不大的情况下，可以将炭粒内的活性炭一次性卸出。然后放置在固定的容器内进行生物再生，待一段时间后活性炭内吸附的有机物基本上被氧化分解，炭的吸附性能基本恢复时即可重新使用。另外也可以在活性炭吸附处理过程中，同时向炭床鼓入空气。以满足炭粒上生长的微生物生长繁殖和分解有机物的需要。这样整个炭床就处在不断地由水中吸附有机物，同时又在不断氧化分解这些有机物的动态平衡中。因此，炭的饱和周期将成倍地延长，甚至在有的工程实例中一批炭可以连续使用五年以上。这也就是近年来使用越来越多的生物活性炭处理新工艺的方法。

活性炭再生后，炭本身及炭的吸附量都不可避免地会有损失。对加热再生法，再生一次损耗炭 5%～10%，微孔减少，过渡孔增加，比表面积和碘值均有所降低。对于主要利用微孔的吸附操作，再生次数对吸附有较重要的影响，因而做吸附试验时应采用再生后的活性炭，才能得到可靠的试验结果。对于主要利用过渡孔的吸附操作，则再生次数对吸附性能的影响不大。

（五）电加热再生法

目前可供使用的电加热再生方法主要有直流电加热再生及微波再生。

1. 直流电加热再生

将直流电直接通入饱和炭中，由于活性炭本身的电阻和炭粒之间的接触电阻，将使电能变成热能，造成活性炭温度上升。随着活性炭的温度升高，其电阻值会逐渐变小，电耗也随之降低。当达到活化温度时，通入蒸汽完成活化。

这种再生炉操作管理方便，炭的再生损耗量小，再生质量好。但当炭粒被油等不良导体包住或聚集较多无机盐时，需要先用水或酸洗净才能再生。国内某有色金属公司采用直流电加热再生炉处理再生生活饮用水中饱和的活性炭，多年来运转效果良好。炭再生损耗率为 2%～3.6%，再生耗电 0.22kW · h/kg，干燥耗电 1.55kW · h/kg。

2. 微波再生

微波再生是利用活性炭能够很好地吸收微波，达到自身快速升温，来实现活性炭加热和再生的一种方法。这种方法具有操作使用方便、设备体积小、再生效率高、炭损耗量小等优点，特别适合于中、小型活性炭处理装置的再生使用。

第三节　化学氧化处理及膜分离技术

一、化学氧化处理技术

（一）废水处理中常用的氧化剂

①在接受电子后还原或带负电荷离子的中性原子，如气态的 O_2、Cl_2、O_3 等；

②带正电荷的离子，接受电子后还原成带负电荷离子，如漂白粉 $Ca(ClO)_2+CaCl_2$。

③带正电荷的离子，接受电子后还原成带较低正电荷的离子，例如高锰酸盐 $KMnO_4$。

（二）氧化法

向污水中投加氧化剂，氧化污水中的有害物质，使其转变为无毒无害的或毒性小的新物质的方法称为氧化法。氧化法又可分为氯氧化法、空气氧化法、臭氧氧化法、光氧化法等。

1. 氯氧化法

在污水处理中氯氧化法主要用于氰化物、硫化物、酚、油类的氧化去除，及脱色、脱臭、杀菌、漂白粉、次氯酸钠、二氧化氯等。

2. 空气氧化法

所谓空气氧化法，就是利用空气中的氧作为氧化剂来氧化分解污水中有毒有害物质的一种方法。

城市污水中在含有溶解性的Fe^{2+}时，可以通过曝气的方法，利用空气中的氧将Fe^{2+}氧化成Fe^{3+}，而Fe^{3+}很容易与水中的OH^-作用形成$Fe(OH)_3$沉淀，于是可以得到去除。

在采用空气氧化法除铁工艺时，除了必须供给充足的氧气，适当提高pH对加快反应速度是非常重要的。根据经验，空气氧化法除铁中pH至少应保证高于6.5才有利。

3. 臭氧氧化法

臭氧是一种强氧化剂，它的氧化能力在天然元素中仅次于氟 - 臭氧。在水处理中可用于除臭、脱色、杀菌、除铁、除氧化物、除有机物等。很多有机物都易于与臭氧发生反应，如蛋白质、氨基酸、有机胺、链式不饱和化合物、芳香族和杂环化合物、木质素、腐殖质等。

4. 光氧化法

光氧化法是一种化学氧化法，它是同时使用光和氧化剂产生很强的综合氧化作用来氧化分解废水的有机物和无机物。氧化剂有臭氧、氯气、次氯酸盐、过氧化氢及空气加催化剂等，其中常用的为氯气。一般情况下，光源多用紫外光，但它对不同的污染物有一定的差异，有时某些特定波长的光对某些物质最有效。光对氧化剂的分解和污染物的氧化分解起着催化作用。

二、膜分离技术

城市污水深度处理中常用的膜分离技术有微滤、超滤、纳滤、反渗透等。

（一）膜的分类

膜作为两相分离和选择性传递的物质屏障，可以是固态的，也可以是液态的；膜的结构可能是均质的，也可能是非均质的；膜可以是中性的，也可以是带电的；膜传递过程可以是主动传递过程，也可以是被动传递过程。主动传递过程的推动力可以是压力差、浓度差或电位差。因此，对于膜的分类，会有不同的标准。

（二）相关术语

1. 膜通量

膜通量又称膜的透水量，指在正常工作条件下，通过单位膜面积的产水量，单

位是 $m^3/(m^2 \cdot h)$ 或 $mV(m^2 \cdot d)$。

2. 回收率

膜分离法的回收率是供水通过膜分离后的转化率，即透过水量占供水量的百分率。

膜通量及回收率与膜的厚度、孔隙度等物理特性有关，还与膜的工作环境如水温、膜两侧的压力差（或电位差）、原水的浓度等有关。选定某一种膜后，膜的物理特性不变时，膜通量和回收率只与膜的工作环境有关。在一定范围内，提高水温和加大压力差可以提高膜通量和回收率，而进水浓度的升高会使膜通量和回收率下降。随着使用时间的延长，膜的孔隙就会逐渐被杂物堵塞，在同样压力及同样水质条件下的膜通量和回收率就会下降。此时需要对膜进行清洗，以恢复其原有的膜通量值和回收率，如果即使经过清洗。膜通量和回收率仍旧和理想值存在较大差距，就必须更换膜件了。

3. 死端过滤

死端过滤（又称全流过滤）是将进水置于膜的上游。在压力差的推动下，水和小于膜孔的颗粒透过膜、大于膜孔的颗粒则被膜截留。形成压差的方式可以是在水侧加压，也可以是在滤出液侧抽真空。死端过滤随着过滤时间的延长，被截留颗粒将在膜表面形成污染层，使过滤阻力增加，在操作压力不变的情况下，膜的过滤透过率将下降。因此，死端过滤只能间歇进行，必须周期性地清除膜表面的污染物层或更换膜。

4. 错流过滤

运行时水流在膜表面产生两个分力，一个是垂直于膜面的法向力，使水分子透过膜面，另一个是平行于膜面的切向力，把膜面的截留物冲刷掉。错流过滤透过率下降时，只要设法降低膜面的法向力、提高膜面的切向力，就可以对膜进行高效清洗，使膜恢复原有性能。因此，错流过滤的滤膜表面不易产生浓差极化现象和结垢问题。错流过滤的运行方式比较灵活，既可以间歇运行，又可以实现连续运行。

5. 浓差极化

在膜法过滤工艺中，由于大分子的低扩散性和水分子的高渗透性，水中的溶质会在膜表面积聚并形成从膜面到主体溶液之间的浓度梯度，这种现象被称为膜的浓差极化。水中溶质在膜表面的积聚最终将导致形成凝胶极化层，通常把与此相对应的压力称为临界压力。在达到临界压力后，膜的水通量将不再随过滤压力的增加而增长。因此，在实际运行中，应当控制过滤压力低于临界压力，或通过提高膜表面的切向流速来提高膜过滤体系的临界压力。

（三）膜过滤的影响因素

1. 过滤温度

高温可以降低水的黏度，提高传质效率，增加水的透过通量。

2. 过滤压力

过滤压力除了克服通过膜的阻力，还要克服水流的沿程和局部水头损失。在达到临界压力之前，膜的通量与过滤压力成正比，为了实现最大的总产水量，应控制过滤压力接近临界压力。

3. 流速

加快平行于膜面的水流速度，可以减缓浓差极化提高膜通量，但会增加能耗，一般将平行流速控制在 1～3m/s。

4. 运行周期和膜的清洗

随着过滤的不断进行，膜的通量逐步下降，当通量达到某一最低数值时，必须进行清洗以恢复通量，这段时间称为一个运行周期，适当缩短运行周期，可以增加总的产水量，但会缩短膜的使用寿命，而且运行周期的长短与清洗的效果有关。

5. 进水浓度和预处理

进水浓度越大，越容易形成浓差极化。为了保证膜过滤的正常进行，必须限制进水浓度，即在必要的情况下对进水进行充分的预处理，有时在进膜过滤装置之前还要根据不同的膜设置 5～200pm 不等的保安筛网。

（四）膜清洗

膜分离过程中，最常见而且最为严重的问题是由于膜被污染或堵塞而使得透水量下降的问题，因此膜的清洗及其清洗工艺是膜分离法的重要环节，清洗对延长膜的使用寿命和恢复膜的水通量等分离性能有直接关系。当膜的透过水量或出水水质明显下降或膜装置进出口压力差超过 0.05MPa 时，必须对膜进行清洗。

膜的清洗方法主要有物理法和化学法两大类。具体操作应当根据组件的构型、膜材质、污染物的类型及污染的程度选择清洗方法。

1. 物理清洗法

物理清洗法是利用机械力刮除膜表面的污染物，在清洗过程中不会发生任何化学反应。具体方法主要有水力冲洗、汽水混合冲洗、逆流冲洗、热水冲洗等。

2. 化学清洗法

化学清洗法是利用某种化学药剂与膜面的有害杂质产生化学反应而达到清洗膜的目的。应当根据不同的污染物采用不同的化学药剂，化学药剂的选择必须考虑到清洗剂对污染物的溶解和分解能力；清洗剂不能污染和损伤膜面；膜所允许使用的

pH 范围；工作温度；膜对清洗剂本身的化学稳定性。并且要根据不同的污染物确定清洗工艺，主要的化学清洗方法有以下几种。

（1）酸洗法

酸洗法对去除钙类沉积物、金属氢氧化物及无机胶质沉积物等无机杂质效果最好。具体做法是利用酸液循环清洗或浸泡 0.5 ~ 1h。常用的酸有盐酸、草酸、柠檬酸等，酸溶液的 pH 根据膜材质而定。比如，清洗醋酸纤维素膜。酸液的 pH 在 3 ~ 4，而清洗其他膜时，酸液的 pH 可以在 1 ~ 2。

（2）碱洗法

碱洗法对去除油脂及其他有机杂质效果较好，具体做法是利用碱液循环清洗或浸泡 0.5 ~ 2h，常用的碱有氢氧化钠和氢氧化钾，碱溶液的 pH 也要根据膜材质而定。比如，清洗醋酸纤维素膜，碱液的 pH 在 8 左右，而清洗其他耐腐蚀膜时，碱液的 pH 可以在 12 左右。

（3）洗涤剂法

洗涤剂法对去除油脂、蛋白质、多糖及其他有机杂质效果较好，具体做法是利用 0.5% ~ 1.5% 的含蛋白酶或阴离子表面活性剂的洗涤剂循环清洗或浸泡 0.5 ~ 1h。

（五）膜分离组件系统的设计

膜分离系统按其基本操作方式可分为两类：①单程系统；②循环系统，在单程系统中污水仅通过单一或多种膜组件一次；而在循环系统中，污水通过泵加压多次流过每一级。

膜组件的连接方式分为并联连接法和串联连接法，在串联的情况下所有的污水依次流经全部膜组件，而在并联的情况下，膜组件则要对进水进行分配、进行串联和并联的膜组件的数目决定进水的流入通量。如果进水流入通量超过了膜组件的上限，会导致推动力损失和组件的损坏。如果进水流入通量低于膜组件的下限，即膜组件在过流通量很少的情况下操作，会引起分离效果的恶化。在实际连接中根据进水通量将一定数目的膜组件并联成一个组块。在一般的多级组块串联操作中，前一级的出水是后一级的进水，所以后继组块的进水量总是依次递减的（减去渗透物的通量）。因此，在大多数情况下为了使流过组件的通量保持稳定，后继组块中要并联连接的组件数目相应减少。

处理后，活性污泥混合液由增压泵送入膜组件（也有将膜组件直接浸没在曝气池中，依靠真空泵的抽吸使混合液进入膜组件的），一部分水透过膜面成为处理出水进入后一级处理工序，剩余的污泥浓缩液则由回流泵（或直接）返回曝气池。曝气池中的活性污泥在膜组件的分离作用下，去除了有机污染物而增殖，当超过一定的浓度时，需定期将池内的污泥排出一部分。

根据膜分离的形式可分为微滤膜生物反应器、超滤膜生物反应器、纳滤膜生物反应器和反渗透膜生物反应器，它们在膜的孔径上存在很大的差别。目前使用最多的是超滤膜，主要是因为超滤膜具有较高的液体通量和抗污染能力。

1. 膜生物反应器的分类

虽然膜生物反应器根据分类方法不同，会有很多种不同的形式，但总体上可以根据生物反应器与膜组件的结合方式分为一体式和分置式两大类。

（1）一体式 MBR

一体式污水膜生物反应器，是将无外壳的膜组件浸没在生物反应器中，好氧微生物在曝气池中降解有机污染物。水通过负压抽吸由膜表面进入中空纤维，在泵的抽吸作用下流出反应器。

（2）分置式 MBR

分置式污水膜生物反应器是由相对独立的生物反应器与膜组件通过外加的输送泵及相应管线相连而构成。

2.MBR 的设计运行参数

（1）负荷率

好氧 MBR 用于城市污水处理时，体积负荷率一般为 1.2 ~ 3.2KgCOD/($m^3 \cdot d$) 和 0.05 ~ 0.66kgBOD_5($m^3 \cdot d$)，相应脱除率为大于 90% 和大于 97%，当进水 COD 变化较大（100 ~ 250mg/L），出水浓度通常小于 10mg/L，因此对城市污水来说，进水 COD 含量对出水 COD 影响不大。

（2）停留时间（HRT）

MBR 与传统活性污泥法相比，最大的改进是使 HRT 与 SRT 的分离，即由于以膜分离替代了过去的重力分离，使大量活性污泥被膜阻挡在反应器中，而不会因水力停留时间的长短影响反应器中的活性污泥数量。同时通过定期排泥控制反应器内污泥浓度，使反应器内保持高的污泥浓度和较长的污泥龄，加强了降解效率和降解范围。在城市污水处理中，HRT 在 2 ~ 24h 都可以得到高脱除率，HRT 对脱除率影响不大。SRT 在 5 ~ 35d，污泥龄对排水水质的影响不大。

（3）污泥浓度和产泥率

MBR 中的污泥浓度一般在 10 ~ 20g/L，在相对较长的污泥龄和较低的污泥负荷下操作，污泥产率较低，在 0 ~ 0.34kgMLSS/($m^3 \cdot d$) 变化。

第七章 工业废水处理技术

第一节 工业废水处理概述

一、工业废水的来源及特征

工业生产过程中排出的被生产废料所污染的水称为工业废水。工业废水来自工业生产过程中，其水量和水质由工业性质、生产工艺、生产原料、产品种类、生产设备的构造与操作条件、生产管理水平等各个方面所决定。同一类型的工厂，由于各厂所用原料不一样，水质的变化很大。例如，在重金属冶炼厂采用不同矿石便会导致废水中含砷量有极大的差别；造纸废水由于原料和生产工艺的不同，其中的污染物和浓度往往也有很大差别。在一个工厂内，不同的工段会产生截然不同的工业废水。如造纸厂蒸煮车间的废水，是一种深褐色的液体，通称为黑液，而造纸车间的废水，却是一种极白的水，称为白水；染料工业不仅排出酸性废水，还排出碱性废水；焦化厂排出的含酚废水呈深黄褐色，且具有浓厚的石炭酸味，而煤气洗涤水则呈深灰色。即使是一套生产装置排出的废水，也有可能同时含有几种性质不同的污染物。在不同的行业，虽然产品、原料和加工过程截然不同，但可能排出性质类似的废水。

为了进一步说明工业废水的来源，现对钢铁工业所产废水举例说明。

（一）采矿过程废水

金属矿的开采废水主要含悬浮物和酸。矿山酸性废水一般含有一种或是几种金属、非金属离子，主要有钙、铁、锰、铅、锌、铜、砷等。

（二）选矿过程废水

在选矿过程中产生大量含悬浮固体和选矿药剂的废水。这类废水一般经沉淀澄清后外排或循环利用。但对于赤铁矿的浮选厂，多采用氧化石蜡皂、塔尔油及硫酸钠等浮选药剂，矿浆浓度较大，悬浮物不易沉降，废水的 pH 比较高，而且还含有浮选药剂。因此，这种废水需要进行特殊处理，才可以排入天然水体。

（三）烧结过程废水

废水中主要含有高浓度的悬浮物，包括采用湿法除尘产生的除尘废水和地面冲洗水等。

（四）焦化过程废水

炼焦煤气终冷水及其他化工工段排出的废水，含有大量的酚、氨、氰化物、硫化物、焦油、吡啶等污染物，是一种污染严重且还较难处理的工业废水。

（五）炼铁过程废水

高炉煤气洗涤水是炼铁工艺中的主要废水，含有大量悬浮固体，其主要成分是铁、铝、锌、硅等氧化物，此外还含有微量的酸和氰化物。高炉煤气洗涤水的水量大，污染严重，但进行处理之后，可以循环利用。高炉冲渣水含有大量的悬浮固体，存在热污染，经沉淀除渣后可以循环使用。

（六）炼钢过程废水

转炉烟气除尘废水是炼钢工艺的主要废水，含大量的悬浮物，含量达 1000mg/L 以上，污泥含铁量高，可以回收利用。因悬浮物的粒径小，需采用混凝沉淀的方法处理。

（七）轧钢过程废水

轧钢过程废水主要来自加热炉、轧机轴承、轧辊的冷却和钢材除磷。废水水温增高，其主要含有氧化铁渣和油分。轧钢废水含油量虽然不高，但水量大，油呈乳化状态，油水分离有一定的难度，因此轧钢废水的除油是关键。

（八）金属加工过程废水

金属加工过程废水主要是金属表面清洗除锈时产生的酸性废液。金属材料多用硫酸和盐酸酸洗，而不锈钢则需用硝酸、氢氟酸混合酸洗。酸洗后的钢材又要用清水漂洗，产生漂洗酸性废水。通常，酸洗废液含酸 7% 左右，还含有大量溶解铁；漂洗废水的 pH 为 1 ~ 2。

在钢铁工业生产中，产生的废水除上述之外，还有大量的间接冷却水，如不加治理而排放，对天然水体的热污染将会带来十分严重的后果。

二、工业废水对环境的污染及危害

在高度集中的现代化大工业情况下，工业生产排出的废水，对周围环境的污染日趋严重。含有大量碳水化合物、蛋白质、油脂、纤维素等有机物质的工业废水排入水体，将大量消耗水体中的溶解氧，导致鱼类难以生存，水中的溶解氧若消耗殆尽，有机物就将厌氧分解，使水质急剧恶化，释放出甲烷、硫化氢等污染性气体。这是含有有机污染物的废水最普遍和最常见的污染类型。水体的富营养化是有机物污染的另一种类型，一些含有较多氮、磷、钾等植物营养物元素的工业废水，促使水中藻类及水草大量繁殖。藻类和水草枯死沉积于水中而腐败分解，会很快耗尽水中溶解氧从而使水质恶化。含有重金属的工业废水排入江河湖海，将直接对渔业和农业产生严重的影响，同时直接或间接地危害人体的健康。将几种重金属的危害简单介绍如下。

（一）汞（Hg^{2+}）

其毒性作用表现在损害细胞内酶系统蛋白质的巯基。摄取无机汞致死量为75～300mg/人。如果每天吸取0.25～0.30mg/人以上的汞，则汞在人体内就会积累，长期持续下去，就会发生慢性中毒。有机汞化合物，如烷基汞、苯基汞等，其在脂肪中的溶解度可达到在水中的100倍，因而易于进入生物组织，且还有很高的积蓄作用，日本的水俣病公害就是无机汞转化为有机汞，这些汞经食物链进入人体而引起的。

（二）镉（Cd^{2+}）

镉的化合物毒性极强，极易在体内富集。镉在饮用水中浓度超过0.1mg/L时，就会在人体内产生积蓄作用而引起贫血、新陈代谢不良、肝病变甚至死亡。镉在肾脏内蓄积引起病变之后，会使钙的吸收失调，从而发生骨软化病。日本富山县神通川流域发生的骨痛病公害，就是镉中毒引起的。

（三）铬（Cr^{+6}）

六价铬化合物及其盐类毒性很大，它存在的形态主要是CrO_3、CrO^{2-}、Cr_2O^{3-}等，易于在水中溶解存在。六价铬有强氧化性，对皮肤、黏膜有剧烈腐蚀性，近来研究认为，六价铬和三价铬均有致癌性。

（四）铅（Pb^{2+}）

铅对人体各种组织都有毒性作用，其中对神经系统、造血系统及血管毒害最大，铅主要还蓄积在骨骼中。慢性铅中毒，其症状主要表现为食欲不振、便秘及皮肤出现灰黑色。

（五）锌（Zn^{2+}）

锌的盐类能使蛋白质沉淀，对皮肤和黏膜有刺激和腐蚀的作用，对水生生物和农作物有明显的毒性。例如对鲑鱼的致死浓度为0.58mg/L，达到32mg/L时对农作物的生长有影响。

（六）铜（Cu^{2+}）

铜的毒性比较小，它是生命所必需的微量元素之一。但超过一定量之后，就会刺激消化系统，引起腹痛、呕吐，长期过量可促成肝硬化。铜对低等生物和农作物的毒性较大，对鱼类0.1～0.2mg/L为致死量，所以一般水产用水会要求含铜量在0.01mg/L以下；对于农作物，铜是重金属中毒性最高的，它以离子的形态固定于根部，影响养分吸收机能。

另一些含有毒物的工业废水，主要是含有机磷农药、芳香族氨基化合物及多氯联苯等化工产品。这些污染物的化学稳定性强，且能通过食物在生物体内成千上万倍地富集，从而引起白血病、癌症等。

除上述污染类型之外，水污染还有油污染、放射性污染以及病原菌污染等。

三、工业废水的治理原则

工业废水治理技术是随着工业的发展而得以不断完善。人们对环境保护的认识也是逐步提高的，我国一些老的工业企业，废水处理设施极不完善，在扩建和改建老厂时，一定要同时规划废水如何治理。要搞好废水治理规划应遵守以下原则。

（一）清、污分流

生产废水在一般情况下污染较轻，是指间接冷却水等用水量很大，只是温度升高或有少量粉尘污染，不处理或稍加处理便可排放或循环利用的水。而生产工艺排水和烟尘洗涤水等称为浊水，也就是生产污水，必须进行处理。如果清、浊不分流，便会使大量的冷却水受到严重污染，难以实现循环利用。

（二）充分利用原有的净化设施

对一些老工业企业来讲，充分利用原有的净化设施，不仅可以节约投资，更重要的是能减少占地。在旧设施上引进具有强化净化效果的新技术，则更为经济合理。

（三）近期改建要与远期发展相衔接

无论管道布置、处理量都要与工业生产本身发展的规模相衔接，结合生产规划，也可以分期分批地安排工业废水处理工程。

（四）区别水质，集中与分散处理相结合

采用在总排口处集中处理的方式，对一些车间排污水质差别很大的工业企业而言，显然是不合理的。对含有特殊污染物的废水应当分散进行处理。全厂的中心水处理设施应以水量大、最具代表性的一种或是几种废水作为处理对象，将它们集中起来处理，这样既节省管理费用，又便于设施维护。

（五）采用新技术、新工艺

工业废水的处理方法，正在向设备化、自动化的方向发展。传统的处理方法，包括用来进行沉淀和曝气的大型混凝土水池也在不断地更新中。近年来广泛发展起来的气浮、高梯度电磁过滤、臭氧氧化、离子交换等技术，都为工业废水的处理提供了更多的新工艺、新技术以及新的处理方法。在完善老厂水处理方法的同时，应考虑采用新技术。

工业废水中有用物质的回收利用、变害为利是治理工业废水的重要特征之一。例如，用铁氧体法处理电镀含铬废水，处理 $1m^3$ 含 $100mg/LCrO_3$ 的废水，可以生成0.6kg左右的铬铁氧体，铬铁氧体可用于制造各类磁性元件。不锈钢酸洗废液采用减压蒸发法回收酸，每处理 $1m^3$ 废液便可盈余500元，以年产100t钢材的酸洗车间计算，每年净回收价值可达20万元。对印染工业的漂炼工段排出的废碱液进行浓缩回收，已经成为我国目前普遍采用的工艺，回收的碱返回到漂炼工序。采用氰化法提取黄金的工艺所产生的贫液含 CN^- 的浓度达500～1000mg/L，且含铜200～250mg/L，具有很高的回收价值，一些金矿采用酸化法回收氰化钠和铜，获得了较高的经济效益，其尾水略加处理便可达到排放的标准。影片洗印厂可以从含银废液中回收银，印刷厂可以从含锌废液中回收锌，因此对工业废水的治理首先应当考虑回收利用，这样既减少了污染物排放，又提高了企业生产效益。

四、工业废水的分类

工业废水可以分为三大类。

（一）含悬浮物（包括含油）工业废水

这类废水主要是湿法除尘水、煤气洗涤水、选煤洗涤水及轧钢废水等。净化废水的处理方法有自然沉淀、混凝沉淀、压气浮选、过滤等。经上述处理后可循环利用。

（二）含无机溶解物工业废水

含无机溶解物工业废水包括电镀废水、酸洗含酸废液、有色冶金废水及矿山酸性废水等，是含重金属离子、酸碱为主的废水，毒害大，处理方法复杂，可以先考虑将其变害为利，从中回收有用物质。这类废水一般采用物理化学法处理。

（三）含有机物工业废水

含有机物工业废水包括焦化废水、印染废水、造纸黑液、石油化工废水等。这类废水耗氧并且有毒，应采用物化与生化相结合的方法净化。

五、工业废水的处理方法及处理工艺

废水处理过程是将废水中所含的各种污染物同水分离或加以分解使其净化的过程。废水处理方法有物理处理法、化学处理法、物化处理法和生物处理法。如常用的调节、过滤、沉淀、除油、离心分离等是物理处理法；中和、化学沉淀、氧化还原等方法是化学处理法；混凝、气浮、吸附、离子交换、膜分离等方法是物化处理法；好氧生物处理、厌氧生物处理是生物处理法。

工业废水的水质差别很大，不可能提出规范的处理流程，只能进行个别分析，最好通过试验确定。选择和确定废水处理工艺之前，首先必须了解废水中污染物的形态。根据污染物在废水中粒径的大小将其划分为悬浮、胶体和溶解物 3 种形态。通常，悬浮物是最容易处理的污染物，而胶体和溶解物则比较难以处理。悬浮物可以通过沉淀、过滤等简单的物理处理方法使其与水分离，而胶体和溶解物则必须利用特殊物质使其凝聚或是通过化学反应使其粒径增大到悬浮物的程度，或利用微生物，或利用特殊的膜等将其分解或分离。

废水处理工艺的确定一般参考已有相同工厂的处理工艺，也可以通过试验确定，方法如下。

（一）有机废水

（1）含悬浮物时，用滤纸过滤，测定滤液的 BOD_5、COD。若滤液中的 BOD_5、COD 都在要求值以下，这种废水可以采取物理处理方法，在悬浮物去除的同时，也可以将 BOD_5、COD 一道去除。

（2）若滤液中的 BOD_5、COD 高于要求值，则需要考虑采用生物处理方法。进行生物处理试验时，确定能否将 BOD_5 与 COD 同时去除。

生物处理法主要是去除易于生物降解的污染物，表现为 BOD_5 的去除。通过生物处理试验可以测得废水的可生化性及 BOD_5、COD 的去除率。生物处理法有好氧法和厌氧法两种，好氧法工艺成熟，效率高而且稳定，故而应用十分广泛，但因需供氧，耗电较高。为了节能并回收沼气，可以采用厌氧法，特别是处理高浓度 BOD_5 和 COD 废水比较适用（BOD_5 > 1000mg/L），现在将厌氧法用于处理低浓度水也获得成功。从去除效率看，厌氧法的 BOD_5 去除率不一定高，而 COD 去除率反而高些。这是因为厌氧处理能将高分子有机物转化为低分子有机物，使难降解的 COD 转化为易生物降解的 COD。如果仅用好氧生物处理法处理焦化厂合酚废水，出水 COD 往往保持在 400 ~ 500mg/L，很难继续降低；如采用厌氧作为第一级，再串以第二级好氧法，就可以使出水 COD 下降到 100 ~ 150mg/L。因此，厌氧法常用于含难降解 COD 工业废水的处理。

（3）若经生物处理之后 COD 不能降低到排放标准，就要考虑采用深度处理。

（二）无机废水

（1）含悬浮物时，首先进行沉淀试验，若在常规的静置时间内上清液达到排放标准，这种废水便可采用自然沉淀法处理。

（2）若静置出水达不到要求值时，则需进行混凝沉淀试验。

（3）当悬浮物去除之后，废水中仍然含有上述方法不能去除的溶解性有害物质时，可以考虑采用化学沉淀、氧化还原、吸附、离子交换等化学及物化处理方法。

（三）含油废水

首先做静置上浮试验分离浮油，如果达不到要求，再进行分离乳化油的试验。

对有机性工业废水的可生化性评价，是决定工业废水能否采用生化处理法进行处理的依据。需要考虑的因素有：①工业废水中所含的有机物是否能被细菌所分解；②工业废水中是否含有细菌所需的足够的营养物，如氮、磷等；③工业废水中是否含有对细菌生长繁殖有毒害作用的物质。

BOD/COD 值越大，说明其可生化性越好。若工业废水的 BOD 与 COD 的比值与生活污水的相近似，则说明易采用生物处理。一般情况下，BOD 与 COD 的比值在 0.3 以上，且 BOD 值大于 100mg/L 时，其可生化性良好，而低于此值可生化性则较差。虽然说 BOD 与 COD 的比值在某一界限值内废水可作生物处理，但也可能出现异常的情况，有些有机物的 BOD、COD 的反应不成规律。因此，评价工业废水生物处理的可行性，最好采用试验的方法。

多数工业废水在某种程度上均不符合生物处理要求，它们所含的有机物比较单一，必须进行氮、磷、碳比例的调节，这样才能保证细菌正常所需的营养物。好氧生物处理的控制指标为 BOD：N：P=100：5：1。为了满足此要求，用生化法处理工业废水时，需补充一些所缺少的营养物。比如，在对焦化含酚氰废水作生物处理时，需要增设加磷设备，以补足磷。工业废水的可生化性能还受废水中所含毒物的影响，如油类、氰化物、酸、碱都有一定的限制含量，对毒物必须进行预处理，以达到生化进水的要求，这样才能采用生化法处理。

第二节　软化水处理技术

水的软化方法主要有：

第一，加热法。

第二，石灰苏打法。用石灰暂时降低硬水硬度，用烧碱（苏打）降低非碳酸盐硬水硬度。

第三，离子交换法。用离子交换剂除去钙镁离子，目前的软化水处理大多采用这种方法。

离子交换法是一种借助离子交换剂上的离子同水中离子进行交换反应而除去废水有害离子态物质的方法，在水的软化、纯水制备、贵重金属离子的回收以及放射性废水、有机废水的处理中有广泛的应用。

一、离子交换剂

（一）分类、组成及结构

离子交换剂根据材料可以分为无机离子交换剂和有机离子交换剂，根据来源又可以分为天然离子交换剂和人工合成离子交换剂，根据其交换能力可以分为强碱性、弱碱性、强酸性、弱酸性等多种类型。

离子交换树脂的化学结构由不溶性树脂母体及活性基团两部分组成，树脂母体是有机化合物和交联剂组成的高分子共聚物，交联剂的作用是使树脂母体形成主体的网状结构，交联剂同单体的质量比的百分数称为交联度。活性基团由起交换作用的离子和与树脂母体联结的固定离子组成。

阳离子交换树脂内的活性基团是酸性的，阴离子交换树脂内的活性基团是碱性的。根据其酸碱性的强弱，可以将树脂分为强酸（RSO_3H）、弱酸（RCOOH）、强碱（R_4NOH）、弱碱四类。活性基团中的 H^+ 和 OH^- 分别可以用 Na^+ 和 Cl^- 替换，所以阳离子交换树脂又有钠型、氢型之分；阴离子交换树脂还有氢氧型和氯型之分。钠型和氯型又称为盐型。

（二）物理化学性质

因功能、用途的不同及原材料性能的不同，树脂的物理化学性质也不相同。常用凝胶树脂的主要物理性能如下。

1. 外观及粒度

凝胶型阳树脂是半透明的棕色或淡黄色小球，阴树脂的颜色略深。粒度与均匀度影响树脂的性能，粒度越小，表面积越大。但粒度过细则会使流体的阻力增加，机械强度降低。一般树脂小球的直径为 0.2 ~ 0.8mm。

2. 树脂密度

（1）湿真密度

湿真密度指树脂在水中充分溶解后的质量同真体积的比。其值一般为 1.04 ~ 1.3g/mL。通常阳树脂的湿真密度比阴树脂的大，强型的比弱型的大。

（2）湿视密度

湿视密度指树脂在水中溶解后的质量同堆积体积之比，一般为 0.6 ~ 0.85g/mL。通常阳树脂的密度大于阴树脂的密度。树脂在使用过程中，由于基团脱落、骨架链的断裂等原因，其密度略有减小。

3. 含水量

水中充分溶胀的湿树脂所含水的质量占湿树脂的百分数称为含水量。含水量主要由交联度、活性基团的类型和数量等因素决定，一般在 50% 左右。

4. 溶胀性

溶胀性指树脂浸入水中，因活性基团的水合作用使交联网孔增大、体积膨胀的现象。溶胀程度常用溶胀率（溶胀前后的体积差 / 溶胀前的体积）表示。树脂的交联度越小，活性基团数量越多，越易离解，可以交换的离子水合半径越大，其溶胀率也越大。水中电解质浓度越高，由于渗透压的增大，其溶胀率越小。由于离子的水合半径不同，在树脂使用和转型时常会出现体积的变化。一般强酸性阳树脂由钠型转为 H 型，强碱性阴树脂由 Cl 型转为 OH 型，其体积均增大约 5%。

5. 机械强度

指树脂保持完整颗粒性的能力。树脂在使用过程中因受到冲击、碰撞、摩擦以及胀缩作用，会发生破碎。所以，树脂应具有足够的机械强度，以保证每年树脂的损耗量不大于 3% ~ 7%。树脂的机械强度主要取决于交联度及溶胀率，交联度越大、溶胀率越小，机械强度越高。

6. 耐热性

各种树脂都有一定的工作温度。操作温度过高，容易使活性基团分解，从而影响交换容量和使用寿命。当温度低于 0 时，树脂内水分冻结，使颗粒破裂。一般情况下树脂的使用和贮藏温度控制在 5 ~ 40℃。

7. 孔结构

大孔树脂的交换容量、交换速度等性能和孔结构有关。目前使用的 D001 × 14 ~ 20 系列树脂，其平均孔径为（100 ~ 154）× 10^{-10}m，孔容 0.09 ~ 0.21mL/g，比表面积 16 ~ 36.4m^2/g，交换容量 1.79 ~ 1.96mmol/mL。

（三）主要的化学性能

1. 酸碱性

H 型阳树脂和 OH 型阴树脂在水中电离出 H^+ 和 OH^-，具有酸碱性。因活性基团在水中电离能力的大小不同，树脂的酸碱性也有强弱之分。强酸或强碱性树脂在水中的离解度大，受 pH 的影响小；弱酸或弱碱性树脂的离解度小，受 pH 的影响大。所以，弱酸或弱碱性树脂在使用时对 pH 有严格的要求。

2. 选择性

树脂对水中某种离子能优先交换的性能，是离子交换剂的一项重要的性能指标。选择性的大小可以用选择性系数来表示。选择性系数的大小与温度、离子性质、溶液的组成以及树脂的结构等因素有关。在常温稀溶液中，一般有以下规律：离子价数越高，选择性越好；原子序数愈大、离子的水合半径愈大，选择性也愈好。根据文献资料，常见离子交换的选择性顺序如下：Th

阳离子：$Th^{4+} > La^{3+} > Ni^{3+} > Co^{3+} > Fe^{3+} > Al^{3+} > Ra^{2+} > Hg^{2+} > Ba^{2+} > Pb^{2+} > Sr^{2+} > Ca^{2+} > Ni^{2+} > Cd^{2+} > Cu^{2+} > Co^{2+} > Zn^{2+} > Mg^{2+} > Ba^2+ > Tl^+ > Ag^+ > Cs^+ > Rb^+ > K^+ > NH_4^+ > Na^+ > Li^+$

当采用 RSO_3H 树脂时，Tl^+ 和 Ag^+ 的选择性顺序分别提前至 Pb^{2+} 左右。

阴离子：$C_6H_5O_7^{3-} > Cr_2O_7^{2-} > SO_4^{2-} > C_2O_4^{2-} > C_4H_4O^{6-} > AsO_4^{2-} > PO_4^{2-} > MoO_4^{2-} > ClO_4^- > I^- > NO_3^- > CrO_4^{2-} > Br^- > SCN^- > CN^- > HSO_4^- > NO_2^- > Cl^- > HCOO^- > CH_3COO^- > F^- > HCO_3^- > HSiO_3^-$

H^+ 和 OH^- 的选择性由树脂活性基团的酸碱性强弱所决定。对强酸性阳树脂，H^+ 的选择性介于 Na^+ 和 Li^+ 之间。但对于弱酸性阴树脂，H^+ 的选择性最强。同样对于碱性阴树脂，OH^- 的选择性介于 CH_3COO^- 和 F^- 之间，但对于弱碱性阴树脂，OH^- 的选择性最强。

（四）交换容量

用于定量表示树脂的交换能力，常用 E_v（mmol/mL 湿树脂）表示，也可用 E_w（mmol/g 干树脂）表示。这两种表示方法间的数量关系如下：

$$E_v=E_w \times (1-含水量) \times 湿视密度 \tag{7-1}$$

市售交换树脂所标的交换容量是总交换容量，也就是活性基团的总数。树脂在给定的工作条件下实际所发挥出来的交换能力叫作工作交换容量。由于受树脂的再生程度、进水中离子的种类和浓度等许多因素的影响，实际交换容量只有总交换容量的 60%～70%。

二、离子交换的基本理论

（一）离子的交换平衡

离子的交换过程可用式（7-2）表示：

$$RA+B \underset{再}{\overset{交}{\rightleftharpoons}} RB+A \tag{7-2}$$

式中 RA——含有 A 离子的固相树脂；

B——溶液中的离子 B；

RB——交换后带有 B 离子的固相树脂；

A——进入溶液中的离子 A。

当交换反应处于平衡状态时，其平衡关系可用式（7-3）表示：

$$K_A^B=\frac{[RB][A]}{[RA][B]} \tag{7-3}$$

式中 K_A^B——A 型树脂对 B 离子的选择系数；

$[RA]$——固相树脂中 A 离子的浓度；

$[RB]$——固相树脂中 B 离子的浓度；

$[A]$——溶液中 A 离子的浓度；

$[B]$——溶液中 B 离子的浓度；

当含有 B 离子的溶液进入装有 RA 树脂的离子交换器之后，树脂中的 A 离子能否与浓液中的 B 离子发生交换反应及反应程度由树脂的选择性决定，可以用选择性系数 K_A^B 表示。

（1）当 $K_A^B>1$时，说明 RA 树脂对 B 离子的选择性比较高，离子的交换反应可以进行。K_A^B 远大于 1 时，表示 B 离子的选择性更高，交换过程可以进行得较彻底。

（2）当 $K_A^B<1$ 时，说明 RA 型树脂对 A 离子的选择性要比对 B 离子的选择性高，交换反应无法进行，说明 RA 型树脂不适合作为离子交换剂。

（3）当 $K_A^B=1$ 时，说明 RA 型树脂对 A、B 两种离子的选择能力相同，因此无法分开两种离子。

由以上分析可以得知，只有在第一种情况下，离子的交接过程才可以正常进行。

（二）离子交换速度

离子交换过程可以分为四个连续的步骤。

（1）离子从溶液的主体向颗粒表面扩散，穿过颗粒表面的液膜（液膜扩散）。

（2）穿过液膜的离子继续在颗粒内的交换网孔中扩散，直至达到某一活性基团所处的位置。

（3）目的离子和活性基团中的可交换离子发生交换反应。

（4）被交换下来的离子沿着与目的离子运动相反的方向扩散，最后被主体水流带走。

上述几步中，交换反应速率与扩散相比要快得多，因此，总交换速度是由扩散过程控制的。

由 Fick 定律，扩散速度可写成式（7-4）：

$$\mathrm{d}q / \mathrm{d}t = D^0 \left(c_1 - c_2\right) / \delta \tag{7-4}$$

式中 C_1，C_2——分别表示扩散界面层两侧的离子浓度，$C_1 > C_2$；

δ——界面层的厚度，相当于总扩散层的厚度；

D^0——总扩散系数。

单位时间、单位体积树脂内扩散的量是上述扩散速度与单位体积树脂表面积 S 的乘积，即式（7-5）：

$$\frac{\mathrm{d}q}{\mathrm{d}t} = D^0 \left(c_1 - c_2\right) S / \delta \tag{7-5}$$

式中 S 与树脂颗粒有效直径 ϕ、孔隙率 ε 有关，见式（7-6）：

$$S = B \frac{1-\varepsilon}{\phi} \tag{7-6}$$

式中 B 是颗粒均匀程度有关的系数。由以上两式可得到式（7-7）：

$$\frac{\mathrm{d}q}{\mathrm{d}t} = D^0 B \left(c_1 - c_2\right)(1-\varepsilon) / \phi \cdot \delta \tag{7-7}$$

可见，影响离子交换扩散速度的因素有如下几种。

第一，树脂的交联度越大、网孔越小，扩散速度越慢。

第二，树脂颗粒越小，因内扩散距离缩短及液膜扩散的表面积增大，使扩散速度越快。

第三，溶液离子浓度越大，扩散速度越快。一般情况下，在树脂再生时，$C_0 > 0.1\mathrm{M}$，整个交换速度偏向受内孔扩散控制；而在交换制水时，$C_0 < 0.003\mathrm{M}$，过程偏向于受液膜扩散控制。

第四，提高水温能使离子的动能增加，水的黏度减小，液膜变薄，有利于离子扩散。

第五，交换过程中的搅拌或是提高流速，可以使液膜变薄，加快液膜的扩散，但不影响内孔的扩散。

第六，被交换离子的电荷数及水合离子的半径越大，内孔扩散速度越慢。

为了提高离子交换的速度，可以采取以下的措施。

第一，提高离子穿过膜层的速度。具体办法有：加快交换体系的交换速度或提高溶液的过流速度，以减小树脂表面的膜层厚度；提高溶液中的离子浓度；减小树脂的粒度，增大交换剂的表面积；提高交换体系的温度，加快扩散速度。

第二，加快离子在树脂空隙内的扩散速度。具体措施有：降低凝胶树脂的交联度，增加大孔树脂的致孔剂；提高交换体系的温度，加快扩散速度；提高树脂的孔隙率、孔度和溶胀度，以有利于离子的扩散。

三、离子的交换过程

离子的交换过程包括交换和再生两个步骤。如果这两个步骤在同一设备中交替进行，则为间歇过程。间歇操作过程的操作简单，效果可靠，但是当处理量大时，需要多套装置并联运行。如果交换和再生分别在两个设备中连续进行，树脂不断在交换和再生设备中循环，则构成连续过程。

在交换过程中，若树脂上可交换的离子和溶液中的离子大部分或绝大部分进行了交换，或者在交换柱的出流液中，残存的离子浓度超过某一规定指标时，则可认为交换过程达到了平衡或树脂已经达到了饱和状态，此时，则要进行再生，为下一交换过程创造条件。

四、树脂的再生

树脂的再生，一方面可以恢复树脂的交换能力，另一方面可以回收有用物质。

（一）再生方式

固定床树脂有以下几种再生方式。

1. 顺流再生

在交换柱中，再生液同被处理溶液的流向相同，即由交换柱的顶部进液，底部排液。

2. 逆流再生

在交换柱中，再生液同被处理液的流向相反，即从底部进液，顶部排液。

3. 分流再生

再生液从交换柱的顶部、底部同时进入，由交换柱的中部排出。

4. 串联再生

当两个或几个交换柱串联使用时，被处理液由顶部流至底部，再由底部串联接入下一个交换柱的顶部，如此串联到最后，从最后一交换柱的底部排出。相反，再生液则由最后一个柱的顶部进入，由底部接入下一个交换柱的顶部，如此，直到从第一个交换柱的顶部排出。

5. 体外再生

在阴阳离子混合交换柱中，树脂饱和之后，两种树脂全部或仅阴树脂移出交换柱进行再生，再生后的树脂移回到混合交换柱中。

（二）再生剂用量

再生剂的用量和树脂再生效果、运行费用、再生方式、树脂类型及再生剂的种类均有关。理论上，1leq 的再生剂可恢复树脂 1leq 的交换用量，但实际上再生剂的用量要比理论值大得多，通常为 2～5 倍。一般情况下，再生剂的用量越多，再生效率越高，但当再生剂用量增加到一定量之后，再生效率随再生剂用量增长不大。如用 2%NaOH 对交换了 Cr^{6+} 的强碱性树脂进行再生，经试验，以控制 95% 的再生效率比较合适。

（三）再生液浓度

再生液的浓度同树脂类型、再生方式有关。如用硫酸作再生液，建议分三步逐次再生，可取得较好的再生效果。

（四）再生液温度

在树脂允许的温度范围之内，再生液的温度越高，再生效果就越好。但为了节省运行费用，通常在常温下进行再生。有时为了除去树脂中一些有害物质或再生困难的离子，再生液可以加热到 35 ～ 40℃。

（五）再生液的流速

再生液的流速关系到再生液与树脂的接触时间，进而影响到再生效果。在离子交换柱中，再生液的流速一般控制在 4～8m/s。

（六）树脂再生后的清洗

树脂再生之后，树脂上会残留一些再生剂，要用产品水或去离子水进行正洗或反洗，清洗用水量由计算决定。一般小型软化或是纯水系统中，清洗水用量占产品水量的 10%～20%。

五、离子交换系统与设备

完整的离子交换系统包括预处理单元、离子交换单元、再生单元及电控仪表系统等。

（一）离子交换单元的分类

根据离子交换柱的构造、用途以及运行方式，可以对离子交换单元。

（二）离子交换固定床体系

离子交换固定床体系是指树脂的交换和再生在同一设备，不同的时间内完成，其运行方式是间歇运行。

根据水流方向和使用要求的不同，固定床可以分为如下几种形式。

1. 单床和多床形式

在交换柱内只填装一种树脂，只用一个交换柱称为单床，如多个交换柱串联或是并联使用，则称为多床。

2. 复床形式

有的交换柱填充阳树脂，有的交换柱填充阴树脂，阴阳树脂的交换柱串联在一起使用的叫作复床。

3. 双层床形式

在逆流再生固定床中，依据一定的配比填装强、弱两种树脂，密度小，粒度细的弱型树脂在上层，密度大，颗粒粗的强型树脂在下层，用这种形式组成的固定床称为双床。

固定床离子交换器由简体，进水装置、排水装置、再生液分布装置以及相关管道和阀门组成。

（三）连续式离子交换系统

固定床离子交换器内树脂不能边饱和边再生，树脂和容器的利用效率都很低，生产不连续，再生及冲洗时必须停止交换。为克服上述缺点，发展了连续式离子交换设备，主要形式分为移动床和流动床。

三塔式移动床离子交换系统是由交换塔、再生塔和清洗塔三部分组成。运行时，原水由交换器下部的配水系统流入塔内，向上快速流动，将整个树脂层托起，进行离子交换。经过一定时间之后，当出水离子开始穿透，便立即停止进水，并由塔底排水，排水时树脂层下降（称落床），从塔底排出部分已饱和的树脂，同时浮球阀自动打开，放入已经再生好的树脂。操作时要注意塔内树脂的混床。每次落床的时间很短，约 2min 后又开始进水，托起树脂层，关闭浮球阀。

失效树脂由水输送至再生塔。再生塔的结构和运行同交换塔大致相同。

移动床的优点是树脂用量较少，在相同产水量方面，为固定床的 1/3 ~ 1/2，能连续产水，水质较好，设备小，投资少。其缺点是树脂的损耗率大，自动化程度要求较高，对进水变化的适应性比较差。

图 7-1 所示为移动床离子交换废水处理设备，主要用于处理电镀废水、胶片洗印废水回收废水中的金属、化工原料，实现水资源的重复利用。

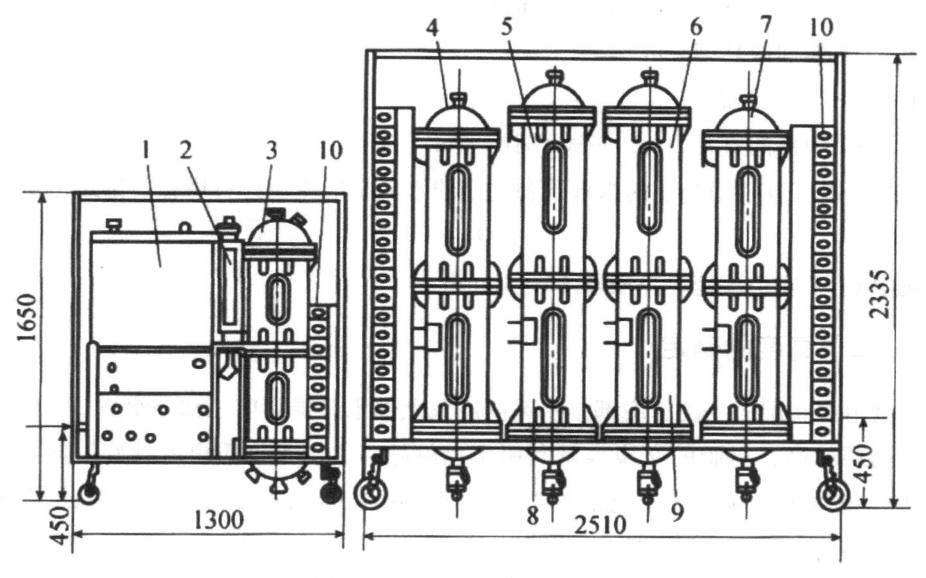

图 7-1　移动床废水处理装置

1——废水贮槽；2——流量计；3——白球过滤柱；4——阳柱；5——脱钠柱；6，7——阴柱；8，9——再生柱；10——塑料隔膜阀

六、设计计算

离子交换系统的设计计算包括离子交换树脂的选择、工艺系统的确定、离子交换器尺寸的计算、再生计算、阻力的核算等。

交换器尺寸计算主要是直径和高度的计算。

（一）直径的计算

直径可由交换离子的物料衡算式计算，见式（7-8）和式（7-9）：

$$Qc_0T = q_wHA \tag{7-8}$$

$$D=\sqrt{\frac{4Qc_0T}{\pi nq_wH}} \tag{7-9}$$

式中 Q——废水的流量，m^3/h；

C_0——进水中交换离子的浓度，eq/m^3；

T——两次再生的时间间隔，h；

n——交换器个数，一般不少于两个；

q_w——交换剂的工作交换容量，eq/m^3；

H——交换剂床高度，m；

A——交换器截面积，m^2；

D——交换器的直径，m，一般不小于 3m。

另外，也可以根据要求的制水量和选定的水流空塔流速计算塔径，见式（7-10）：

$$Q=A\cdot v \tag{7-10}$$

式中 v——空塔流速，一般取 10～30m/h。

（二）高度的确定

高度由树脂层的高度、底部排水区高度及上部水垫层高度三部分组成。

树脂层越高，树脂的交换容量利用率也就越高，出水水质也就越好，但阻力损失增大，投资也相应增加。通常树脂层高度选用 1.5～2.5m，不低于 0.7m。当进水含盐量较高时，塔径和层高适当增加，以保证运行周期不低于 24h。垫水层高度主要由反冲洗时树脂的膨胀高度和保证配水的均匀性所决定，顺流再生时的膨胀率一般为 40%～60%，逆流再生时膨胀高度可以适当减小。底部排水区高度与排水装置的形式有关，一般取 0.4m。

（三）水力校核

根据计算得到的塔径和塔高选择合适尺寸的离子交换器，进行水力校核。

第三节　冷却处理

一、水的冷却原理

（一）水冷却的基础知识

循环水的冷却一般采用空气作为介质。含水蒸气的空气称为湿空气，它是干空气与水蒸气组成的混合气体。自然界中空气都含有水蒸气，均可称为湿空气。

1. 湿空气的压力

湿空气的压力一般均为当地的大气压，按照气体分压定律，其总压力 P 等于干空气分压力 P_g 和水蒸气分压力 P_q 之和。见式（7-11）：

$$P = P_g + P_q \quad (kPa) \tag{7-11}$$

按理想气体状态方程见式（7-12）、（7-13）：

$$P_g = \rho_g R_g T \quad (kPa) \tag{7-12}$$

$$P_q = \rho_q R_q T \quad (kPa) \tag{7-13}$$

式中 ρ_g， ρ_q——干空气和水蒸气在其本身分压下的密度；

R_g——干空气的气体常数；

R_q——水蒸气的气体常数；

T——气体绝对温度。

当空气在某一温度下时，吸湿能力达到最大值时空气中的水蒸气均处于饱和状态，称为饱和空气，水蒸气的分压称为饱和蒸汽压力（ P_q'' ）。湿空气中所含水蒸气达不到该温度下的饱和蒸汽含量，因此水蒸气分压 P_q 也都小于该温度下的饱和蒸汽压 P_q'' 。在温度 θ =0～100℃和通常的气压范围内， P_q'' 只与空气温度 θ 有关，而与大气压无关。空气 θ 越高，水分蒸发的速度则越快，P_g 值就越大。所以，在一定温度下已经达到饱和的空气，当温度升高时则成为不饱和；

反之，不饱和的空气，当温度降低到某一值时，空气又趋于饱和。

2. 湿度

湿度是空气中所含水分子的浓度。它有绝对湿度、相对湿度、含湿量三种表示方式。

（1）绝对湿度指每立方米湿空气所含水蒸气的质量。其数值等于水蒸气在分压 P_q 与湿空气温度 T 时的密度 P_g。

（2）相对湿度指空气的绝对湿度与同温度下饱和空气的绝对湿度之比，用 θ 表示。见式（7-14）：

$$\phi = \frac{\rho_g}{\rho_q} = \frac{p_q}{p_q''} \tag{7-14}$$

（3）含湿量在含有 1kg 干空气的湿空气混合气体中，它所含水蒸气质量为 X(kg) 称为湿空气的含湿量，也称为比湿，单位为 kg/kg(干空气)。见式（6-15）：

$$X = \frac{\rho_g}{\rho_q} = \frac{R_g P_q}{R_q P_g} \tag{7-15}$$

由式（7-15）可知，当 P 一定时，空气中含湿量 X 随水蒸气分压力的增加而增大。

不饱和空气在气压和温度保持不变的情况下，因冷却而达到饱和状态（即将凝结出露水时的状态）时的温度，称为该空气的露点。

3. 湿空气的密度

湿空气的密度 ρ 等于 1m³ 湿空气中所含的干空气与水蒸气在各自分压下的密度之和。

4. 湿空气的比热

使总质量为 1kg 的湿空气（包括干空气和 X 公斤水蒸气）温度升高 1℃所需的热量，称为湿空气的比热，用 C_{sh} 表示。

$$C_{sh} = C_g + C_q X \ (\text{kJ/kg·℃}) \tag{7-16}$$

式中 C_g——干空气比热，(kg/kg · ℃)，在压力一定，湿度变化小于 100℃时，约为 1.00(kJ/kg · ℃)

C_q——水蒸气比热，(kg/kg · ℃)，约为 1.84kg/(kg · ℃)

所以得出式（7-17）：

$$C_{sh} = 1.0 + 1.84X \ (\text{kJ/kg·℃}) \tag{7-17}$$

在冷却塔中，C_{sh} 一般采用 1.05(kJ/kg · ℃)。

5. 湿空气的焓

表示气体含热量大小的数值叫焓，用 i 来表示。其值等于 1kg 干空气和含湿量 Xkg 水蒸气热量之和。见式（7-18）：

$$i = i_g + Xi_q \quad (\text{kJ / kg}) \tag{7-17}$$

式中 i_g——干空气的焓，kJ/kg；

i_g——湿空气的焓，kJ/kg。

计算含热量时规定：以水温为 0℃水的热量为零。水蒸气的焓由两部分组成：一是 1kg0℃的水变为 0℃水蒸气所吸收的热量称为汽化热γ_0；二是 1kg 水蒸气由 0℃升高到θ℃时所需的热量。

$$\begin{aligned} i &= i_g + Xi_q = C_g\theta + X \cdot C_g\theta \quad (\text{kJ/kg}) \\ &= 1.00\theta + (2500 + 1.84\theta)X = C_{sh}\theta + \gamma_0 X \quad (\text{kJ/kg}) \end{aligned} \tag{7-18}$$

式（7-18）中，前项与温度θ有关，称为显热；后项与湿度无关，称为潜热。

6. 湿空气焓湿图

为了简化计算，将根据试验测得的湿空气的四项主要热力学参数（φ、P、i、θ）之间相应关系绘制成图表，称为焓湿图，通过焓湿图，即可由已知参数求焓 i。

7. 湿球温度和水的冷却极限

图 7-2 是放在被测空气中的两支相同水银温度计，其中一支水银球上包有纱布，纱布下端浸入水中。在纱布的毛细管作用下，使纱布吸收水。在空气饱和时，纱布上的水不断地蒸发，蒸发所需的热量在水中取得，因此水温逐渐降低。当降至气温以下时，由于温差的关系，空气热量将通过接触传给纱布上的水层。

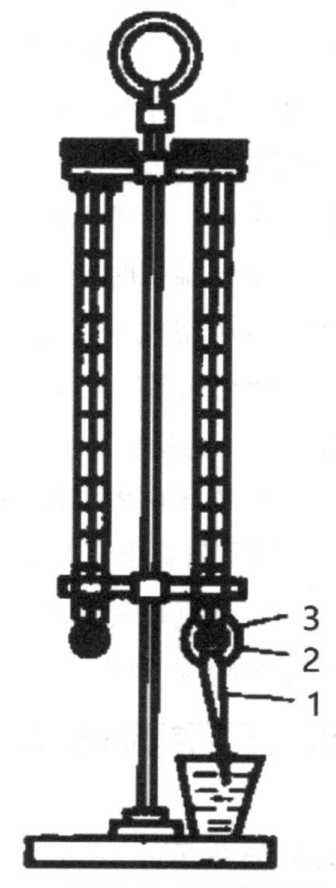

图 7-2　湿球温度计

1——布；2——水层；3——空气层

当蒸发散热量等于空气传回的给水热量时，即处于平衡状态，纱布上的水温将不再下降。稳定在一定温度上，此时的温度称为湿球温度τ。就是说，在该气温条件下，水被冷却所能达到的最低温度，即冷却极限。通常生产上冷却后的水温要比τ大3 ~ 5℃。

（二）水的冷却原理

当热水表面直接与未被水蒸气所饱和的空气接触时、热水表面的水分子将不断汽化为水蒸气，在此过程中，将从热水中吸收热量，达到冷却效果。水的蒸发可以在沸点时进行，也可以在小于沸点时发生。水的表面蒸发，在自然界中一般是在水温低于沸点时发生的。通常认为空气和水接触的界面上有一层极薄的饱和空气层，叫作水面饱和气层。水首先蒸发到水面饱和气层中，再扩散到空气中。通常将水面饱和气层的温度t'看作是与水面温度t_f基本相等，水温越小或水膜越薄，则t'与t_f越接近；设水面饱和水蒸气分压为P_q''，而远离水面的空气中，温度为时的水蒸气分压为P_q，则分压差Ä$P_q = P_q'' - P_q$，是水分子向空气中蒸发扩散的推动力，只要$P_q'' > P_q$，水体表面就会蒸发，而与水面温度t_f高于还是低于水面上方的空气温度θ无关。所以，蒸发所耗热量H_β总是由水流向空气。如欲加快水的蒸发速度，可以采用下列措施：第一，增加热水与空气之间的接触面积；第二，提高水面空气流动的速度，使逸出的水蒸气分子迅速向空气中扩散。

除蒸发传热之外，水、气接触过程中，如果水的温度和空气的温度不一致，将会产生传热过程。例如，当水温高于空气温度时，水将热量传给空气。空气接受了热量，温度就逐渐上升，从而使水面以上空气的温度不均衡，产生对流作用，最终使空气的温度达到均衡，且水面温度和空气温度趋于一致，这就是传导散热的过程。温度差（$t_f - \theta$）是水、气之间传导散热的推动力：传导散热所产生的热量H_a可从水流向空气，也可以从空气流向水，取决于两者温度的高低。在冷却过程中，虽然蒸发散热和传导散热一般同时存在，但是随着季节的不同，冬季气温很低，水温t高出θ很多，传导散热量可占50% ~ 70%；夏季气温较高，（$t_f - \theta$）值很小，甚至为负值，传导散热量很小，蒸发散热量占80% ~ 90%。

二、冷却构筑物类型、工艺构造及特点

（一）冷却构筑物类型及构造组成

冷却构筑物大体分为水面冷却池、喷水冷却池和冷却塔三类。

水面冷却池利用天然池塘或水库，冷却过程在水面上进行，它的效率低。喷水冷却池是在天然或是人工池塘上加装喷水设备，用来增大水和空气间的接触面。冷

却塔是人工建造的，水通过塔内的淋水装置时，可以形成小水滴或是水膜，以增大水和空气的接触面积，提高冷却效果。

冷却塔形式比较多，构造也比较复杂。按循环水供水系统中的循环水与空气是否直接接触，冷却塔又分为敞开式（湿式）、密闭式（干式）和混合式（干湿式）三种。湿式冷却塔是指热水和空气直接接触、传热以及传质同时进行的敞开式循环供水系统。

干式冷却塔是指水与空气不直接接触，冷却介质为空气，空气冷却是在空气器中实现的，所以只单纯传热；干湿式冷却塔是指热水同空气进行干式冷却之后再进行湿式冷却的构筑物。湿式冷却塔是最常用的冷却塔。

1. 水面冷却池

水面冷却利用水体的自然水面，水体水面一般有两种：一是水面面积有限的水体，包括水深小于 3m 的浅水冷却池和水深大于 4m 的深水冷却池；二是水面面积很大的水体或水面面积相对于冷却水量是很大的水体，如河道、海湾等。

在冷却池中，高温水从排水口排入湖内，在缓慢流向下游取水口的过程中，由于水面与空气接触，借自然对流蒸发作用使水冷却。湖中水流可以分为主流区、回流区及死水区。为提高冷却效果，应当扩大主流区，减小回水区，消灭死水区。

冷却池的最小水深为 1.5m。水越深，冷热水分层越好（形成完好的温差异重流），有利于热水在表面散热，同时也便于取到底层冷水回用。取水口及排水口在平面、断面的布置、形式和尺寸及水流行程历时，应根据原地实测地形进行模型试验来确定，在近似估算冷却池表面积时，水力负荷为 $0.01 \sim 0.1m^3/(m^2 \cdot h)$。冷却池的设计计算可参考有关书籍。

2. 喷水冷却池

喷水冷却池是利用喷嘴喷水进行冷却的敞开式冷却池，它在池上布置有配水管系统，管上装有喷嘴。压力水经喷嘴（喷嘴前压力为 49 ~ 69kPa）向上喷出，形成均匀散开的小水滴，然后降落池中。在水滴向上喷射又降落的过程中，有足够的时间与周围空气接触，改善蒸发及传导的散热条件。影响喷水池冷却效果的因素有喷嘴形式和布置方式、水压、风速、风向、气象条件等。

3. 湿式冷却塔

（1）湿式冷却塔的类型

在冷却塔中，热水从上向下喷散成水滴或是水膜，空气自下而上（逆流式）或水平方向（横流式）在塔内流动，在流动过程中，水与空气间进行传热和传质，水温随之下降。

（2）湿式冷却塔的构造组成

冷却塔一般由配水系统、淋水填料、通风以及空气分配装置、除水器、集水池、塔体等组成。

①配水系统

配水系统的作用是将热水均匀分配到冷却塔的整个淋水面积上。如果分配不均，会使淋水装置内部的水流分布不均，从而在水流密集部分通过阻力增大，空气流量减少。热负荷集中，冷效则会降低；而在水量过少的部位，大量空气没有充分利用便逸出塔外，降低了冷却塔的运行经济指标。配水系统应在一定水量变化范围之内（80%～110%）配水均匀，对塔内气流阻力较小，且便于维修管理。

配水系统有管式、槽式和池式三种。

管式配水系统又分为固定式配水系统（图 7-3）及由旋转布水器（图 7-4）组成的旋转管配水系统两种。水通过配水管上的小孔或喷嘴均匀地喷出分布在整个淋水面积上，旋转布水器是由旋转轴及若干条配水管组成的配水装置，它利用从配水管孔口喷出水流的反作用力，推动配水管绕旋转轴旋转，达到配水均匀的目的。槽式配水系统由配水总槽、配水槽和溅水喷嘴组成（图 7-5）。热水经总、支槽，再经反射型喷嘴溅散成分散小水滴，均匀洒在填料上。

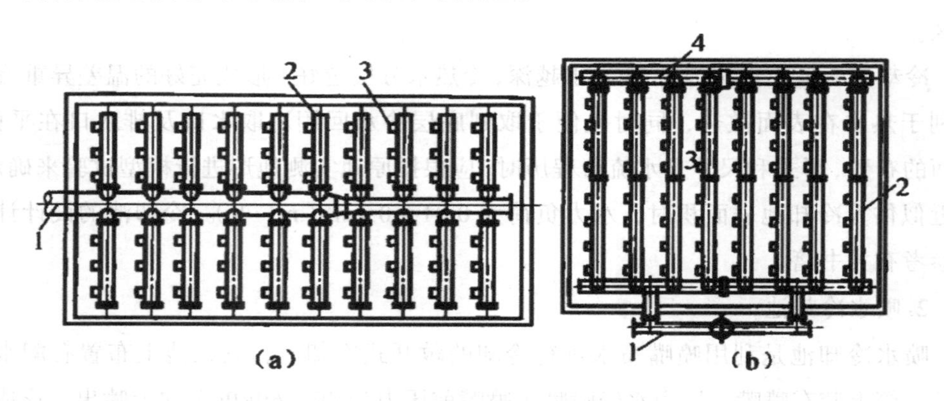

图 7–3　固定式配水系统

（a）树枝状布置；　　（b）环状布置

1——配水干管；2——配水支管；3——喷嘴；4——环形管

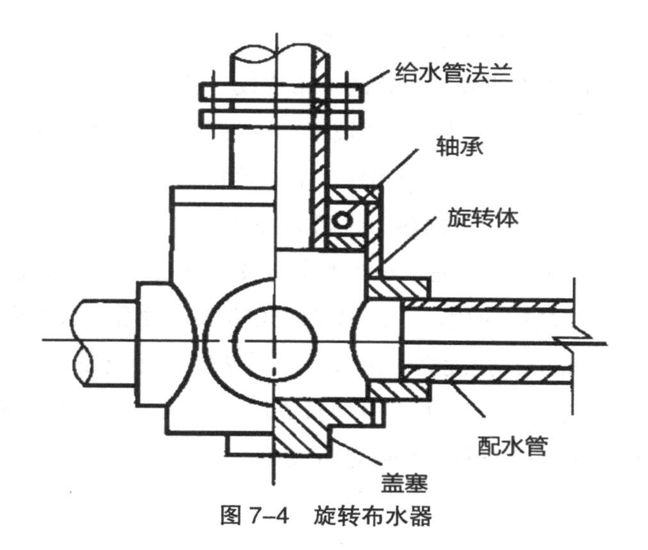

图 7–4　旋转布水器

图 7-5 为池式配水系统，热水径流量控制阀从进水管经消能箱分布在配水池中，池底开小孔或装管嘴。该系统配水均匀，供水压力低，维护方便，但由于受到太阳辐射，易生藻类。它适用于横流塔。

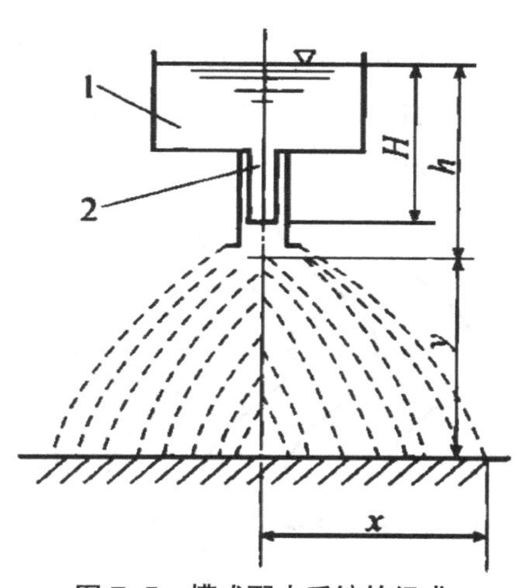

图 7–5　槽式配水系统的组成

1——配水槽；2——喷嘴

②淋水填料

淋水填料的作用是将配水系统溅落的水滴，经多次溅散成微细小水滴或是水膜。增大水和空气的接触面积，延长接触时间，从而保证空气和水的良好热、质交换作用。水的冷却过程主要是在淋水填料中进行的，因此是冷却塔的关键部位。

淋水填料应当有较大的接触表面积和较小的通风阻力，表面亲水性能良好，质轻耐久，价廉易得，安装和维护方便。按照其中水被淋洒成的冷却表面形式，可以分为点滴式、薄膜式、点滴薄膜式三种类型。

点滴式淋水填料由水平或倾斜布置的板条构成。

常用的薄膜式淋水填料有斜交错斜坡形、梯形、波形和塑料折波形等几种。常用的点滴薄膜式淋水填料有水泥格网和蜂窝淋水填料。

在选择淋水填料时，应当根据热力、阻力特性、塔形、负荷、材料性能、水质、造价、施工检修等因素来综合考虑。60° 大中斜波、折波以及梯形波填料在大、中型逆流式自然或机械通风塔中应用较广，但要防止堵塞和污垢。水泥格网填料自重大，施工比较复杂，但是价廉，强度高，耐久，不易堵塞，适应较差水质，在大、中型逆流钢筋混凝土塔中应用较多。大、中型横流塔多采用 30° 斜波、弧波或是折波等填料。小型冷却塔则采用中波斜交错或是折波填料。

③通风及空气分配装置

在风筒式自然通风冷却塔中，稳定的空气流量是由高大的风筒所产生的抽力形式。机械通风冷却塔则是由轴流式风机供给空气。在逆流塔中，空气分配装置包括进风及导风装置；在横流塔中仅指进风门。

④其他装置

除水器（或收水器）的任务是分离回收经过淋水填料层热、质交换后的湿热空气中的一部分水分，用来减少水量损失，同时改善塔周围的环境。图 7-6 为一弧形除水器。塔体主要起封闭和围护的作用。

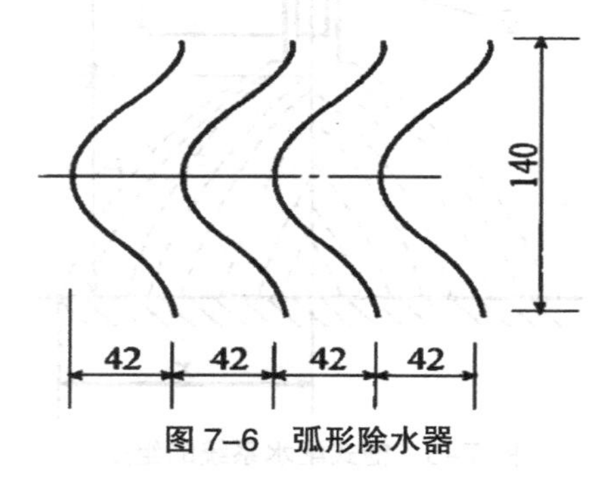

图 7–6　弧形除水器

（二）冷却构筑物的选择

冷却构筑物的类型有很多，应当考虑工厂对冷却水温的要求，当地气象条件、地形特点、补充水的水质及价格、建筑材料等因素，通过技术经济比较选择。各种构筑物的优缺点及适用条件见表 7-1。

表 7–1　各种构筑物的优缺点及适用条件

名称	优点	缺点	适用条件
冷却池	1. 取水方便，运行简单 2. 利用已有的河、湖、水库或洼地	1. 受太阳辐射热影响，夏季水温高 2. 易淤积，清理较困难 3. 会对环境带来热污染影响	1. 冷却水量大 2. 所在地有可利用的河、湖、水库 3. 夏季对冷却水的水温要求不甚严格
喷水池	1. 结构简单，取材方便 2. 造价较冷却塔低 3. 可就地取材	1. 占地面积较大 2. 风吹损失大 3. 有水雾，冬季在附近建筑物上结冰霜	1. 要有足够大的开阔场地 2. 冷却水量较小 3. 有可利用的洼地或水池
开放式冷却塔	1. 设备简单，维护方便 2. 造价较低，用材易得	1. 冷却效果受风速、风向影响 2. 冬季形成水雾 3. 宽度受限制 4. 风吹损失较大 5. 占地面积比较大	1. 气候干燥，具有稳定较大风速的地区 2. 建筑场地开阔 3. 冷却水量较小 喷水式＜ $100m^3/h$ 点滴式＜ $500m^3/h$ 4. 对冷却后水温要求不太严格
风筒式冷却塔	1. 冷却效果稳定 2. 冷却效果受风的影响小，风吹损失小 3. 运行费用低	1. 造价高 2. 冬季维护复杂 3. 在高温、高湿、低气压地区及冷幅高较小时不宜采用	1. 冷却水量大 2. 建造场地较开阔 3. 空气湿球温度偏高地区应经技术经济比较决定
机械通风冷却塔	1. 冷却效果高，也比较稳定 2. 布置紧凑 3. 风吹损失小 4. 可设在厂区建筑物和泵站附近 5. 造价较风筒式冷却塔低	1. 耗电多 2. 机械设备维护较复杂 3. 鼓风式冷却塔的冷却效果易受塔顶抽出湿热空气回流的影响 4. 噪声较大	1. 气温、湿度较高地区 2. 对冷却后的水温及稳定性要求严格 3. 建筑场地狭窄

第四节　其他处理技术

一、均衡调节法

均衡调节法是为了使废水达到后序处理对水质的要求而用清水加以稀释的方法。此法只能使污染物质的浓度下降而其总含量不变，现在用这种方法主要是进行废水的预处理，为以后的各级处理提供方便。因各车间的产品不同，其生产的周期、工序也不同，导致工厂所排放废水的水质和水量会经常变化，使治理设备的负荷不稳定。为了使其保持稳定，不受废水流量、碱度、酸度、水温、浓度等条件变化的影响，一般在废水处理装置之前设置调节池，用来调节废水的水质、水温及水量，使其均匀地注入废水处理装置。有时也可以将酸性废水和碱性废水在调节池内进行混合，使废水得以中和，以达到调节 pH 的目的。

调节池可建成长方形，也可以建成圆形，要求废水在池中能够有一定的均衡时间，以达到调节废水的目的；同时，不可有沉淀物下沉，否则池底还需增加刮泥装置或设置泥斗等，会使调节池结构变得复杂。

调节池容积的大小，需根据废水流量变化幅度、浓度变化规律及要求达到的调节程度来确定。调节池容积一般不超过 4h 的排放废水量，但在特殊要求下，也可以超过 4h。

在容积比较大的调节池中，通常还设置有搅拌装置，用来促进废水的均匀混合。搅拌方式多采用压缩空气搅拌，也可采用机械搅拌。

二、过滤法

过滤的目的是要除去沉淀或澄清后水中的剩余浊度，其是净水厂常规净化工艺中去除悬浮物质的最后一道工序。过滤的功效，不仅在于进一步降低水的浊度，而且水中的有机物、细菌，甚至于病毒都将随着浊度的降低而被大量去除。对滤后水中残留的细菌、病毒等，在失去悬浮物的保护而大部分呈裸露状态时，在滤后消毒中也将很容易被杀灭。这便为滤后消毒创造了有利的条件。但是，对于氨氮离子表面活性剂，臭味、酚类、溶解性有机物等溶解物都不能去除，必须经过特殊方法处理。因过滤的特殊作用，在生活饮用水处理过程中，有时常可省略沉淀池或澄清池等，却唯独不能缺少过滤这一环节，它是保证生活饮用水卫生安全的重要保证。

（一）过滤的基本原理

1. 过滤机理

石英砂滤料粒径常为 0.5～1.2mm，滤料层厚度在 700mm 左右。石英砂滤料新装入滤池后，经高速水流反洗后，向上流动的水流使砂粒呈悬浮状态，从而使滤料粒径自上而下大致按照由细到粗的顺序排列，称为滤料的水力分级。这种水力分级使滤层中孔隙尺寸也由上而下逐渐增大。设表层滤料粒径常为 0.5mm，并假定以球体计，则表层细滤料颗粒之间的孔隙尺寸约 80μm。而经过混凝沉淀后的悬浮物颗粒尺寸大部分均小于 30μm，这些悬浮颗粒进入滤池后仍能被滤层截留，且在孔隙尺寸大于 80μm 的滤层深处也会被截留。故过滤不仅只是机械筛滤作用的结果。

悬浮颗粒与滤料颗粒之间黏附有颗粒迁移和颗粒附着两个过程。过滤时，水在滤层孔隙曲折流动，被水流夹带的悬浮颗粒依靠颗粒尺寸较大时产生的拦截作用、颗粒沉速较大时所产生的沉淀作用、较小颗粒的布朗运动产生的扩散作用、颗粒惯性较大时产生的惯性作用以及非球体颗粒因速度梯度产生的水动力作用，使其脱离水流流线而向滤料颗粒表面靠近接触，这种过程被称为颗粒迁移。水中悬浮颗粒迁移到滤料表面上时，则在范德华引力、静电力、某些化学键及某些特殊的化学吸附力、絮凝颗粒架桥的作用下，附着在滤料颗粒表面上，或附着在滤料颗粒表面原先黏附的杂质颗粒上，这种过程称为颗粒附着。

若水中的悬浮物颗粒未经脱稳，其过滤效果比较差。因此，过滤效果主要由滤料颗粒和水中悬浮颗粒的表面物理化学性质所决定，而无须增大水中悬浮颗粒的尺寸。在过滤过程中，尤其是过滤后期，若滤层中孔隙尺寸逐渐减小，表层滤料的筛滤作用也不能完全排除，快滤池运行中要尽量避免这种现象出现。

根据上述过滤机理，在水处理技术中有了“直接过滤”工艺。直接过滤是指原水不经过沉淀而直接进入滤池过滤。在生产中，直接过滤工艺的应用方式有以下两种。

第一，原水加药后不经任何絮凝设备而直接进入滤池过滤的方式称为“接触过滤”。

第二，原水加药混合后先经过简易微絮凝池，待形成粒径为 40～60 μm 的微絮粒后进入滤池过滤的方式称为“微絮凝过滤”。

2. 滤层内杂质分布规律

在过滤过程中，水中悬浮颗粒在与滤料颗粒黏附同时，还存在因孔隙水流剪力作用不断增大而导致颗粒从滤料表面上脱落的趋势。在过滤初期，滤料层比较干净，孔隙率比较大，孔隙流速比较小，水流剪力也比较小，因而黏附作用占优势。由于滤料在反洗以后会形成粒径上小下大的自然排列，滤层中的孔隙尺寸由上而下逐渐增大，故大量杂质会首先被表层的细滤料所截留。随着过滤时间的延长，滤层中杂质愈来愈多，孔隙率愈来愈小，表层细滤料中的水流剪力也随之增大，脱落作用尤为明显。最后被黏附上的颗粒首先脱落下来，或被水流夹带的后续颗粒不再有黏附的现象，于是悬浮颗粒便向下层移动并被下层滤料所截留，下层滤料的截留作用才逐渐得到发挥。但下层滤料的截留作用还没有完全得到发挥时，过滤就被迫停止。这是因为表层滤料粒径最小，而黏附比表面积最大，截留悬浮颗粒量最多，且滤料颗粒间孔隙尺寸又最小，故在过滤到一定阶段后，表层滤料颗粒间的孔隙会逐渐被堵塞，严重时会产生筛滤作用，从而形成“泥膜”。其结果是：在一定过滤水头下，滤速急剧减小；或在一定滤速下，水头损失达到极限值；或因滤层表面受力不均匀而使泥膜产生裂缝，水流从裂缝中流出，造成短流而使出水水质恶化。当上述情况其中一种出现时，过滤就会被迫停止，从而使整个滤层的截留悬浮固体能力发挥不出来，使滤池工作周期大大缩短。

过滤时，杂质在滤料层中的分布，其分布不均匀的程度和进水水质、滤料粒径、水温、形状、滤速、级配、凝聚微粒强度等多种因素有关。滤层截污量和滤层含污能力是衡量滤料层截留杂质的能力指标。单位体积滤层中所截留的杂质量叫作滤层截污量。在一个过滤周期中，整个滤层单位体积滤料中的平均含污量叫作“滤层含污能力”，单位为 g/cm^3 或 kg/m^3。

（二）滤池的类型

根据滤池设备各种机能变化可分成很多类型的滤池。

（1）按过滤的滤速分有慢滤池、快滤池。

（2）按冲洗方式分有无阀滤池、虹吸滤池、普通快滤池、移动冲洗罩滤池、用汽水冲洗的 V 形滤池等。

（3）按控制机能分有无阀滤池、单阀滤池、双阀滤池、四阀滤池等。

（4）按滤层结构分有单层、双层、三层等。

（5）从水力条件分有重力式和压力式。

滤池虽然种类繁多，但目前使用较为普遍的有普通快滤池（有双阀和四阀）、虹吸滤池及移动冲洗罩滤池。

（三）滤池的运行方式

滤池的运行方式有恒压过滤、恒速过滤和降速（变速）过滤三种。

恒压过滤中，整体过滤周期的盗用水头保持不变。在过滤开始时，滤池的滤层透水性最高，滤速最快。随着滤层被杂质阻塞，滤池透水性逐渐降低。而盗用水压不变，使得过滤水量逐渐减少。恒压过滤的缺点是：对保证滤后水水质不利、需要建造相当大的调节水池。故在水厂中已很少被采用。

在恒速过滤中，作用在滤池系统的盗用总压降也不变，由设置的流量调节器所起的调节作用，滤速也维持不变。在过滤开始滤层清洁时，流量调节器的阻力最大，随着过滤的继续进行，滤层逐渐被杂质堵塞，流量调节器的阻力逐渐减小，这就保持了用于克服过滤的阻力恒定不变，滤速也保持不变。在允许滤池水位自由变化的情况下，为了获得恒速过滤，可以在滤池的进水端装设自由跌落堰室以保持进水流量恒定。由于流量一定，滤池水面则随着过滤阻力的增加而自动上升，滤池滤速也就保持不变。虹吸滤池便属于这种控制方式。

降速过滤也叫变速过滤。降速过滤的滤池进水口常设在最低工作水位以下，并由公用的进水量（或渠道）连通所有的滤池，在每只滤池的进水管上装设大口径浑水进水闸门。这种布置方式的进水总管和进水阀门水头损失很小，使所有运转滤池的工作水位在任何时候都相同。由于所有滤池公用一根进水管配水，若某只滤池的滤料被杂质堵塞而滤速下降，就会迫使其他的运转滤池自动承担起滤层被堵塞的滤池所转移给它的额外流量。降速过滤的优点是出水水质比较稳定、盗用水头较小，但也需要设置比较大的进水阀门。

（四）过滤设备

过滤设备的类型比较多，目前使用较普遍的是压力式机械过滤器和重力式无阀滤池。

1. 机械过滤器

机械过滤器是由钢板制成的圆柱形设备，工作时承受一定的压力，两端装有封头，又被称为压力式过滤器。按进水方式机械过滤器可以分为单流式和双流式；按滤料装填情况可以分为单层滤料和双层滤料。

单流式机械过滤器是一种比较常用的小型过滤设备。过滤时，具有一定压力的水经上部的漏斗形配水装置均匀地分配到过滤器内，并以一定滤速通过滤层，最后经排水装置流出。排水装置在过滤时，汇集清水并阻止滤料被水带出；反洗时，使冲洗水沿过滤器截面均匀分配。过滤时，滤层截留的悬浮杂质愈来愈多，孔隙率愈来愈小，使得水流阻力逐渐增大，出水量随之降低。装设在过滤器进出口的压力表压差达到一定数值后，应停止运行，进行反冲洗。

反冲洗时，水从机械过滤器的下部进入，通过滤层，再从上部漏斗排出。在压力水流的冲击作用下，滤料呈沸腾状态，滤层体积变大；因水力冲刷和滤料间的摩擦，使吸附在滤料表面的泥渣被冲洗掉，恢复过滤器的过滤性能。反洗强度用滤层膨胀高度来反映，其膨胀率应是原滤层的 25% 以上。反洗强度宜适当，既不能冲走滤料，还必须使附着在滤料表面的泥渣冲洗干净，确保过滤效率。为达到彻底反洗的目的，常在反洗时通入压缩空气进行擦洗，并使滤层的膨胀率达到 30% ~ 50%。

2. 无阀滤池

无阀滤池分为压力式和重力式两种。这里着重介绍重力式无阀滤池的构造（如图 7-7）。其操作简单，管理方便且无阀门，在生产上被广泛使用。

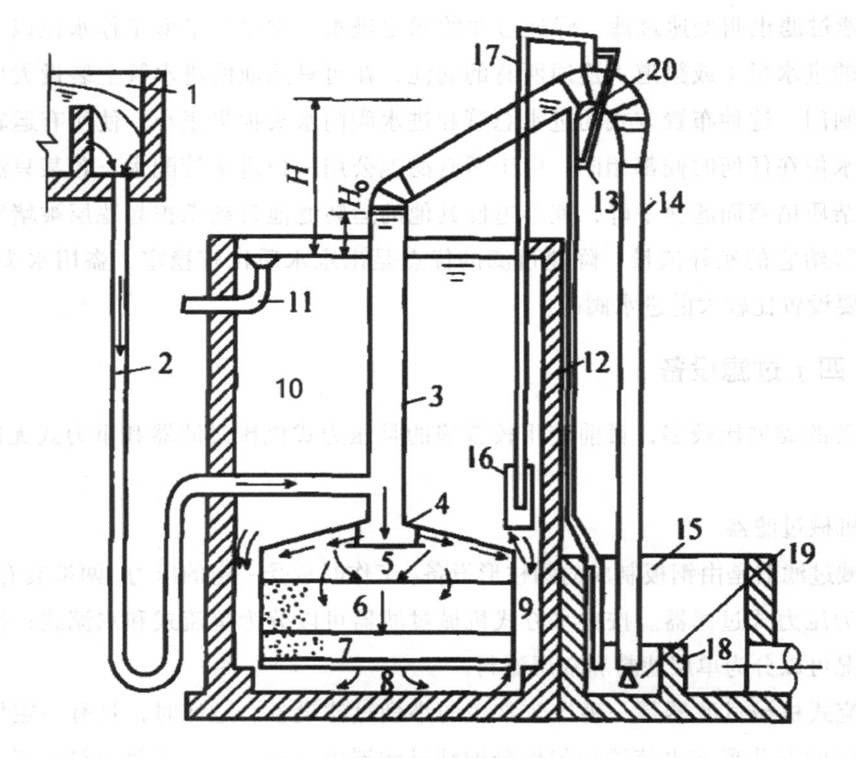

图 7–7 重力式无阀滤池示意图

1——配水槽；2——进水管；3——虹吸上升管；4——顶盖；5——布水挡板；
6——滤料层；7——配水系统；8——集水区；9——连通渠；10——冲洗水箱；11——出水管；
12——虹吸辅助管；13——抽气管；14——虹吸下降管；15——排水井；16——虹吸破坏斗；
17——虹吸破坏管；18——水封堰；19——反冲洗强度调节器；20——虹吸辅助管管口

重力式无阀滤池过滤时的流程：从澄清池的来水经分配堰跌入进水槽，然后经U形管进入虹吸上升管，再从顶盖内的布水挡板均匀地布水于滤料层中，水自上而下地通过滤层，从小阻力配水系统进入集水区后，再通过连通渠到冲洗水箱（出水箱），水位上升至出水管时，水便流入清水池中。

在运行中，滤层不断截留悬浮杂质，阻力逐渐增大，滤速逐渐变慢，虹吸管水位不断升高，当水位升高至虹吸辅助管管口时，水便从虹吸管急速流下，带走虹吸管内的空气，使虹吸管形成真空。这时虹吸上升管中的水会大量越过管顶，沿下降管落下，并同下降管中的上升水柱汇成一股水流快速冲出管口，形成虹吸。虹吸开始后，因滤层上部压力骤降，促使冲洗水箱内的水照着与过滤时相反的流程进入虹吸管，使滤层受到反洗。冲洗废水从水封并排入下水道。在反洗过程中，冲洗水箱的水位逐渐下降，下降到虹吸破坏斗以下时，虹吸破坏管将斗中的水吸光，管内与大气相通而破坏虹吸，反洗结束，转入重新过滤过程。

无阀滤池的结构简单，造价较低，运行管理方便。但因其滤层处于封闭结构中，使滤料进出困难；虹吸管比较高，增加了建筑高度。

三、吸附法

（一）吸附法基本原理

吸附是一种物质附着在另一种物质表面上的过程，可发生在气液、气固、液固两相之间。在相界面上，物质的浓度会自动地发生累积或浓集。在水处理中，主要是利用固体物质表面对水中物质的吸附作用。

吸附法是一种利用多孔性的固体物质，使水中一种或多种物质吸附在固体表面而去除的方法。吸附法可以有效完成对水的多种净化功能，如脱色、脱嗅，脱除重金属离子、放射性元素，脱除多种难以用一般方法处理的剧毒或难生物降解的有机物等。

具有吸附能力的多孔性固体物质叫作吸附剂，如活性炭、活化煤、焦炭、煤渣、吸附树脂、木屑等，其中，活性炭的使用最为普遍。而废水中被吸附的物质被称为吸附质。包容吸附剂和吸附质以分散形式存在的介质被称为分散相。

吸附处理可以作为离子交换、膜分离技术处理系统的预处理单元，用来分离去除对后续处理单元有毒害作用的有机物、胶体及离子型物质，还可作为三级处理后出水的深度处理单元，以获得高质量的处理出水，进而实现废水的资源化应用。吸附过程可以有效地捕集到浓度很低的物质，且出水水质稳定、效果较好，吸附剂可重复使用，结合吸附剂的再生，可回收有用物质。故在水处理技术领域得到了广泛的应用。但吸附法对进水的预处理要求较为严格，运行费用较高。

1. 吸附类型

吸附剂表面的吸附力可分为三种：分子间引力（范德华力），化学键力和静电引力，故吸附也可以分为三种类型：物理吸附，化学吸附和离子交换吸附。

（1）物理吸附

物理吸附是一种比较常见的吸附现象。吸附质同吸附剂之间的分子引力产生的吸附过程叫作物理吸附。物理吸附的特征表现在以下几个方面。

第一，是放热反应。

第二，没有特定的选择性。由于物质间存在着分子引力，同一种吸附剂可吸附多种吸附质，只是因为吸附质间性质的差异，导致同一种吸附剂对不同吸附质的吸附能力也有所不同。物理吸附可以是单分子层吸附，也可以是多分子层吸附。

第三，物理吸附的动力来自分子间的引力，吸附力较小，故在较低温度下就可进行。不发生化学反应，无须要活化能。

第四，被吸附的物质由于分子的热运动会脱离吸附剂表面而发生自由转移，这种现象被称为脱附或解吸。吸附质在吸附剂表面可较易解吸。

第五，影响物理吸附的主要因素是吸附剂的比表面积。

（2）化学吸附

化学吸附是吸附质与吸附剂之间因化学键力发生了作用，使化学性质改变而引起的吸附过程。化学吸附的特征为：

第一，吸附热大，相当于化学反应热。

第二，有选择性。一种吸附剂只对一种或几种吸附质发生吸附作用，且还只能形成单分子层吸附。

第三，化学吸附比较稳定，在吸附的化学键力较大时，吸附反应为不可逆。

第四，吸附剂表面的化学性能、吸附质的化学性质及温度条件等，对化学吸附有较大的影响。

（3）离子交换吸附

离子交换吸附是指吸附质的离子因静电引力聚集到吸附剂表面的带电点上，同时，吸附剂表面原先固定在这些带电点上的其他离子被置换出来，相当于吸附剂表面放出一个等当量离子。离子所带电荷愈多，吸附愈强。电荷相同的离子，其水化半径越小，越容易被吸附。

水处理中，大多数的吸附现象往往是上述三种吸附作用的综合结果。只是由于吸附质、吸附剂及吸附温度等具体吸附条件的不同，使得某种吸附占了主要地位而已。

2. 吸附容量

如果是可逆的吸附过程，在废水与吸附剂充分接触后，溶液中的吸附质被吸附剂吸附，另外，热运动的结果使一部分已被吸附的吸附质脱离吸附剂的表面，又回到液相中去。此种吸附质被吸附剂吸附的过程叫作吸附过程；已吸附的吸附质脱离吸附剂的表面又回到液相中去的过程叫作解吸过程。当吸附速度和解吸速度相等时（即单位时间内吸附的数量等于解吸的数量时），则吸附质在溶液中的浓度及吸附剂表面上的浓度都不再改变而达到动态的吸附平衡。此时吸附质在溶液中的浓度叫作平衡浓度。

吸附剂吸附能力的大小用吸附容量 $q_e(g/g)$ 表示。吸附容量是指单位重量的吸附剂（g）所吸附的吸附质的重量（g）。吸附量可以用式（7-19）来计算：

$$q_e = \frac{V(C_0 - C_e)}{W} \tag{7-19}$$

式中 q_e——吸附剂的平衡吸附容量，g/g；

V——溶液体积，L；

C_0——溶液的初始吸附质浓度，g/L；

C_e——吸附平衡时的吸附质浓度，g/L；

W——吸附剂投加量，g。

温度一定时，吸附容量随着吸附质平衡浓度的提高而增加。通常把吸附容量随平衡浓度而变化的曲线称为吸附等温线。

吸附容量是选择吸附剂和设计吸附设备的重要数据。虽然用这些指标来表示吸附剂对该吸附质的吸附能力，但其与吸附质的吸附能力不一定相符，故还需通过试验确定吸附容量，进行设备的设计。

3. 吸附速度

吸附剂对吸附质的吸附效果，常用吸附容量和吸附速度来衡量。吸附速度指单位重量的吸附剂在单位时间内吸附的物质量。吸附速度属于吸附动力学的范畴，对吸附处理工艺具有实际意义。吸附速度决定了水与吸附剂的接触时间。吸附速度由吸附剂对吸附质的吸附过程所决定。水中多孔的吸附剂对吸附质的吸附过程大致可分为三个阶段。

第一阶段：颗粒外部扩散（又称膜扩散）阶段。吸附质通过吸附剂颗粒周围存在的液膜，到达吸附剂的外表面。

第二阶段：颗粒内部扩散阶段。吸附质从吸附剂外表面向细孔深处扩散。

第三阶段：吸附反应阶段。吸附质被吸附在细孔内表面上。

一般情况下，因第三阶段进行的吸附反应速度很快，故吸附速度主要由液膜扩散速度和颗粒内部扩散速度来控制。

颗粒外部扩散速度同溶液浓度、吸附剂的外表面积成正比，溶液浓度越高，颗粒直径越小；搅动程度越大，吸附速度越快，扩散速度也就越大。颗粒内部扩散速度和吸附剂细孔的大小、构造、吸附剂颗粒大小、构造等因素有关。

4. 影响吸附效果的因素

吸附过程的物料系统包括废水、污染物和吸附剂，所以吸附属于不同相间的传质过程，其机理复杂，影响的因素也有很多，但概括起来是吸附剂的性质、污染物性质以及吸附过程的条件等三个方面的影响因素。

（1）吸附剂的性质。吸附剂的物理及化学性质对吸附效果的影响最大。而吸附剂的性质又和其制作时所使用的原料、加工方法及活化条件等有关。如活性炭处理工业废水的吸附效果决定于它的吸附性（吸附速率）、比表面积、孔隙结构及孔径的分布等。

（2）废水中污染物的性质。活性炭吸附废水中污染物的量受污染物的溶解度、极性、分子大小、浓度及其组成情况的影响。

（3）吸附条件当废水的吸附剂选定之后，吸附效果主要取决于吸附过程的条件，如温度、吸附时间、废水的 pH 等。因此，需要综合考虑，确定适当的温度条件，按适当的接触时间选择好设备装置，通过实验优选吸附的最佳 pH，以确保吸附效果。

（二）吸附工艺和设备

在设计吸附工艺和装置时，应确定采用何种吸附剂，选择何种吸附和再生操作方法及废水的预处理和后处理措施。一般需要通过静态和动态试验来确定处理效果、吸附容量、设计参数、技术经济指标。

吸附操作分为间歇和连续两种。间歇是将吸附剂（多用粉状炭）投到废水中，不断搅拌，经一定时间达到吸附平衡以后，用沉淀或过滤的方法进行固液分离。若经一次吸附，出水仍达不到排放要求时，则需增加吸附剂投加量和延长停留时间或对一次吸附出水进行二次或多次吸附。此种吸附工艺适用于规模小、间歇排放的废水处理。若处理规模比较大，需建造较大的混合池和固液分离装置，粉状炭的再生工艺也比较复杂。故在生产上很少使用。

连续式吸附工艺是废水不断地流进吸附床与吸附剂接触，当污染物浓度降到处理要求时，排出吸附剂。按吸附剂的充填方式，又可以分为固定床、移动床和流化床三种。

吸附法除了对含有机物废水有很好的去除作用，其对某些金属及化合物也有很好的吸附效果。活性炭对汞、锑、铋、锡、钴、镍、铬、铜、镉等均有很强的吸附能力。

（三）活性炭的再生

吸附剂失效后经再生可重复使用。吸附剂的再生，是吸附剂在本身结构不发生或极少发生变化的情况下，用某种方法使被吸附的物质从吸附剂的细孔中除去，从而达到能够重复使用的目的。

活性炭的再生方法有加热法、蒸汽法、溶剂法、臭氧氧化法、生物法等。

1. 加热再生法

加热再生法分低温和高温两种方法。

（1）低温法

低温法适用于吸附浓度较高的简单低分子量的碳氢化合物及芳香族有机物的活性炭的再生。由于沸点较低，通常加热到 200℃即可脱附。常采用水蒸气再生，可以直接在塔内进行再生。被吸附有机物脱附后可利用。

（2）高温法

适用于水处理粒状炭的再生；高温加热再生过程一般分 5 步进行：

第一，进行脱水，使活性炭和输送液体进行分离；

第二，进行干燥处理，加温到 100℃ `150℃，使吸附在活性炭细孔中的水分蒸发出来，同时，部分低沸点的有机物也能挥发出来；

第三，进行炭化，继续加热到 300℃ ~ 700℃，高沸点的有机物在热分解的作用下，一部分变成低沸点的有机物进行挥发，另一部分则被炭化，留在活性炭的细孔中；

第四，进行活化处理，把炭化留在活性炭细孔里的残留炭，用活化气体（如水蒸气、二氧化碳及氧）进行气化，达到重新造孔的目的。活化温度常为 700℃ ~ 1000℃。

第五，进行冷却处理，活化后的活性炭应用水急剧冷却，防止氧化。

活性炭高温加热再生系统是由再生炉、活性炭贮罐、活性炭输送及脱水装置等组成的。

几乎所有有机物均可以采用高温加热再生法再生，再生炭质量均匀，性能恢复率高，通常在 95% 以上，再生时间短，粉状炭仅需几秒钟，粒状炭在 30 ~ 60min，不产生有机再生废液。但是，再生设备造价高，再生损失率高，由于高温下进行工作，再生炉内衬材料的耗量大，且还需要严格控制温度和气体条件。

2. 药剂再生法

药剂再生法分为无机药剂再生法和有机溶剂再生法两类。

（1）无机药剂再生法

无机药剂再生法常采用碱（NaOH）或无机酸（H_2SO_4、HCl）等无机药剂，使吸附在活性炭上的污染物脱附。例如，吸附高浓度酚的饱和炭，可采用 NaOH 再生，脱附下来的酚为酚钠盐。

（2）有机溶剂再生法

用苯、丙酮及甲醇等有机溶剂萃取，吸附在活性炭上的有机物。如吸附含二硝基氯苯的染料废水饱和活性炭，用有机溶剂氯苯脱附之后，再用热蒸汽吹扫氯苯，脱附率可达 93%。

药剂再生设备和操作管理比较简单，可以在吸附塔内进行。但药剂再生，通常随着再生次数的增加，吸附性能明显降低，但需补充新炭，废弃一部分饱和炭。

第八章 污水中水回用工艺

第一节 中水回用概述

一、水资源概况和污水回用的必然性

水是生命活动中最为重要的物质之一，是人类文明不断发展的基础条件。和谐的水环境和丰裕的水资源是人类社会可持续发展的基本前提。然而，随着科学技术的不断进步，工业文明的迅猛发展，人口的持续增加，人类社会正面临着严重的水危机，具体表现为严重的水资源短缺和水环境污染。

水资源是指可供人类直接利用，能不断更新的天然淡水，主要是指陆地上的地表水和浅层地下水。众所周知，水资源紧缺已经成为世界性问题。水资源的贫乏已严重制约着社会经济的发展，广大地区工农业生产的发展在很大程度上受制于缺水。

中国城市缺水现象始于20世纪70年代末，从北方和沿海城市开始，逐步蔓延到内地。工业和城市污水大量任意排放，又使水质污染日趋严重，全国主要江河湖库的水质已受到不同程度污染，符合标准的可供水源急剧减少，进一步加剧了城市缺水的矛盾。城市缺水不仅影响居民生活，造成经济损失，还严重制约着城市的发展。而远距离调水成本高、投资大，资金筹措困难，并受到社会和环境等因素制约，工程实施难度极大。相比之下，开展污水深度处理，使污水成为稳定的再生水源实现污水资源化，不但解决了水体污染问题，而且可以缓解水资源危机。因此，探求高效的污水深度处理技术，实现污水资源化是当前国内外污水处理的主要研究方向。

对于缺水城市而言，仅仅依靠增加水量，并不能有效地解决缺水问题，与此相应地，城市污水的回用就显得比开发建设新水源更重要。

城市废水回用就是将城镇居民生活及生产中使用过的水经过处理后回用。其回用又有两种不同程度的回用：一种是将污、废水处理到饮用水程度，而另一种则是将污、废水处理到非饮用水程度。对于前一种，因其投资较高、工艺复杂，非特缺

水地区一般不常采用，多数国家则是将污、废水处理到非饮用的程度，在此便引出了中水概念。中水概念起源于日本，主要是指城市污水经过处理后达到一定的水质标准，在一定范围内重复使用的非饮用的杂用水，其水质介于清洁水（上水）与污水（下水）之间。中水虽不能饮用，但它可以用于一些对水质要求不高的场合。中水回用就是利用人们在生产和生活中应用过的优质杂排水，经过一定的再生处理后，应用于工业生产、农业灌溉、生活杂用水及补充地下水。

我国一些城市中水回用的实践证明：利用中水不仅可以获取一部分主要集中于城市的可利用水资源量，还体现了水的优质优用、低质低用，利用中水所需要的投资及运行费用一般低于长距离引水所需投资和费用，除实行排污收费外，城市污水回用所收取的水费可以使水污染防治得到可靠的经济保障。可以说，中水的利用是环境保护、水污染防治的主要途径，是社会、经济可持续发展的重要环节。

二、污水回用的对象

城市污水经不同程度的处理后可回用于农业灌溉、工业用水、市政绿化、生活洗涤、娱乐场所、地下水回灌和补充地下水等用途。

（一）污水回用农业

这是一个古老而且永不过时的方向，世界上许多国家都将污水回用于农田灌溉。污水回用往往将农业灌溉推为首选对象，其理由主要有两点：第一，农业灌溉需要的水量很大，污水回用于农业有广阔天地；第二，污水灌溉对农业和污水处理都有好处。仅就对农业而言，能够很方便地将水与肥同时供应到农田。

随着我国人口增长、工农业生产发展，初步估计2030年需增加供水2000亿——2500亿 m^3 才能满足各方面的需要。我国耕地的开发潜力主要在北方，新增加的供水有相当大的部分将用于北方。远距离调水成本高、投资大，资金筹措困难，并受到社会和环境等因素制约，工程实施难度极大。相比之下，开展污水深度处理，进行中水回用;使污水成为稳定的再生水源，实现污水资源化，不但解决了水体污染问题，而且可以缓解水资源危机。

（二）污水回用工业

每个城市，从用水量和排水量看，工业都是大户。一些城市的污水二级处理厂的出水，经适当深度净化后送至工厂用作冷却水、水利输送炉灰渣、生产工艺用水和油田注水等。

（三）污水回用生活

城市生活用水虽然只占城市总用量20%左右，其中有1/3以上是用于公共建筑、绿化和浇洒，其余为居民生活用水。城市道路喷洒、园林绿地灌溉的用水量随着人民生活质量的不断提高，用水量逐年加大。如果不分场合地使用淡水，就会造成不必要的浪费。在人们生活中，不同用途的水对水质的要求也不一样，饮用水要求的水质最高，而对于冲洗厕所用的水质相对要低得多。对于污水回用作为饮用水源，在世界各地有一些不同的意见。一般情况下，当有其他水源可以利用时，人们都不愿意用再生的污水作为饮用水源。虽然直接回用没有发现丝毫的卫生问题，但由于有些溶解物质没有被二级处理除掉，水呈浅黄色，并有泡沫，故用户不爱用。在当前，最慎重的做法是把回收的污水用于非饮用水，在这方面水质是肯定能满足的。对于体育运动（包括和水接触）的游乐用水，必须外观清澈，不含毒物和刺激皮肤的物质、病原菌必须少于合理的数值。回收污水作为游乐用水的适宜性，在很多地区已得到证实。“中水”一词起源于日本，是指生活污水经过处理以后，达到了规定的杂用水水质标准，可作为冲洗厕所、园林浇灌、道路保洁、清洗汽车以及喷水池、冷却设备补充用水等用途的杂用水。中水设施的建设，既减少了因生活污水的排放而造成的环境污染，又节约了水资源，实现了污水的资源化，因而受到了社会的重视。

（四）污水回用于地下水回灌

当前中国许多城市，尤其是北方城市由于水资源紧缺和地下水的过量开采，导致地下水位急剧下降。因此，城市污水厂出水用于地下水回灌通过慢速渗滤进入地下水，既保证了水质，也补充了地下水量，是一种最适宜的地下水补充方式。利用再生水回灌地下水在控制海水入侵上也有许多优点，如能增加地下水蓄水量，改善地下水质，恢复被海水污染的地下水蓄水层，节省优质地面水，不必远距离饮水等。通过地下水回灌而间接回用，然后排放到其他城镇使用的地表水源中，这是被人们所接受的一种办法。

三、污水回用工程的经济技术分析

（一）中水回用的技术可行性

污水回用技术早在20世纪六七十年代以前在日本、美国、德国就开始广泛应用，并且能使处理后的污水达到满足生活用水水质要求的程度。回用处理与通常的水处理并无特殊差异，只是为了使处理后的水质符合回用水的水质标准，在选择回用水处理工艺时所考虑的因素更为复杂。目前，国内的中水回用技术也已非常成熟，并且在部分省、市得到了广泛应用，该技术也得到了相关政府部门的肯定与支持。如一些省市已出台了相关的规定：凡是新建小区规划，没有中水处理设施系统的项目不予审批。

现阶段，经常使用的处理技术有活性污泥法、生物膜法等。处理的方法可分为以下几种类型:一是以生物处理为主，二是以物理化学法处理为主，三是化学处理法，四是物理处理法。

（二）中水回用的经济可行性

污水回用工程的回用量愈大，其吨水投资愈小，吨水成本愈低，经济效益愈显著。国内外同类经验与预算都表明，对城市污水厂二级处理出水，采用混凝—沉淀—过滤—消毒技术处理。从国内已实施的中水工程项目的实际运行情况来看，实施中水回用的其经济效益是相当可观。

中水工程的推广应用，不仅具有很高的经济价值，而且具有一定的政治意义。在商业和企事业用水行业中，水费开支是一项数额巨大的经营费用，在不影响行业正常经营生产的情况下。大幅减少自来水用量，其减少的费用又可以用于企业扩大再生产。

第二节　中水回用工艺技术

一、悬浮载体生物流化床工艺

（一）基本工艺流程

本工艺采用底部进水，上部出水，即原城市污水首先经过缺氧区，在缺氧区采用搅拌器进行搅拌，因搅拌器与调压器及电机连接，使搅拌速度可以调节，控制转速保持在均匀混合泥水、又不打碎颗粒污泥的程度。在该区域既可对有机物进行去除，同时又可满足反硝化反应所需的碳源，然后经过好氧区，进行生物脱氮的硝化过程，硝化液回流至缺氧区进行反硝化，从而完成生物脱氮的过程。该工艺可用于城市污水及高浓度有机废水的处理。

（二）主要设计思想

1. 缺氧段采用悬浮生长系统

反硝化菌均匀分布在整个缺氧池内，在该段内设置可调式污泥搅拌设备，使水相和泥相均匀混合，便于污染物的降解。

2. 好氧段采用悬浮与附着相结合的生长系统

在城市污水生物脱氮系统中通常存在着泥龄的矛盾，好氧自养型细菌世代周期较长，而异养型反硝化菌则世代周期较短，当两类微生物共处一个污泥回流系统时，就不得不将泥龄控制在一个较窄的范围内，致使两类微生物都难以发挥各自的优势。考虑到上述泥龄的矛盾，可以考虑在系统的好氧段投放填料，增加好氧段的生物量，降低污泥负荷，强化系统的硝化功能。但由于活性污泥系统中投放固定型填料，容易发生填料间污泥结团等现象，从而会导致活性污泥法系统处理效率下降，因此考虑在好氧区内投加轻质填料，使其流化，形成三相生物流化床。

3. 采用圆柱形设备

传统活性污泥系统的生物反应器构型多为长方形。而本设备的主体考虑设计成圆柱形，因为根据流体力学原理，圆柱形有利于反应器内混合液处于良好的紊动，保持悬浮状态，减少因剪切造成的污泥颗粒破解，并提高曝气设备的充氧速率。圆形池与方形池相比，有利于混合液旋转并防止死角，减小水头损失。

4. 好氧区及缺氧区体积比的确定

生活污水 TN 去除率与好氧 / 厌氧时间比有着密切关系的。在一个运行周期内，较大好氧 / 厌氧时间比有利于 TN 的去除。如果好氧时间不足，硝化反应不完全，不能为反硝化反应提供足够的 NO_3-N。但是反过来讲，好氧 / 厌氧时间比对反硝化活性也有影响，好氧时间过长，会抑制脱氮酶系的产生，从而降低反硝化活性，所以在工艺设计上确定运行时间参数为：好氧区与厌氧区停留时间比为 2∶1，因此体积比也为 2∶1，即高度比为 2∶1。

此外，该工艺采用的是静置沉淀，沉淀性能好，所需的沉淀时间短。若沉淀时间过长，一方面是设施投资要增大，另一方面由于反硝化作用使 N_2 上浮，影响出水水质，因此沉淀池体积也不能过大。

5. 填料投加量的确定

填料是悬浮载体生物流化床处理设备的核心部分，它作为微生物的载体影响着微生物的生长繁殖和脱离过程，它的性能直接影响和制约着处理效果，本工艺采用的是聚丙烯内部有交叉隔板的空心圆柱体。

为强化系统的硝化功能，应增加填料的装填密度。但由于悬浮填料会对活性污泥絮体产生强烈的扰动，有可能造成活性污泥结构的破坏，从而使整个系统的污泥沉降性能下降，污泥指数上升；此外，装填密度过大，要使系统内保持比较好的气、水、泥混合状态，就必须保证足够的曝气量，使填料处于悬浮状态，导致系统内溶解氧水平较高，在回流系统中携带大量溶解氧进入缺氧区，影响前置反硝化能力的发挥。

因此认为，填料的添加量应在保证系统硝化功能不受影响的基础上，不对悬浮活性污泥的生长构成影响。

6. 缺氧区溶解氧量的控制

反硝化作用受抑制的控制因素之一是进水溶解氧浓度。因此，为尽可能降低缺氧区溶解氧浓度，在水输送过程中，需尽量避免跌水等复氧诱因，污水进入反应设备前也要避免露天储存，否则会对反硝化产生不良影响。考虑到这些因素，本装置是将硝化液用水泵送到高位水箱后，再靠重力回流到设备底部进入缺氧区，所以唯一可以复氧的部分即为高位水箱，因此设计中将水箱设计成密封式，从而避免复氧。

7. 搅拌片及三相分离器的作用

缺氧区内设置搅拌片及三相分离器。通过调节电机转速，可有效控制缺氧区搅拌片的搅拌强度，使缺氧区活性污泥、城市污水进水和回流硝化液能够充分混合，同时又防止因搅拌强度过大而破坏形成的污泥絮体。搅拌片的另一个重要作用是使反硝化生成的氮气等气体及时脱离污泥，并通过三相分离器排出设备。

8. 曝气装置及安放位置

曝气采用鼓风曝气，特制黏砂块作为微孔曝气器，放置在好氧段底部，并可通过空气调节阀对曝气量进行调节。试验中将曝气装置沿设备好氧区底部一侧均匀放置，即筒体一半放置。这是考虑到在本装置中不安装导流装置，而填料质轻，如果底部均匀曝气则会产生填料全部浮到设备顶部的现象。放置在一侧，会使填料在整个床层内上下形成均匀环流，从而保证气、液、固三相均匀接触。在气、水的强烈冲击下，菌胶团不断分裂、更新与扩大传质表面，获取新的氧源和有机营养，从而可进行有效的生物降解，加强传质效率。

9. 布水装置

在生物流化床中布水装置一般位于流化床的底部，它既起到了水的作用，同时又要承托载体颗粒，因而是生物流化床的关键技术。布水的均匀性对床内的流态产生重大影响，不均匀布水可能导致部分载体堆积而不流化，甚至破坏整个床体状态。作为载体的承托层，又要求在床体因停止进水不流化时而不至于使载体流失，并且保证再次启动时不发生困难。目前在生物流化床中常用的布水装置有多孔板、多孔板上设砾石粗砂承托层、圆锥布水结构及泡罩分布板的方式布水。

本工艺中，因下部缺氧区为悬浮生长系统，上部好氧区为生物流化床，下部缺氧区通过搅拌片达到均匀混合。在好氧区与缺氧区之间我们采用了多孔板，保证了布水的均匀性，同时对填料起到承托作用。

（三）生物膜填料的选择及特性

悬浮载体生物流化床工艺的核心部分是在设备好氧区中投加悬浮填料作为微生物附着生长的载体。作为微生物的载体影响着微生物的生长繁殖和脱离过程，它的性能直接影响和制约着处理效果。目前市场上常见的生物填料主要以聚丙烯、聚乙烯、聚氯乙烯或聚酯等为原材料而制成，填料开发的侧重点在填料的比表面积、填料结构与布水、布气性能及生物膜更新等方面。自20世纪80年代以来，国内在填料选择方面已经做了大量研究工作，如清华大学对不同惰性载体，如陶粒、石英砂、褐煤、沸石、炉渣、麦饭石、焦炭等进行了比较系统的性能对比研究。在城市污水及工业废水处理方面，良好的填料应具备较大空隙率和一定的强度，以满足附着生物量增大的要求，防止填料在水力冲刷下破碎，延长使用寿命，从而降低工程运行管理成本。良好的填料需满足以下特性。

1. 良好的水力学性能

填料的水力学特性包括比表面积和结构形状等。填料的表面是生物膜形成和附着的部位，较大的比表面积可以保证反应器内维持较高浓度的生物量。填料的形状结构不仅影响了比表面积，也影响了填料间的水流流态和曝气时的氧转移效率，进而影响了污水和生物膜之间物质和生物膜的更新。一般而言，大的比表面积对污水处理是有益的。但是比表面积越大，反应器越容易被堵塞，在选用时要综合考虑。悬浮填料的空隙率大，气液通过能力大且气体流动阻力小。空隙率也决定了反应器中污水的有效停留时间。空隙率越大，污水的停留时间越长，反应器的容积利用率越高，水流阻力相应越小，从而反应器内部不易堵塞；同时，悬浮填料重量减少，成本也会下降。但是空隙率越高，比表面积、机械强度越小。空隙率一般维持在$0.95m^3/m^3$。

2. 有利于生物膜的附着

填料对微生物的附着性主要取决于填料的物理因素和化学因素。物理因素包括填料表面的粗糙程度和表面孔隙大小，表面粗糙程度决定了挂膜的速度，粗糙度越大，挂膜越快，填料表面孔隙大小决定了微孔毛细作用强度，以及微生物可生产的大小和类型，因而较小的孔隙对游离状态的微生物有较强的截留作用。化学因素主要指填料的表面静电和亲水性。细菌体内的氨基酸所带的正电荷和负电荷相等时，溶液的pH为等电点，以pI表示。一般在2～5（革兰氏阳性菌pI=2～3，革兰氏阴性菌pI=4～5）溶液的pH比细菌的等电点高时，氨基酸中的氨基电离受到抑制，羧基电离，细菌带负电，反之则相反。城市污水pH一般在7.5，所以细菌表面带负电，填料表面正电荷越高，则细菌越容易附着在填料上形成生物膜。另外，细菌属于亲水性粒子，所以提高填料表面的亲水性，可以加快生物膜的形成和附着。

3. 稳定性

废水处理要求填料必须有足够的机械强度，而且物理、化学性质稳定，并能够抵抗废水和微生物的侵蚀，不溶出有害物质。

4. 成本低廉

填料的费用一般占生物膜工程总投资的30% ~ 40%，因此，填料的性能价格比非常重要。一般情况下，为了能够增加反应器内生物量，应选择比表面积较大的填料。

悬浮载体生物流化床工艺中填料具备如下特点。

本工艺采用的是聚丙烯材质悬浮填料。悬浮填料的开发是当前国内外针对固定型或悬挂型填料的不足而引发的一个新的研究动态。聚丙烯填料具有质轻、价廉、耐蚀、不易破碎及加工方便等优点，因此应用较为广泛。本填料为空心圆柱体，内部有交叉隔板，表面呈波纹状，凹凸不平。

二、循环式活性污泥（CASS）工艺

（一）主要工作原理

CASS（Cyclic Activated Sludge System）是在SBR的基础上发展起来的，即在SBR池内进水端增加了一个生物选择器，实现了连续进水（沉淀期、排水期仍连续进水），间歇排水。设置生物选择器的主要目的是使系统选择出絮凝性细菌，其容积约占整个池子的10%。生物选择器的工艺过程遵循活性污泥的基质积累——再生理论，使活性污泥在选择器中经历一个高负荷的吸附阶段（基质积累），随后在主反应区经历一个较低负荷的基质降解阶段，以完成整个基质降解的全过程和污泥再生。

据有关资料介绍，污泥膨胀的直接原因是丝状菌的过量繁殖。由于丝状菌比菌胶团的比表面积大，因此有利于摄取低浓度底物。但一般丝状菌的比增殖速率比非丝状菌小，在高底物浓度下菌胶团和丝状菌都以较大速率降解底物与增殖，但由于胶团细菌比增殖速率较大，其增殖量也较大，从而较丝状菌占优势，这样利用基质作为推动力选择性地培养胶团细菌，使其成为曝气池中的优势菌。所以，在CASS池进水端增加一个设计合理的生物选择器，可以有效地抑制丝状菌的生长和繁殖，克服污泥膨胀，提高系统的运行稳定性。

（二）基本工艺流程

CASS工艺对污染物质降解是一个时间上的推流过程，集反应、沉淀、排水于一体，是一个好氧—缺氧—厌氧交替运行的过程，因此具有一定脱氮除磷效果。采用CASS工艺处理小区污水，出水水质稳定，优于一般传统生物处理工艺，通过简单的过滤和消毒处理后，就可以作为中水回用。

（三）循环式活性污泥工艺优点

与传统活性污泥工艺相比，CASS 工艺具有以下优点。

（1）建设费用低。省去了初次沉淀池、二次沉淀池及污泥回流设备，建设费用可节省 20% ~ 30%。工艺流程简洁，污水厂主要构筑物为集水池、沉砂池、CASS 曝气池、污泥池，布局紧凑，占地面积可减少 35%。

（2）运转费用省。由于曝气是周期性的，池内溶解氧的浓度也是变化的，沉淀阶段和排水阶段溶解氧降低，重新开始曝气时，氧浓度梯度大，传递效率高，节能效果显著，运转费用可节省 10% ~ 25%。

（3）有机物去除率高，出水水质好。不仅能有效去除污水中有机碳源污染物，而且具有良好的脱氮、除磷功能。

（4）管理简单，运行可靠，不易发生污泥膨胀。污水处理厂设备种类和数量较少，控制系统简单，运行安全可靠。

（5）污泥产量低，性质稳定。

（四）循环式活性污泥工艺曝气方式的选择

由于小区大都是居民居住区，对环境的要求比较高，因此污水厂建设时应充分考虑噪声扰民问题和污水厂操作人员的工作环境，采用水下曝气机代替传统的鼓风机曝气可有效解决噪声污染。另外，由于 CASS 工艺独特的运行方式，采用水下曝气机可省去复杂的管路及阀门，安装、维修方便，使用灵活，可根据进出水情况开不同的台数，在保证效果的条件下，达到经济运行的目的。

（五）循环式活性污泥工艺撇水方式的选择

撇水机是 CASS 工艺的关键组成部分，其性能是否稳定可靠直接影响到 CASS 工艺的正常运行。目前，国内外对撇水机仍在进行研究和开发，按照目前所用的原理，撇水机可分为三种类型，即浮球式、旋转式和虹吸式。撇水机研制的关键是解决港水过程中，堰口、导水软管和升降控制装置与水流之间形成的动态平衡，使之可随排水量的不同调整浮动水堰浸没的深度，并随水位均匀地升降，将排水对底层污泥的干扰降低到最低限度，保证出水水质稳定。

三、垂直折流生化反应器（VTBR）污水处理工艺

（一）垂直折流生化反应器原理

VTBR 生化反应器由 2 个或 2 个以上塔式反应器组成，反应器用“特定”直径的

管线以“特定的方式”连接，使反应器中的气体和液体以相同的方向上下折流，折流次数随反应器个数不同而异。反应器高度为5m，反应器内装填生物固定生长的填料。VTBR生化反应器的特点如下。

（1）VTBR生化反应器中气液接触时间可以人为调整（靠调整反应器高度或折流次数）一般在几十分钟到1h，气液接触时间的延长使氧气的利用率大大提高。同时在折流过程中发生汽水的相对摩擦运动（水流向下，气体受浮力作用向上），提高气液传质速率，经测定VTBR的氧传递效率在80%以上。

（2）VTBR由于反应器串联形成一定的静液压力，一般可达到$(2\sim3)\times10^5$Pa，并且首级压力最大，依次递减至常压。此顺序与生化需氧量的变化一致，可以更好地满足供氧需求。因此，该装置在处理高浓度有机废水时也可保证好氧状态，使好氧处理的浓度上限拓宽至5000mg/L（COD）以上。

（3）VTBR在结构上借鉴了深井曝气的特点，技术性能上超过了深井曝气。因为，深井曝气不能装填填料，而VTBR可任意装填填料，使单位容积生物量高达10g/L，相应的容积脱除负荷高到10～15kg/m^3。

（4）VTBR可构成纯好氧处理工艺、纯厌氧工艺、厌氧—好氧串联工艺、厌氧—好氧—厌氧串联工艺等多种工艺，无论哪种工艺均采用密闭的设备，利于气体收集回用或高空排放，使处理车间无异味。

（5）由于采用固定模式生物反应器，生物内源呼吸过程加强，剩余污泥量减少，当处理COD1000mg/L以下的污水时，剩余污泥量很小。

（二）微电解水净化装置原理

微电解水净化装置是以内装颗粒材料作为电极材料，在外加低电压（20～60V）、弱电流（40～100mA）的作用下，对水中降解有机物及COD进行过滤、吸附、电化学氧化还原反应，进而达到脱除COD、色度、除臭、杀菌的目的。

微电解水净化装置是基于电化学基本原理的一种新型水处理设备。其结构特点为：将常规电解槽微型化，利用导体—电介质混合填料组成无数的微型电解槽，使被电解物的游移距离缩短，电解电压减小，能耗与停留时间降低，使之成为高浓度废水预处理及低浓度水深度处理的理想设备。同时，对于饮用水中微量有机物的脱除具有独到之处。

（三）基本工艺流程

生活污水经排水管网收集，进入污水处理系统，首先经过机械格栅，去除水中所含大颗粒悬浮物；然后进入调节池，进行均衡水质及水量调节，并进行预曝气，以减少臭气的产生；调节池内的污水由污水泵提升入 VFBR 生物反应塔，在反应塔内利用微生物完成对有机物的氧化分解过程，去除大部分有机物；经 VTBR 生化反应处理后的废水进入微电解水净化装置，进行深度处理，进一步分解生化处理后剩余的有机物，最终达到设计排放标准或回用。

（四）WJZ–H 型生活污水处理及中水回用技术

1. 基本原理及工艺流程

本装置为水解、好氧与过滤的组合工艺。生活污水经粗、细两道格栅栏后进入提升井，提升后引入好氧污泥稳定池进行水解酸化，经污泥吸附、生物絮凝和生物降解等反应过程，去除大部分的 SS，进一步提高污水的可生化性。成熟的污泥结构密实、性质稳定，含水率较低，可定期清掏并直接用作农肥。经水解酸化后的污水进入接触氧化池（采用水下射流曝气机、圆盘曝气机和高效悬浮填料）进行生物氧化，降解去除大部分有机污染物。脱落的生物膜随污水进入拦截沉淀池，被拦截沉淀后回流至水解酸化池，上清液则经消毒后排放或再经粗 WJZ-H 型生活污水处理过滤和消毒后作为中水回用。

2. 工艺特点

（1）射流曝气机：溶氧率高，省去了鼓风机房和微孔曝气器，全部埋地运行，无噪声。

（2）高效悬浮填料：生物附着力强，易挂膜、更新快，施工维护简单、造价低，水质适应性强。

（3）省去污泥处理系统：降低系统整体造价和运行成本。

（4）紫外—C 消毒装置：省去复杂的消毒系统，无须定期投加药剂，使用安全、方便，杀菌力强、作用快，对人体无害。经紫外线消毒后的回用水，满足洗车、冲厕要求，也能满足浇花、养鱼的要求。

（5）地面造型吸附臭气：不但避免了臭气污染，而且增加了地面景观。

（6）远程监控自动运行；可实现就地和远程的故障报警，可靠性高。

（7）主体为钢筋混凝土结构：节省钢材、造价低、耐腐蚀、强度高、寿命长。

四、地下渗滤中水回用技术

（一）主要工艺原理

在渗滤区内，污水首先在重力作用下由布水管进入散水管，再通过散水管上的孔隙扩散到上部的砾石滤料中；然后进一步通过土壤的毛细作用扩散到砾石滤料上部的特殊土壤环境中，特殊土壤是采用一定材料配比制成的生物载体，其中含有大量具有氧化分解有机物能力的好氧和厌氧微生物。污水中的有机物在特殊土壤中被吸附、凝集并在土壤微生物的作用下得到降解时，污水中的氮、磷、钾等作为植物生长所需的营养物质被地表植物伸入土壤中的根系吸收利用。经过土壤和土壤微生物的吸附降解作用，以及土壤的渗滤作用，最终使进入渗滤系统的污水得到有效的净化。

（二）处理工艺构成

（1）污水收集和预处理系统：由污水集水管网、污水集水池、格栅和沉淀池等组成。

（2）地下渗滤系统：由配水井、配水槽、配水管网、布水管网、散水管网、集水管网及渗滤集水池组成。

（3）过滤及消毒系统：根据所需目标水质选择一定形式的过滤器、提升设备及加氯设备。

（4）中水供水系统：由中水贮水池、中水管网及根据用户所需的供水形式选择的配套加压设备组成。

（三）工艺特点

地下渗滤技术与以往所采用的传统工艺相比，具有以下显著特点。

（1）集水距离短，可在选定的区域内就地收集、就地处理和就地利用。

（2）取材方便，便于施工，处理构筑物少。

（3）处理设施全部采用地下式，不影响地面绿化和地面景观。

（4）运行管理方便，与相同规模的传统工艺相比，运行管理人员可减少 50% 以上。

（5）由于地下渗滤工艺无须曝气和曝气设备，无须投加药剂，无须污泥回流，无剩余污泥产生，因而可大大节省运行费用，并可获得显著的经济效益。

（6）处理效果好，出水水质可达到或超过传统的三级处理水平且无特殊需要，渗滤出水只需加氯消毒即可作为冲厕、洗车、灌溉、绿化及景观用水或工业回用。

当用户对再生水回用有较高要求时，宜采用过滤器过滤，以便进一步去除水中的有机物和悬浮物，获得更好的水质。过滤器的类型可根据目标水质的不同进行选择。如用户无特殊要求时，则无须设过滤装置，渗滤处理出水只需加氯消毒即可直接满足回用要求。

加氯装置选用小型壁挂式 ZLJ 型转于加氯机，运行管理十分方便。

五、新型膜法SBBR系列间歇充氧式生活污水净化装置

新型膜法SBBR系列间歇充氧式生活污水净化装置广泛应用于独立的开发区居民生活小区、城镇污水处理厂以及综合性超市、餐饮、桑拿休闲中心、度假村和医院等废水的处理，能够稳定达到国家污水综合排放标准，处理后的水可作中水回用。

（一）基本原理

新型膜法SBBR处理工艺路线为“水解沉淀＋生物过滤＋SBR生物接触氧化＋沉淀过滤”的组合工艺，适合于生活污水和可生化性较好的有机废水处理。

（二）基本工艺流程

SBBR典型工艺流程：污水首先经格栅自流入水解沉淀池和生物滤池进行强化性的水解酸化，将污水中的不溶性有机物在水解菌作用下水解为溶解性的有机物，将大分子物质转化为易生物降解的小分子物质，经过处理的污水十分有利于后序好氧生化处理。装置后段的SBR——生物接触氧化生化处理单元，具备传统SBR的主要功能，特别是污水经过水解酸化处理后，处理效率更高。该单元中“潜水泵＋水下射流曝气系统”的工艺既可对生化二池定量送水，又可进行曝气充氧，两者合一。池中投放有高效球型悬浮填料，代替了传统的活性污泥，保障池中高浓度的活性微生物不流失，从而保证较高的去除率和耐冲击，且无须污泥回流，该处理单元还具有硝化、反硝化的功能。

（三）主要工艺特点

（1）“水解沉淀＋生物过滤”为专利技术，具有强化水解酸化的作用，在生物滤池中安装有廉价白砾石填料，滤料中间安装有多组导流管和引流管形成滴流状态，从而使生物滤池具有不易堵塞且去除污染物效率高的特点。这一单元也能起到水量调节的作用（不需再设调节池）。

（2）SBR生物接触氧化处理装置由集水井中液位计根据液位的高低实现自动控制，控制和管理操作简便。运行过程为静止等待、曝气充氧过程交替进行。该单元硝化和反硝化的效果较为明显。

（3）水下射流曝气：溶氧率高达20%，省去了鼓风机曝气系统，且无噪声污染。

（4）提升泵与射流曝气器组合为一体，利用污水提升的动能同时实现曝气的功能，可节省电耗40%，达到微动力处理要求。

（5）由液位计控制泵和曝气器的运行，实现运行与排水高低峰相一致，避免了不必要的动力消耗，代替了传统的SBR所需的PLC程控机和淹水器系统，简化了复

杂的处理设备。

（6）污泥主要通过厌氧硝化进行分解，多余的少量污泥定期使用环卫吸粪车抽吸外运，省去了污泥处理系统。

（7）采用地埋管与高楼落雨管相接而进行高空稀释排放，避免了臭气污染。

（8）生化池中投放球型悬浮填料，具有高负荷、耐冲击以及污泥寿命长等优点。

（9）在低浓度的条件下也能保持较高的去除率。

六、连续微滤一反渗透技术

（一）连续微滤技术概述

连续微滤技术属于压力驱动型膜技术，是迄今为止应用最广的膜技术。它是去除水中 0.1 ~ 10μm 颗粒的一种方法，使用具有不同孔径的分离过滤性能的薄膜，从而使废水中大于膜分离孔的污染物被去除；有用的物质也可以通过膜的截留而保留下来，在处理废水的同时将有价值的物料得以回收。20 世纪 60 年代，微滤膜技术开始被应用于污水处理。连续微滤（CMF）是膜过滤的新技术，它消除了全量死端过滤方式存在的弊端，从而使微滤膜分离工艺的效率和实用性大大提高，完全满足长期稳定运行的要求，是一种极有前途的过滤方式。

（二）连续微滤技术主要原理

连续微滤系统（CMF）是以微滤膜为中心处理单元，配以特殊设计的管路、阀门、自清洗单元、加药单元和自控单元等，形成闭路连续操作系统。当污水在一定压力下通过微滤膜过滤时，就达到了物理分离的目的。系统还配备外压清洗和气洗工艺。连续微滤系统主要是由微滤膜组件、给水泵、管路、电磁阀、调节阀以及控制系统和反冲洗系统等组成。操作压力 0.3 ~ 1kg/cm。膜寿命为 5 ~ 7 年。

七、高效纤维过滤工艺

（一）工艺原理

高效纤维过滤技术是采用新型纤维素作为滤元，滤料单丝直径为几微米到几十微米，过滤比阻小，具有极大的比表面积，弥补了粒状滤料的过滤精度。由于滤料精度不能进一步缩小的限制，微小的滤料直径极大地增加了滤料的比表面积和表面自由能，增加了水中滤料的吸附能力和水中污染颗粒与滤料的接触机会，提高了截污效率和过滤容量。纤维素清洗方便、耐磨损、使用寿命长。

（二）技术特性

高效纤维过滤设备适用水质范围宽，SS 在 10 ~ 1000mg/L 都可以使用该种技术；过滤效率高，对 SS 的去除率可以到 100%；过滤速度快（20 ~ 120m/h）；截污容量大（30 ~ 120kg/m³）；自耗水率低（1% ~ 2%）；不需要更换滤元（滤元使用寿命不低于 10 年）。

（三）应用领域

高效纤维过滤技术可有效去除水中的悬浮物、有机物、胶体等物质，达到国家杂用水水质标准和景观用水和循环冷却水水质要求。现在广泛地应用于电力、石油、化工、冶金、造纸、纺织、游泳池等各种工业用水和生活用水的回用处理。

第三节　中水回用技术在城市发展中的应用

一、现阶段的中水处理工艺分析

我国城市中水的水源主要源自于生活污水、生活废水以及冷却水等，按照现阶段的水源水质情况可以将其水源进行更细致的划分，如杂排水、低质杂排水、高质杂排水，工作人员需要根据实际情况对水源的处理方法工艺进行选择，现阶段较为常见的方法有物化法、膜处理法以及活性污泥法等，以保证其方法可以提升水质。

（一）物化法处理工艺

灵活应用现阶段混凝沉淀技术与活性炭相结合，充分发挥出吸附与沉淀的功能进行处理，达到最终的处理目的。物化法属于传统的工艺，该工艺技术的流程比较完善，成熟度较高，污泥产量较少，但实际处理过程中需要较大的占地面积，难以保证出水量平衡，工作人员控制较为困难，出水水质较差。

（二）活性污泥法处理工艺

活性污泥法现阶段的种类较多，在实践应用中主要有三种。

1.SBR 法

该方法的处理需要经过多个流程，首先污水进入隔栅与调节池，经过提升泵后进入 SBR 池，其次经过混凝沉淀工序，做好过滤处理，最后进行消毒后出水。在该处理流程中，其原理为好氧、缺氧以及厌氧的交替处理，以保证其处理效果。该方法的资金投入较少，并且污泥产量较少，工作人员可以便捷地对水量进行平衡调节，但该处理周期较长，出水水质较差。

2.CASS 法

该方法是基于传统的 SBR 法，在 SBR 池前端根据实际设计缺氧生物反应区，并实现连续的进水与间歇进水，其工艺流程为污水进入隔栅与调节池中，经过提升泵进入CASS池，最后经过消毒后进行出水。相对比该方法更有效地降低了资金的投入，降低占地面积与投资，并保证其整体的费用降低，提升其运行的稳定性，减少污泥的产量，并保证其水质。

3. 膜处理法

该方法在应用过程中主要经过多个流程，首先污水进入隔栅与调节池中，经过提升泵后进行曝气沉沙与水解脱硝，加氯接触氧化池，最后进行消毒过滤后出水。该方法的需氧量较大，并且水质良好，但需要定期进行生物膜更换，并做好噪声处理。

二、中水回用技术在城市发展中的实践

（一）中水回用在城市绿化中

随着城市的不断发展，现阶段中水回用技术在城市中的应用范围越来越广泛，充分发挥出自身的作用进行污水处理，以提升水资源的利用效率，满足可持续发展需求。尤其是在当前的时代背景下，城市生活废水与污水量逐渐增大，导致水资源不断减少，并出现大量的环境污染情况，需要合理的应用中水回用技术进行水资源节约，以降低水资源的消耗，满足现阶段的发展需求。城市污水与废水问题已经成为现阶段城市发展中一个重要问题，只有合理解决其问题才能促使城市实现可持续发展，以满足现阶段的水资源节约要求。文明程度的发展与建设促使城市绿化受到人们的重视，造成绿化的需水量不断提升，中水的出现正好为城市绿化用水提供选择，提升水资源的利用效率。

（二）中水回用在居民生活中的应用

在我国的城市发展过程中，为进一步促使水资源的利用效率提升，现阶段部分城市积极进行城市污水再生利用专项规划，从多个角度进行处理，如对于现阶段建设的住宅小区应建立完善的建设中水系统，并根据人口数量进行中水回用量控制，做好相关的处理工作，保证小区在建设过程中设计完整的中水回用处理站，灵活利用中水供给人们使用；如进行生态浇灌、环境优化、绿化灌溉、洗车、冲厕等，提升水资源的利用效率，减少一次水资源的使用量。对于现阶段已经建设完成的小区，如果其小区的绿化面积与道路面积较大，则需要对绿化灌溉与道路面积进行合理的

灌溉与洒水量控制，并在小区内建设中水回用处理站，利用再生水供给小区的生态环境与生态用水。对于城市中的大型商务楼、饭店、公寓、宾馆、科研单位、文化体育设施等场所，如果其建筑面积较大，应对其建设中水处理站，充分利用中水进行日常应用。如建筑的冲厕、绿化、道路清扫、车辆冲洗、消防用水等，建立良好的中水处理站，同时根据实际情况建立完善的循环用水系统，提升水资源的利用效率，为人们提供充足的水资源，保证人们日常生活。

（三）中水回用技术在城市中应用创新

中水回用技术对于城市发展来说具有积极的促进意义，可以有效促使城市发展，在满足人们用水需求的基础上实现水资源的最大化处理，以提升水资源的利用效率。但在实际的技术应用过程中，还存在一些不足，需要从多个角度进行创新，解决技术中存在的问题。例如，现阶段中水回用技术在应用过程中，还存在一些管理问题，在设计管理中存在不足，影响中水回用效率与效果。中水工程受自身因素影响呈现出明显的特殊性，要求应用的技术整体成熟，具有较强的经济性，在实际操作中可以便于管理控制，并提升运行稳定性，出水水质良好，符合用水需求。但现阶段的中水回用技术还存在一些不足，影响整体的处理效果，需要进一步进行创新。处理工艺不合理也是现阶段存在的主要问题，由于工作人员的设计问题，对部分环节考虑不周，最终影响处理效率，难以保证施工质量，降低后期的运行效果。工作人员应针对其实际情况做好各个环节的控制，进行合理的运行控制，以提升水资源的利用效率。

（四）做好维护与维修工作

在进行中水回用技术应用过程中应合理选择技术，做好中水回用处理站的维护与维修工作，避免出现故障，提升资源的利用效率，提高技术水平，并解决中水回用的技术水平。例如，现阶段中水水价低廉，降低了中水的成本效益，同时难以保证系统的后期维护，影响系统的运行。部分城市在发展建设过程中，存在中水管道建设不足情况，未能明确中水回用技术的重要性，导致相关的配套设施不完善，部分管道老化，需要及时进行合理的整改。投融资渠道狭窄也是中水回用技术应用中存在的问题，主要的原因是现阶段我国相关的政策法律不完善，未能为其提供良好的支撑。应积极进行完善，从多个角度进行协调，加强中水回用过程整体的控制，建立完善的法律法规，分析中水回用技术涉及的行业，如绿化、环保、市政、农业、水利、卫生等，进行统一的管理，满足现阶段的发展需求。积极进行宣传，向民众宣传中水回用的优势，并促使城市居民了解中水水质，逐渐养成习惯，提升水资源的利用效率。

综上所述，在当前的时代背景下，水资源的可持续发展不断深化，促使中水回用技术成为人们重点研究的方向，充分发挥出其技术优势，提升水资源的利用效率，缓解水资源紧张情况，保证城市供水的可靠性，为我国城市的发展奠定良好的基础，同时为城市的分质供水营造良好的环境，推动城市经济可持续发展。

第九章 污水处理的综合系统设置

第一节 无动力多级厌氧复合生态处理系统

一、无动力多级厌氧系统的基本原理

厌氧处理生物技术如果有适合的后处理方法相配合，可以成为分散型生活污水处理模式的核心手段，这一模式较之于传统的集中处理方法更具有可持续性和生命力，尤其适合发展中国家的情况。针对资金短缺、能源不足与污染日益严重的国家，特别适合我国国情的一种技术。但因为单独的厌氧对氮、磷等营养元素基本上没有什么去除能力，污水中的氮、磷会使水体富营养化。同时单独的厌氧处理也不能很好地除去病菌，厌氧出水通常情况下不能达到国家的排放标准。因此，单独的厌氧处理还只能作为一种预处理，必须选择合适的后续处理单元。

基于上述背景，在实施的乡村清洁工程示范过程中，针对单户或联户生活污水的处理，基本形成一套成熟的厌氧处理与复合生态床相结合的处理方法，简称无动力多级厌氧复合生态处理系统。

该系统主要由 2 ~ 3 格厌氧池和 1 格由比表面积较大的沙砾石、细土等为基质的复合生态床组成，其中各池之间靠管道连通，污水在池内停留时间为 5 ~ 7 天。生活污水经过厌氧处理，生活污水中悬浮物可以沉淀，难降解有机污染物被厌氧微生物转化为小分子有机物。复合生态床表面可种植水生生物，包括如美人蕉等观赏植物。复合生态床除起到过滤作用以外，有植物的床体还能够提高处理效果。主要归纳为：一是植物的生长改变生态床的流态。不同组合的植物根系发达，并且纵横交错，输氧能力强，生长的植物根系和茎秆对水流的阻碍作用有利于均匀布水，延长水力停留时间。二是植物的根系创造有利于各种微生物生长的微环境，植物根茎的延伸会在植物根系附近形成有利硝化作用的好氧微区，同时在远离根系的厌氧区里含有大量可利用的碳源，这又提供了反硝化条件。三是植物生长对各种营养物尤其是硝酸盐氮具有吸收作用。而污水经厌氧“粗”处理后，后续“精”处理单元的

负荷相对较小，这样可节省生态床的占地面积，污水中的悬浮物经厌氧反应器处理后，大部分能被有效去除，这样也可防止生态床堵塞。因此，这种组合，不但能有效地去除有机物，而且能有效解决目前污水处理中难以做到的氮、磷皆能达标的难题。

二、无动力多级厌氧系统的技术流程

无动力多级厌氧复合生态处理系统工艺流程说明。

（一）污水收集系统

该系统处理对象一般以厨房和洗浴房产生的污水为主，将下水管道与污水管道之间采用暗槽相连，并在入井口处另做格栅以隔除粗大颗粒物。

（二）处理池由厌氧发酵池和复合生态床组成，形成一体化结构

厌氧发酵池由 3 个格组成，预制均可，以“目”字形为主要类型，若受地形限制，“品”字形摆布也可。容积达到污水停留时间为 5 ～ 7 天为宜。3 格池有效深度应不少于 1 米，1 ～ 3 格容积比例一般为 2 ： 1 ： 3。厌氧发酵池的第 1 格主要作用是调节水量，同时在某种程度上也具有均匀水质和初沉的作用，可调节后续处理系统的用水量。第 2、3 格对污水中有机污染物进行有效降解，有利于复合生态床处理。

（三）处理池总容积的计算

$$V = Q \cdot T \tag{9-1}$$

式中 V——升流池设计容积（立方米）；

Q——预计升流池处理水量（立方米 / 小时）；

T——污水在升流池中滞留时间（小时）。

T 一般取为 6 ～ 7 天，目前在农村示范成功的池型有 3 立方米和 4.5 立方米两种。

（四）复合生态床结构

复合生态床是处理系统中的主要构筑物，是以一个或两个滤池组合而成的矩形的砖结构物。池内填装有沙砾和人工土等基质。

（五）沙砾和人工土的组成和厚度

1. 沙砾层

由不同粒径沙砾组成，一般分为 3 ～ 4 层沙砾粒径 ϕ10 ～ ϕ80。沙砾也可以采用其他多孔、比表面积大的无机基质，如煤渣替换，可以提高处理效果，但成本要高。沙砾层厚度一般 30 ～ 40 厘米。

2. 人工土的选配

从水处理角度来说，自然土壤本身就具有自净能力。污水通过土体后能得到净化，主要是依靠土壤的生态系统的功能。土壤中存在的种类繁多，数量庞大的各种细菌、真菌、放线菌、藻类、原生动物等，是维持土生态系统和完成生态系统功能中物质和能量转化的不可缺少的组成部分，它们是土壤生态系统中物质和能量循环的分解者和转化者。因此，在人工土的物质组成上选择了沙、高肥沃的耕层壤质土和草炭为原料。沙是人工土具有一定通透能力的基本骨架，肥沃耕层土是生物活性接种剂，草炭是起推动和维持生物活性的能源和营养源。用不同组成配比并考虑今后取材方便，沙料选用了通常建筑用沙，按细沙、中沙、粗沙三个档次分别配制成人工土。

根据美制与苏制的土壤质地分类系统和我国目前土壤质地分类系统，并按各粒级的相对含量，用“细沙”配制的人工土属砾质细沙土，用“中沙”配制者为粗沙土，而用“粗沙”配制者应属砾质粗沙土。

因此，采用一般建筑用含砾质的粗沙为原料是较理想的人工土配制材料。这样由于处理水量增大 6 倍，相应基建投资和污水处理的运转费也将大大降低。

人工土厚度一般取 10 ~ 20 厘米。

三、工艺设计和设计参数

以处理一家 3 ~ 6 口人家庭生活污水为例，建污水处理系统为 3 立方米。

该处理池具体尺寸 2340 毫米 ×1240 毫米 ×1500 毫米，处理池分为 4 格，净空尺寸：第 1 格 400 毫米 ×1000 毫米 ×1500 毫米，第 2 格 200 毫米 ×1000 毫米 ×1500 毫米，第 3 格 600 毫米 ×1000 毫米 ×1500 毫米，第 4 格 800 毫米 ×1000 毫米 ×800 毫米。

四、无动力多级厌氧系统的技术特点

该处理系统工艺流程简单，出水水质好，抗冲击力强，无须采取人工曝气、污泥回流、混合搅拌等措施，也就不存在大型的处理机械和复杂的操作控制系统，所以运行管理工作极为简单，不需要有大量训练有素的操作管理人员，非常适宜目前我国农村迫切需要经济、高效、节能、技术先进可靠的污水处理工艺和技术，即所谓的“三低一高”（低基建费用、低运行费用、低维护费用和高处理效率）技术。

第二节　厌氧—人工湿地组合处理技术

一、人工湿地的相关概念

人工湿地是一种由人工建造和监督控制的与沼泽地类似的地面，它利用自然生态系统中的物理、化学和生物的三重协同作用，通过过滤、吸附、共沉、离子交换、植物吸收和微生物分解来实现对污水的高效净化。实践表明，与其他处理污水的方法相比人工湿地系统具有高效率、低投资、低运行费、低维护技术、基本不耗电即“一高三低一不”的特点。

人工湿地是在一定长宽比及底面坡降的洼地中，由土壤和填料（如砾石等）混合组成填料床，废水可以在床体的填料缝隙中流动，或在床体的表面流动，并在床的表面种植具有处理性能好，成活率高，抗水性能强，生长周期长，美观及具有经济价值的水生植物（如芦苇等），形成一个独特的生态环境，对污水进行处理。

人工湿地是一个综合的生态系统，具有缓冲容量大、处理效果好、工艺简单、投资少、耗电低、运行费用低等特点，它应用生态系统中物种共生、物质循环再生原理，结构与功能协调原则，在促进废水中污染物质良性循环的前提下，充分发挥水资源的生产潜力，防止环境的再次污染，获得污水处理与资源化的最佳效益。它具有环境效益、经济效益及社会效益，是一种较好的废水处理方式。

按照工程设计和水体流态的差异，人工湿地污水处理系统可以分为表面流湿地、水平潜流湿地和垂直流湿地三种主要类型。各类型在运行、控制等方面的诸多特征存在着一定差异。其中，表面流湿地不需要沙砾等物质作填料，造价较低，但水力负荷较低。该类型在美国、加拿大、新西兰、瑞典等国有较多分布；水平潜流湿地的保湿性较好。对生物化学需氧量、化学需氧量等有机物和重金属等去除效果好，受季节影响，目前在欧洲、日本应用较多；垂直流湿地综合了前两者的特点，但其建造要求较高，至今尚未广泛使用。

二、技术原理

（一）厌氧—人工湿地系统的工作原理

关于厌氧工艺的原理，对厌氧工艺原理较全面和较准确地描述是三阶段、四阶段理论。

20 世纪 70 年代研究发现一种被称为“奥氏产甲烷菌”的细菌，实际上是由两种细菌共同组成的，一种细菌首先把乙醇氧化为乙酸和氢气，另一种细菌利用氢气和二氧化碳产生甲烷，因而，提出了“三阶段理论”。

三阶段理论：水解、发酵阶段；产氢产乙酸阶段为产氢产乙酸菌，将丙酸、丁酸等脂肪酸和乙醇等转化为乙酸、氢气 / 二氧化碳；产甲烷阶段为产甲烷菌利用乙酸和氢气、二氧化碳产生甲烷。一般认为，在厌氧生物处理过程中约有 70% 的甲烷产自乙酸的分解，其余的则产自氢气和二氧化碳。

四阶段理论（四菌群学说）：同型产乙酸菌是将氢气 / 二氧化碳合成为乙酸。但实际上这一部分乙酸的量较少，只占全部乙酸的 5%。

厌氧生物处理技术是我国水污染控制的重要手段。我国当前的水体污染物还主要是有机污染物以及营养元素氮、磷的污染。目前的形势是：能源昂贵、土地价格剧增、剩余污泥的处理费用也越来越高；厌氧工艺的突出优点是能将有机污染物转变成沼气并加以利用，运行能耗低，有机负荷高，占地面积少；污泥产量少，剩余污泥处理费用低。

厌氧消化过程中的主要微生物包括发酵细菌（产酸细菌）、产氢产乙酸菌、产甲烷菌等。

发酵细菌（产酸细菌）。其主要功能：水解——在胞外酶的作用下，将不溶性有机物水解成可溶性有机物；酸化——将可溶性大分子有机物转化为脂肪酸、醇类等。主要细菌：梭菌属、拟杆菌属、丁酸弧菌属、双歧杆菌属等。水解过程较缓慢，并受多种因素影响（酸碱度、有机物种类等），有时会成为厌氧反应的限速步骤。产酸反应的速率较快，大多数是厌氧菌，也有大量是兼性厌氧菌，可以按功能来分：纤维素分解菌、半纤维素分解菌、淀粉分解菌、蛋白质分解菌、脂肪分解菌等。

产甲烷菌。严格厌氧微生物培养技术主要功能：将产氢产乙酸菌的产物——乙酸和氢气 / 二氧化碳转化为甲烷和二氧化碳，使厌氧消化过程得以顺利进行。一般可分为两大类：乙酸营养型和氢气营养型产甲烷菌。一般来说，乙酸营养型产甲烷菌的种类较少，但在厌氧反应器中，有 70% 左右的甲烷是来自乙酸的氧化分解。

人工湿地处理污水的原理较为复杂，目前还没有较为深入的研究。一般认为主要有以下几个作用。

（1）物理沉积：污水进入湿地，经过基质层及密集的植物的茎叶和根系，使污水中的悬浮物固体得到过滤，并沉积在基质层中。

（2）化学反应：污水中许多污染物可以通过化学沉淀、吸附、离子交换等化学反应过程得以去除。化学反应是否显著取决于基质的化学成分。例如，含碳酸钙较多的石灰石有助于磷的去除，含有机物丰富的土壤有助于吸附各种污染物。

（3）生化反应：生化反应对去除有机污染物起主要作用。生长在湿地中的挺水植物通过叶吸收和茎秆的运输作用，将空气中的氧气（O_2）转运到根部，再经过植物的根部表面组织扩散，在根须周围形成好氧区，这样在植物根须周围就会有大量好氧微生物将有机物分解。在根须较少的地方将形成兼性区和厌氧区，发生兼性微生物和厌氧微生物降解有机物的作用。由于这种基质中好氧区和厌氧区的同时存在，十分利于硝化和反硝化反应的进行，从而达到除氮效果。

应用厌氧—人工湿地组合处理技术具有以下优点。

第一，采用厌氧—人工湿地组合处理技术解决了单一处理工艺无法实现达标排放的弊端。传统人工湿地处理技术有机负荷太高，单独应用处理农村污水一般不能使污水水质达标，而应用厌氧—人工湿地组合处理技术可以大幅度降低污水中有机物含量，减小了人工湿地负荷，可以使污水达到农田灌溉水质标准；同样，单独采用厌氧处理技术一般也无法达标排放。

第二，传统人工湿地占地面积太大，而采用这种组合处理工艺使厌氧处理单元减小了人工湿地的压力，从而可以大大缩小人工湿地的占地面积。

第三，厌氧处理单元可以去除污水大量的悬浮物质，避免人工湿地由于长时间运行造成堵塞现象。

第四，单独采用厌氧处理技术，出水一般会产生恶臭气味，采用潜流式人工湿地或在人工湿地中设置部分区域为潜流式湿地可以杜绝臭味的产生。

第五，可以实现处理和回用一体化，利用污水处理过程，合理选配水生或半水生及湿生植物，建造生态景观，美化生活环境。

（二）工艺流程

厌氧—人工湿地组合处理技术处理农村污水一般工艺流程如下。

1. 一级厌氧段

产甲烷菌在厌氧条件下繁殖，降解部分有机物，小分子的氨基酸降解为甲烷，大分子的蛋白质降解为小分子有机酸和沼气。设置U形水封，使沼气逸出。

2. 悬浮填料厌氧段

厌氧反应器中放置悬浮填料，没有降解完全的有机物在产甲烷菌的作用下得到进一步的降解，悬浮污泥在上升的过程中可附着在填料表面，微生物在填料上生长繁殖，使处理效率升高，同时可以阻止悬浮污泥随水流走，即使发生污泥膨胀，也能使出水水质得到有效保证。另外设置U形水封，使沼气逸出。

3. 人工湿地

人工湿地系统是在芦苇、香蒲等耐水植物和土壤、填料的作用下通过物理沉降，植物根系阻截吸收，土壤、填料的表面吸附，微生物的代谢作用等去除厌氧段出水中的剩余有机物、悬浮物、氮、磷等污染物质。由于维管束可向根系输送光合作用产生的氧，因此在芦苇根系的周围可以保持较高的溶解氧，利于好氧及兼性微生物如硝化菌、反硝化菌、聚磷菌的繁殖，脱氮除磷，同时植物本身也能以无机盐的形式吸收氮、磷等污染物质，一系列复杂的生物物理化学作用能使水在人工湿地中得到彻底净化。人工湿地由多段组成，多级处理。各段高程逐级下降，水流靠重力完成在各段间的分配，第一级为上流式，填料分两层，上层为黏土，下层为鹅卵石（粒径 10 ~ 30 毫米），鹅卵石下面是集水池，集水池内设网状格段，各格段相通，均匀布水，格段的尺寸比鹅卵石略小，为上层的鹅卵石和黏土提供支撑，上流水经过填料后经溢流堰由上部进入第二级。第二级为下流式，填料种类与第一段相同，填料以铸铁多孔板篦支撑，水流进入底部的集水池，集水池与第三级处理的集水池相通，三级处理填料上层为石英砂，下层为鹅卵石，配水方式与第一段相同。出水经过鹅卵石和石英砂的过滤作用彻底净化，由溢流堰溢出。

三、厌氧—人工湿地组合处理技术的应用

（一）适用范围

厌氧—人工湿地组合处理技术适用于农村生活污水处理、农村农产品深加工废水处理以及农村畜禽养殖废水的处理，也适用于中小城镇、农村城镇化试点区及大城市周边未连入市政排污管道生活小区的生活污水的分散处理，同样适用于一些宾馆、别墅区的生活污水处理。

（二）处理规模的确定

利用厌氧—人工湿地组合处理技术处理农村污水一般处理规模在每天 1000 立方米以内。因此，要确定处理规模和工程规格，首先要明确农村污水产生量。农村生活污水的排放量一般是按 80 ~ 120 升 / 人 · 天计算。例如，一个村庄有居民 1000 人，则可根据当地的实际情况，确定该村庄每天生活污水的排放量为 80 ~ 120 立方米。污水排放量确定下来以后，根据厌氧停留时间和污水的实际水质状况来计算工程各部分的规格。厌氧段停留时间一般为 24 ~ 48 小时，这样才能保证人工湿地负荷不至于过大。人工湿地停留时间一般在 48 小时以上，考虑到占地面积要小，一般人工湿地停留时间设计为 48 ~ 72 小时。这就要求人工湿地除了要占一定面积的土地，还要有一定的深度，人工湿地的深度一般为 1 ~ 1.5 米。例如，为一个污水排放量为 100 立方米的乡村设计工程时，厌氧处理部分总有效容积应为 100 ~ 200 立方米，而人工湿地总有效容积应是 200 ~ 300 立方米。所谓有效容积就是能够容水的空间大小，计算有效容积时要根据人工湿地中填料间的空隙大小进行估算。

（三）工程建设

采用厌氧—人工湿地组合处理技术进行农村污水处理时，工程建设包括主体工程建设和配套工程建设。

主体工程是污水处理单元，包括厌氧处理系统和人工湿地系统。在工程设计时一般考虑尽量使处理系统无动力运行以节约投资成本和运行成本，因此应因地制宜依靠地势差来达到污水处理系统的无动力运行。如果当地确实没有有利地形，无地势差可用，可以考虑使用微动力将污水进行一次提升进入厌氧反应器，然后再依靠重力从高到低流入人工湿地。厌氧处理单元可采用地埋式或者半地埋式，人工湿地可以利用当地的一些排水沟渠改造而成。污水处理系统一般应设在村外，远离村庄，且最好在村庄的下风向，避免厌氧段产生的臭气影响村民生活。

厌氧反应器一般采用混凝土材质，整个系统严格密封，上部有 U 形水封，在保持反应器密闭的情况下将内部产生的各种气体排出反应器。厌氧反应器深 2 ~ 4 米，根据污水处理量来确定，长宽比例要适中，以 4∶3 或 5∶3 为最合适比例，一般不要超过 2∶1。整个厌氧反应器一般呈推流式分布，分为 3 ~ 5 个反应池，每个反应池长度一般不要超过反应池深度的 2 倍，即如果池深 4 米，那么每个反应池长度一般不应超过 8 米。

每个反应池都是一个升流式厌氧污泥床反应器或者是厌氧复合床反应器。反应池底部为布水管，其作用是使进入反应器的污水在其上升截面上均匀分布，提高处理效率；如果使用潜水泵往厌氧反应器中进水，使用布水管可以提高污水中有机物的去除效果；如果是无动力进水，也可以不用布水管。

反应池下部是占 30% ~ 40% 水深的厌氧污泥层，厌氧活性污泥取自城市生活污水处理厂，加入这些活性污泥主要是为了增加厌氧反应器中的生物量，提高厌氧处理能力，缩短厌氧反应器的启动时间和厌氧系统停留时间。反应池上部可以加入一层悬浮填料，塑质填料或陶粒填料均可，厚度一般为水深的 20% ~ 30%，目的也是增加反应器中生物量，提高处理效率，同时也起到三相分离器的作用，即可以使活性污泥、水及产生的气体分开，保存活性污泥。反应器每个反应池顶部一般要留人员出入孔，供维修时使用，人员出入孔直径一般为 60 ~ 80 厘米。反应器每个反应池底部还要留排泥口，由于系统长时间运行，反应池中污泥越来越多，要定期清渣，一般半年左右排一次污泥。

厌氧反应器各个反应池中水面随流向呈阶梯状分布，反应池之间用管道或者折流板连接，前一个反应池水面比后一个高约 10 厘米，水流依靠高程差向前流动。在各个反应池中水的流动可以是升流式也可以是降流式，或者是升流和降流相结合。

人工湿地整体结构和厌氧反应器结构基本相似，只是人工湿地整体比厌氧系统要低，深度浅一些，以填料为主，污水在填料间隙中流动，人工湿地中种有多种耐污的水生植物、半水生或湿生植物。

人工湿地污水处理系统的孔隙度系指湿地土壤中孔隙占湿地总容积的比重。实践表明，人工湿地污水处理系统的孔隙度很难测定，各种文献报道的孔隙度也有很大出入。而在人工湿地的设计过程中，需要利用湿地土壤孔隙度，以确定水量、水力停留时间、湿地长宽尺寸等。实际上，孔隙度是根据实际经验加以估计的。美国国家环保局建议，表面流湿地密集植被区域设计采用的孔隙度为 0.65 ~ 0.75，开阔自由水域采用的孔隙度为 1.02。

系统深度是人工湿地污水处理设计、运行和维护的重要参数，水深调节是湿地运行维护、调节湿地处理性能的可用手段之一。为了在最小单位面积湿地内达到最有效地处理污水的效果，在要求的水力停留时间条件下，湿地处理系统深度在理论上应该越深越好。然而，在潜流湿地的植物根区传导性较高的介质中，存在着优势水流，为了减少这样的水流流动，则要求系统深度不能太深，而一般需要根据系统所栽种植物的种类及根系的生长深度确定，以保证湿地单元中必要的好氧条件。潜流湿地系统深度应为植物根系所能达到的最深处，不过实际上由于植物根系很少达到理论上的最深处，太深了会导致根系无法输氧到底部，同时也容易造成死区，降低工程效益。

经验表明，人工湿地污水处理单元长度通常定为 20 ~ 50 厘米。过长，易造成湿地床中的死区，且使水位难以调节，不利于植物的栽培。潜流湿地处理单元由于绝大部分的生物耗氧量和悬浮物的去除发生在进水区几米的区域。因此，潜流湿地处理单元长度应控制在 12 ~ 30 米，以防止短路情况的发生。潜流湿地处理单元长度最小取 15 米为宜。人工湿地污水处理单元长宽比从 1 : 1 到 90 : 1 不等。早期的湿地研究者认为，较高的长宽比有利于减少水流短路，使得湿地水流更趋近于推流。不过实际经验表明，一些表面流湿地的推流状况与长宽比无关。建议湿地处理系统长宽比应控制在 3 : 1 以下，常采用 1 : 1；对于以土壤为主的系统，长宽比应小于 1 : 1。对于长宽比小于 1 : 1 的潜流湿地，必须慎重考虑在湿地整个宽度上均匀布水和集水的问题。

进出水构筑物。进出水控制装置对于人工湿地的处理效果和运行可靠性非常重要，有两点非常关键：一是要注意进水装置在整个宽度上布水的均匀性，建议使用渐缩三通管及可旋转的直角弯头布水；二是出水装置在整个宽度方向上集水的均匀性，出水装置应该能够提供整个湿地的水位控制。减少水流短路现象，以改变湿地内部的水深及水力停留时间。对于较小的人工湿地处理系统，常用的进出水装置是穿孔的 PVC 管，长度与湿地宽度相当，均匀穿孔，穿孔大小及间距取决于进水流量、水质情况、水力停留时间等因素，建议最大孔间距为湿地宽度的10%。较大的人工湿地处理系统，常用多级堰（Multipleweir）或者升降水箱（dropbox）。对于水位控制有几点要求：①在系统接纳最大设计流量时，湿地进水端不出现壅水，以防发生表面流；②在系统接纳最小设计流量时，湿地出水端不出现填料床面的淹没，以防出现表面流；③为了利于植物的生长，床中水面浸没植物根系的深度应尽量均匀，并尽量使水面坡度与底坡基本一致。

隔板装置与防渗材料：隔板是在湿地水流垂直方向或者平行方向安置的装置。用于减少短路、增加不同水深污水的混合程度，改善絮凝沉降效果。隔板使用取决于长宽比、单元配置情况和处理目标等。总的来讲，一般不推荐使用隔板，但是在提高水力传导避免系统短路和死区等方面，隔板还是很有实用价值的。防止湿地污水污染地下水也是人工湿地污水处理系统建设中一个至关重要的问题。理想情况下，能利用低渗透性的天然土壤构成人工湿地的防渗层。但在多数情况下，现场的土壤情况达不到防渗的要求，需要某种防渗材料来提供防渗功能。资料表明，一些渗透率低于10厘米/秒的天然物质可以用于防渗材料，如班脱土、沥青等。此外，如聚氯乙烯（PVC）和高密度聚乙烯等人工合成膜材料，也可用作防渗层。尤其需要指出的，湿地处理系统必须保证单元进水管与出水管之间没有泄漏现象

配套工程主要是指污水收集系统、动力系统以及管理维护人员住宿和存放工具的房屋。应该首先设计和建设污水收集系统，污水收集系统一般是依靠重力或者说是高度差来收集污水的，一般采用地下PVC管道，将各家各户的污水收集起来，施工过程中要将管道铺设出一定的坡度，保证污水顺利流入处理系统，在进入收集管道之前一般要经过预沉淀和格栅过滤，将容易堵塞管道的杂物除掉。有些工程需要动力系统，还要提前架接电源及控制系统。因为工程需要有固定的管理人员随时对系统进行管理和维护，所以必须在适当的位置建造供住宿和存放工具的房屋。

（四）系统启动、运行、管理、维护及注意事项

1. 启动

系统启动需要1～2个月时间，要遵循“从小到大”“从长到短”的原则，所谓“从小到大”是指系统日进水量从小到大，系统刚启动时，由于厌氧反应器中厌氧微生物量还不够大，处理能力也还不稳定，所以进水量要小，进水流速也要小，污水停留时间就会比较长，一般系统刚开始运行时日进水量保持在稳定运行时进水量的20%～30%。这样运行10～15天后，再增加进水量，可以增加到稳定运行时进水量的40%～50%。再过10～15天，系统日进水量可以增加到稳定运行时进水量的60%～70%。运行10～15天后再增加到稳定运行时进水量的80%～90%。再运行

10 ~ 15 天，系统日进水量可以达到满负荷。例如，系统设计时稳定运行日处理量为10立方米，则刚启动时日进水量为2 ~ 3立方米。然后依次逐渐增加到满负荷稳定运行。不使用动力的系统应该考虑启动时流量的限制问题，尤其是对人工湿地进水量的限制。

2. 运行

系统稳定运行后根据实际情况，可采用连续进水或者间歇进水。使用动力的工程可以制订一套合用的计划方案，不同季节根据排放量不同采用不同的停留时间、进水量和进水流速，但各参数变化不宜过大；不使用动力的工程在工程设计时要根据排放量的范围设计工程的规格。

3. 管理

系统管理主要是指在运行过程中对厌氧反应器和人工湿地及管道系统的管理。厌氧反应器需要定期排放剩余污泥，定期往U形水封中加水，人工湿地需要根据情况随时清除其中的杂物和沉水植物及腐枝烂叶。使用动力的工程还包括对动力系统的管理，指对污水提升泵的开停。保证管道系统畅通无阻，避免跑冒水现象发生。

4. 维护

系统维护是指对厌氧反应器、人工湿地和各种管道系统本身的维护。主要指对出现问题的地方进行修理或更换，对人工湿地植物的保护，防止病虫害和人、畜破坏，还要定期对植物进行修剪，维持系统旺盛的处理能力。

5. 注意事项

从系统设计的美学角度出发，湿地处理系统中野生生物与多样性需要受到相应的保护与维持。要把握引进有益生物和控制有害生物之间的平衡，而不是彻底消灭有害生物。事实上，尽管大部分动物对湿地是有益的，但也不乏一些不利于人工湿地成功运行的动物。特别是一些啮齿类动物，会破坏堤坝、消耗有益的挺水植物。一些以底泥为食的动物如鲤鱼、泥鳅等，会破坏湿地植物的根系以及扰动湿地底部沉积物，导致出水悬浮物增加。水禽也带来类似的问题，且它们的排泄物给人工湿地的运行带来了新的难题。对于水禽，可以通过控制自由水面的面积来进行调控，不过应以湿地的污水处理工艺要求为准。

蚊蝇大量生长，是湿地处理系统面临的另一个生态学问题。蚊蝇是湿地生态食物网中的一环，是湿地生态系统的一部分，不过，通常情况下，作者认为蚊蝇是湿地，尤其是人工湿地系统中的有害因素。有研究指出，系统湿地植被生长本身有助于蚊蝇孳长，尤其是高大的挺水植物成熟后，易于弯曲在水面上形成利于蚊蝇滋生同时不利于捕食蚊卵动物活动的环境条件。由于蚊蝇会传染疾病，必须加以控制。控制蚊蝇孳长的另一个重要的方法是加强对湿地植物的管理。尤其是对植株较高的植物，如香蒲、纸草等，植株生长到一定高度后易倒伏，形成利于蚊蝇生长的小环境。因此，在水边种植低矮的植株并且每年进行收割，有利于控制蚊蝇生长。

第三节　稳定塘

一、稳定塘的概念及净化污水的原理

（一）稳定塘的含义

稳定塘是对各种类型污水处理塘的总称，是一种利用天然池塘或洼地进行一定人工修整的污水处理构筑物，也被称为氧化塘、生物塘。

（二）稳定塘净化污水的原理

1. 稳定塘的原理

稳定塘是一种和水体自净过程相似的污水处理法，它是一个藻菌共生的净化系统，是利用有机物质的好氧菌氧化分解、有机物的厌氧消化或光合作用来实现对污染物的降解转化的。细菌所需的氧气主要由塘内繁殖的藻类供给，而藻类则利用细菌呼吸作用产生的代谢产物二氧化碳（CO_2）、氨气（NH_3）等做原料进行光合作用的，促使藻类繁殖，从而向水中放出氧气。

2. 稳定塘用于农村污水处理上的优势

（1）投资省：由于其利用的是天然洼地或池塘构筑物，节省了基建费用，在广大农村经济相对落后地区均较为适用。

（2）运行费用低：除曝气池外，其他类型的均可利用自然供氧，相对于其他污水处理系统或装置，节省了运行费用。

（3）使用管理简便：农村地区操作人员专业知识有限，对复杂的污水处理系统可能存在一知半解，但是稳定塘由于相对其他污水处理系统，其污水处理原理简单，方便了广大农民朋友的使用和管理。

（4）能为农民朋友增收：稳定塘在处理污水的同时，也在塘中养殖具有一定经济价值的水生植物，如莲藕、菱角、芡实等，既增加了农民收入又美化了环境，还可在塘中养鱼、鸭、鹅等。

（5）污水处理效果稳定可靠，能够去除多种污染物，包括氮（N）、磷（P）。

（6）经过稳定塘处理后的污水可用于农田灌溉，可缓解农村地区日益出现的用水紧张状况。

当然稳定塘亦存在一定的缺点，主要是占地面积大，在使用上可能会由于当地土地紧张而受到一定限制。但如果在当地气候条件适宜，土地利用条件许可及污水量不大的情况下，利用稳定塘进行污水修复技术是值得优先考虑的。

二、稳定塘的分类

（一）分类依据

稳定塘按不同的分类方法有不同的类型。

（1）按塘内充氧状况和微生物优势群体可主要把稳定塘分为：好氧塘、厌氧塘、兼性塘和曝气塘四种类型。

（2）按处理后达到的水质要求可主要把稳定塘分为常规处理塘和深度处理塘。

（3）按利用水生植物和水生动物的类型可主要把稳定塘分为水生植物塘、养鱼塘、生态塘等类型。

（二）主要类型

下面将按照塘内充氧状况和微生物优势群体的分类方法，向广大农民朋友介绍稳定塘的具体分类。

1. 好氧塘

好氧塘是指塘水在有氧状况下，净化污水的稳定塘。好氧塘深度较浅，水深一般应不小于 0.5 米，水深范围在 0.6 ~ 1.2 米，全部塘水都呈好氧状态，藻类长得很茂盛，白天藻类密度高时全塘溶解氧处于过饱和状态，夜间光合作用下降，清晨时塘中溶解氧最低。特别要注意若藻类繁殖过多，可能招致晚上塘水中溶解氧浓度过低，引起塘水中其他水生生物（如鱼类）因缺氧而死亡。因此，应控制一定的有机负荷率，使得藻类的生长繁殖和提供的氧量，与有机物降解提供藻类所需的营养物质和需要消耗的氧量相互之间达到平衡。在白天，由于光合作用，藻类吸收 CO_2，故塘水的 pH 上升，在晚上，由于光合作用停止，有机物降解产生的 CO_2 溶于水中，故塘水的 pH 降低，塘水中 pH 的日变化幅度不宜过大，一般来说，pH 适宜范围应控制在 6.0 ~ 8.5，过低或过高都会对水生物的生命活动有不同程度的影响。

这类池塘中主要是由好氧细菌起净化水体有机物及杀灭病菌的作用。污水在此塘内停留时间为 2 ~ 6 天，生化需氧量（BOD_5）负荷为 10 ~ 20 克 /(平方米 · 天)，BOD_5 去除率可达 80% ~ 95%。

好氧塘可采用单塘或多塘串联使用，好氧塘亦可根据具体情况增设机械充氧设施，种植水生植物、养殖水产品等强化措施。

2. 兼性塘

兼性生物处理塘是一种比好氧生物塘更深的生物塘，深度一般为 1 ～ 2.5 米，它是在小城镇地区或农村较集中的村镇地区处理农村污水较常用的一种生物塘，一般适用范围是人口在 5000 人以内。兼性塘内表层为好氧层，此层位于塘的顶部，光照充足，塘水中含有大量的溶解氧；中间层为兼氧层，此层在塘的顶部与底部之间，形成缺氧环境；底层为厌氧层。污水在相应的层中进行着相应的反应。污水中的有机物主要在好氧层中，被好氧微生物氧化分解，而可沉固体污染物质在厌氧层由微生物进行发酵分解。实际上，大部分稳定塘严格讲都是兼性塘。

兼性塘内污水在塘内停留时间一般为 7 ～ 30 天，BOD_5 负荷为 2 ～ 10 克 /（平方米 · 天），BOD_5 去除率可达 75% ～ 90%。兼性塘系统宜采用多级串联式（通常为 2 ～ 4 个塘），此类方式的处理效果最好，小型塘系统也可采用单塘。当有养鱼要求时，大多为 4 级（第 4 级作为养鱼塘使用）。当生物塘面积很大，塘数很多时，可采用并联与串联相结合的流程图式，即分成几个并联组，每组又是一个多级串联的生物塘。兼性塘内可增设生物膜载体填料、种植水生植物等强化措施。

3. 厌氧塘

厌氧塘水深 3 米或 3 米以上，塘的占地面积可小一些。由于塘水较深，塘内一般缺乏溶解氧，有机物被厌氧分解。生物处理塘呈厌氧状态的原因是有机物降解需要的氧量超过了光合作用可能提供的氧量。厌氧塘最大的特点是：表面积小，塘水深度大，有机负荷率高，一般为 30 ～ 100 克 BOD/（平方米 · 天），能去除废水中可沉降的固体颗粒，厌氧塘进水口一般设于塘底，出水为淹没式，深入水下 0.6 米，不得小于冰层厚度或浮淹层厚度。如果采用溢流出水，在堰和孔口之间应设置挡板，以便在塘面形成浮渣层，底部应预留 0.5 米深的污泥层。厌氧塘污水净化速度低，停留时间较长，一般达 30 ～ 50 天，BOD_5 去除率可达 50% ～ 70%。

厌氧塘由于厌氧分解而发生臭气，环境条件较差，因此一般厌氧塘大多作为预处理与好氧塘、兼性塘组合运行，一般在塘系统中为前置塘，用以去除有机负荷并改善原农村污水的可生化降解性，以保证其后续塘有效地运行。厌氧塘用作预处理具有以下优点：

（1）特别适合于高温、高浓度污水的预处理；

（2）可减少后面的兼性、好氧生物塘的面积；

（3）后接生物塘的浮泥现象与沉泥量可显著减少。

4. 曝气塘

在好氧和兼性生物处理塘中，氧的供应主要依靠藻类的光合作用，塘水的混合依靠风力，完全受自然气候条件所制约，我国各地区气候条件差异较大，当阳光、风力情况不好时，必然会影响生物塘的运行与处理效果。所以，生物塘的工作在整个运行期间内（如1年）变化较大。为了克服这一缺点和改善生物塘的工作，提出了人工曝气的措施，并称这种塘为曝气稳定塘，或曝气生物处理塘、曝气湖。曝气稳定塘是采用人工曝气，其供氧及混合均可由人工控制，即在塘内安装机械或扩散充氧装置，塘内不必依靠自然的阳光和风力作用，而使塘内保持好氧状态，而保证塘的稳定运行与处理效果。它是一种人工强化度最高的稳定塘，要求营养较少，有较大的稀释能力，能适应污水水质较大变化的冲击。相对其他类型的稳定塘而言比较稳定些，变化小些，并且适用于土地面积有限的地区，由于曝气塘改进了好氧和兼性塘存在的不足之处，同时又保留了生物塘固有的优点，因此受到世界各国的重视。

曝气塘水深一般为1～4.5米，水力停留时间为2～10天，BOD_5负荷为30～60克/(平方米·天)，去除率可达55%～80%。曝气塘内有机物降解速度快，表面负荷率高，易于调节控制，但曝气装置的搅动不利于藻类生长。在曝气生物塘内由于采用人工曝气，水流运动剧烈并充分混合，塘内各点各处的水质和物料分布比较均匀，且塘水由于曝气作用而比较浑浊，所以藻类难以生长。曝气的方式主要有两种：一种为鼓风曝气，一种为机械曝气，在目前的大部分实际工程中，一般采用机械曝气方式。

曝气塘的类型主要可分为好氧曝气塘和好氧—厌氧曝气塘两大类型。

（1）好氧曝气塘

采用完全混合的运行方式。水在塘内的停留时间常常短于3～6天，能耗大于5千瓦/1000立方米，出水中的悬浮物须借沉淀而去除，在冬季可回流污泥来改善出水水质。

（2）好氧—厌氧曝气塘

在好氧—厌氧曝气塘内，搅拌程度相对较差一些，不足以使全部悬浮物较好地混合，所以常常在底部形成污泥沉积层，一般为0.3～0.5米深，水力停留时间一般大于6天，耗能1～5千瓦/1000立方米。

在实际应用中采用哪种类型的曝气塘应根据占地面积和所耗能量考虑。

（三）稳定塘系统的选择

稳定塘系统是一项复杂的生态系统工程，同环境因素有密切的关系。我国地域辽阔，各地自然条件差异极大，不可能用固定的模式稳定塘系统来处理污水，否则将达不到预期效果。因此，作者必须根据不同纬度，不同地区的气候、气象、水资源、地形特点及被处理污水的成分和性质，来选择合理的设计参数和不同的稳定塘系统。就南北方稳定塘技术经济比较，北方地区应用稳定塘，其基建费用为南方地区的

1.5 ~ 1.8倍，年经营费用为南方地区的1.5倍，其占地面积为南方地区的1.6 ~ 1.7倍。

1. 处理—贮存塘系统

我国华北、西北和东北地区，由于冬季寒冷，有较长的结冰期，在此期间塘的净化效果差，一般达不到排放标准。另外，这些地区大部分干旱缺水，农村污水已成为一种重要的农田灌溉水。因此，基于以上两点，适合在冬季结冰期将污水存起来，待到春、夏、秋季连同当时的污水一起进行处理和利用，为此建议采取“严寒地区氧化—贮存塘系统”。本系统适用于我国北纬40°以北的地区，包括东北、内蒙古大部分地区和西北、华北的北部地区，如齐齐哈尔污水库，克拉玛依市稳定塘等。

在北纬40°以南至长江以北地区，特别是在严寒缺水的华北和西北地区，由于冬季冰冻期不太长，可以采取“稳定塘—终年灌溉田系统”。

2. 多级生态处理与利用系统

我国长江沿岸和江南地区气候温暖，水量丰富，大都不需要利用污水灌溉，而且湖泊星罗棋布，河流纵横交错，水面很多，便于因地制宜选择适当水面修建稳定塘，加之气候适宜，适于利用稳定塘水面种植多样的水生植物，养殖鱼、虾、贝、螺、放养鸭、鹅等，建立复杂和稳定的人工生态系统，对污水进行多级利用和净化，同时实现环境、经济和社会效益的统一。为此，建设采用“南方地区多级生物塘处理和利用系统”。

3. 污水—海水生态塘系统

沿海城镇和工厂可修建海水水产养殖塘接纳、处理和利用其污水和有机废水，共处理可采用“污水—海水生态处理与利用系统”。

4. 山区、丘陵地的稳定塘系统

地处山区或丘陵的城镇和工厂，可充分利用地形或高差修建稳定塘来处理利用其污水或有机废水，其处理可采用“阶梯式多级稳定塘系统”去处理利用其污水。该系统的主要特点是充分利用其地形或高差，污水从高到低形成自流，因此曝气效果好，节省动力。

如果地区土地紧张，其污水处理还可以采用“塔式多级稳定塘”。为节约土地，可向空间发展，在地势较低的地方修建一座塔式多级稳定塘，污水自流进入塔内，充分利用地形，既节约用地又节约能耗，而且可获得较好的处理效果。

5. 沟—塘结合系统

稳定塘系统占地面积较大，且易受各种因素的影响而导致处理效果不稳定；氧化沟则相反，它占地面积小，处理效果相对稳定，但其出水一般达不到二级标准。因此，将二者有机地结合起来，构成所谓的沟—塘系统。该系统可扬长避短，具有基建投资少、运转费用低和综合利用好等优点。

三、稳定塘的设计与施工

（一）塘体设计

1. 一般规定

（1）稳定塘体用料应以就地取材为主。

（2）稳定塘最好采用长方形，长宽比应不小于 3：1 ~ 4：1，过短易造成短流。

（3）利用旧河道、池塘、洼地等建造稳定塘时，如遇水力条件不利时，可在塘内设置导流墙（堤）形成廊道加以改善。

（4）塘堤外侧应设排水沟，如果有可能发生管涌时，应设反滤层。

（5）塘堤要针对风、雨、冰冻、浪击及掘地动物的破坏作用，采取防护措施。

2. 堤坝设计

（1）堤坝应采用不易透水的材料筑造，也可用不易透水的材料做心墙或斜墙。

（2）堤坝顶宽度应按坝体安全性、使用目的和施工的要求来确定。一般土堤的顶宽应不小于 2 米，石堤及混凝土堤顶宽应不小于 0.8 米，当堤顶上允许机动车行驶时，其宽度不得小于 3.5 米。

（3）土堤迎风坡应衬砌防浪材料，在设计水位波动范围内衬砌，最小衬砌宽度应不小于 1.0 米。

3. 塘底设计

塘底应尽可能平整并略有坡度，倾向出口。当塘底原土的渗透系数 K 值大于 0.2 米 / 天时，应采用防渗措施。

4. 进、出水口的设计

（1）一般进水口应采用扩散管或多点进水方式以保证水流均匀。

（2）进水口至出水口的水流方向应避开当地常年主导风向，最好与主导风向垂直。

5. 附属设施

（1）稳定塘系统附属设施

①稳定塘系统附属设施主要包括输水设施、充氧设施、计量设备以及生产、生活辅助设施。

②生产、生活辅助设施，其设计原则可参照城镇污水处理附属建筑和附属设备设计标准有关条款规定办理。

（2）输水设施

①稳定塘系统的输水设施，对自流系统包括输水管（渠）和过水涵闸；对非自流系统包括输水管（渠）、泵站和连通设施。

②输水管可用暗管或明渠，在人口稠密区宜采用暗管输水。输水线路的选择以

不占或少占农田和经济合理为原则。

③各塘之间的连通，一般采用溢流坝、堰、涵闸和管道连接。

④出水流量较大时，出水口应设消力坎或消力池。

（3）跌水

在多塘系统中，前后两塘有 0.5 米以上水位落差时，可采用粗糙面斜坡或堰口跌水曝气方式充氧，并要设计防冲设施。

（4）计量

稳定塘系统一般在入流处或出流处安装计量装置。

（二）好氧塘的设计

好氧生物塘的计算目前主要采用经验计算法及水力停留时间（θ）作为主要设计参数确定生物塘面积计算法。

1. 经验计算法

经验计算法以采用有机负荷率（克 BOD/ 平方米 · 天）为主要设计参数的塘面积计算法应用得较普遍。这个有机负荷率是从实践经验中总结出来的，是个经验数据，它的大小和生物塘所在的地理位置、气候条件关系很大，一般，好氧生物塘的有机负荷率可取 10 ~ 20 克 BOD/(平方米·天)。这样，根据需处理的有机物量（BOD_5），就可计算出所需塘的面积（指水表面积）。

$$F=\frac{QS_0}{N}(\text{平方米}) \tag{9-2}$$

式中 F——生物塘面积，平方米；

Q——废水设计流量，立方米 / 天；

S_0——进水的底物浓度，克 BOD/ 立方米；

N——有机负荷率，克 BOD，/(平方米 · 天)。

生物塘深度（水深）H 的确定，应考虑到阳光可照射透入塘的底部。这个水深（H）和阳光的光照强度有关，一般取 0.5 米左右。

2. 水力停留时间法

除了按有机负荷率去确定好氧生物塘面积的计算法，还有以水力停留时间（θ）作为主要设计参数确定生物塘面积计算法。这个水力停留时间也是个经验数据，一般取 2 ~ 6 天。在具体计算塘面积时，水力停留时间 θ 值的选择，可根据进水底物浓度 S_0 的大小和底物去除率的具体要求，以及塘所处的地理位置和气候条件来定。当 θ 值选定后，即可根据废水设计流量（Q）及塘深（H）算出塘面积（F）。如下式所示：

$$F=\frac{Q\theta}{N}(\text{平方米}) \quad (9\text{-}3)$$

在好氧生物塘的工艺设计中，除了确定塘面积、塘深、塘数及塘的布置方式，还应注意以下几点。

（1）塘水的混合

为了防止稳定塘中水温有分层的现象，塘水的混合是十分重要的。塘水的混合是由风力来实现的。为此，稳定塘表面应有一定的长度，以保证风力去进行塘水的混合。一般认为若塘水深 0.9 米时，为了达到塘水混合，塘面的长度约需 200 米。

（2）短流的防止

在生物塘中，一般是由塘的一端进水，对立的另一端出水。为了防止塘内水流可能发生短流现象，影响水处理的效果，故塘面积不宜过大，一般不超过 4 公顷。以防止由于风力作用而引起的短流现象。而且塘面尺寸亦应有一定的比例，一般是塘长与塘宽之比取 2∶1 ～ 3∶1。

3. 塘水的回流

采用生物塘出水进行回流，主要可起到这样几个作用：①给入流废水接种藻类；②提高入流废水的溶解氧浓度，回流比应不小于 0.5；③可起到稀释入流废水的 BOD_5 浓度和降低负荷的作用。

4. 气候因素

在生物塘工艺设计中，气候因素的考虑亦是十分重要的，主要有：第一，在寒冷地区，冬季冰冻期较长时，生物塘应有足够储备容积，以接纳该时段内的污水量；第二，若生物塘需要全年不间断工作时，则它应按设在每年至少有 90% 时间的太阳辐射强度不低于 100 卡 /(平方厘米 · 日) 以及冰冻期短的地区考虑。

好氧生物塘除了作为生物处理构筑物净化废水，还可利用作为养殖水生物之用。利用生物塘养鱼最好采用多级生物塘的运行方式（这亦是一般工程实际中常用的方式），如四级串联生物塘，在前面第 1、2 级主要培育藻类，光合作用旺盛，充分溶氧，并使 BOD_5 大幅度降低，而在第 3 级着重培育动物性浮游生物；在最后第 4 级，则用作养鱼塘。这样，在第 4 级生物塘（养鱼塘），流入的废水已经净化，BOD5 浓度很低，含有充足的溶解氧和饵料（主要指动物性浮游生物）。

此外，利用生物塘养鱼还应该注意如下几点。

（1）放养的鱼种应以动物性浮游生物为食料的鱼类为主，如鳙、鲢、鲤、鲫鱼等，而且放养的密度应适当，不宜过密。

（2）生活污水或以生活污水为主的城市污水适于养鱼，但在排入鱼塘之前应加以适当处理，并注意控制好水质，使其符合养鱼的要求。

（3）鱼塘在冬季放空和干燥，清除塘泥并在塘内撒布石灰，防治鱼类寄生虫病。

（4）春季向鱼塘排放污水时，首先放入清水，将鱼种投入后，再缓缓地放入污水，秋季捕捞前 14 日，则停止放入污水。

（5）污水在养鱼塘内的停留时间不能小于 30 小时。

（6）养鱼塘的深度，一般以 0.9 米为宜。

（三）厌氧塘的设计

厌氧塘的特点是可以容纳和处理高有机负荷污水，这种塘的整个深度都处于厌氧状态，其功能与消化池类似。污水中的固体物质进入塘后沉于塘底发生厌氧消化，同时产生污泥积聚，所以每 3 ~ 5 年需要清泥一次。厌氧塘的使用可以大大减少随后的兼性塘容积，因此可消除兼性塘夏季运行时经常出现的污泥漂浮问题，使随后的处理塘中不至于形成大量的污泥积聚。

在厌氧塘设计中一个重要的因素是要控制不良气味的产生，经验表明，比较合理的设计条件是将 BOD_5 容积负荷控制在 0.4 千克 /(平方米 · 天) 以下，硫酸根浓度小于 100 毫克 / 升，创造适合于甲烷发酵的有利环境，从而避免了气味的产生。

此外，厌氧塘的运行和温度有密切的关系，温度高时，反应速度快，有机负荷率可取高值，温度低时，反应速度慢，有机负荷率应取低值。故厌氧塘的运行在夏季比冬季要好些。据有关观测资料，厌氧搪在冬季 15.6℃时，BOD_5 去除率为 58%；当夏季水温升至 32.2℃时，BOD_5 去除率可提高到 92%。

（四）兼性塘的设计

兼性塘是稳定塘处理系统中最常用的塘，其停留时间相对较长，对冲击负荷的适应性也较强。当污水浓度不是很高时，可直接进入兼性塘处理。在兼性塘的上层水中，藻类通过光合作用产生氧，有机物在好氧细菌的作用下被氧化分解。同时随污水入塘的悬浮固体沉淀于塘底，形成 10 ~ 15 厘米厚的泥层，此泥层处于厌氧状态并进行厌氧酸性发酵和甲烷发酵过程，该过程一般可去除污水中的 30%BOD_5 物质。

兼性塘应建在通风、无遮蔽的地域内，风的作用对兼性塘的运行非常重要，风可导致塘中水体的纵向混合，使得下层水体的藻类运动到塘水面下 15 ~ 30 厘米的透光层中进行光合作用，从而使塘中藻类、细菌、BOD_5 和氧气能在纵向很好分布，达到最佳的处理效果。如果兼性塘一定要建在无风地带，则需在塘中设置循环泵使塘水搅动，避免产生分层现象，这种泵可以安装在浮筒上。其能量输入是很小的为 30 ~ 50 毫瓦 / 立方米池容。

在兼性生物塘工艺设计中，塘面积和塘深的计算方法有如下几种。

（1）动力学计算模式计算法。在建立计算模式时，作了这样两个假定，即生物塘内的水流属完全混合型；有机物 BOD_5 的去除属一级反应。事实上，塘内水流介于推流与完全混合流之间，是一种扩散式推流。但把稳定塘中的流态当作完全混合型来处理是相当粗略的，是一种相当近似的估算法，而且，动力学计算模式计算法较为复杂，加上，在该计算法中，BOD_5 去除速率常数 K 值需要通过试验来确定，也相当麻烦和困难，因此在这里不再详细介绍。

（2）有机负荷计算法。在工程实际中，生物塘的计算常采用经验数据值，这是一种比较现实可行的方法，而且只要这个经验数据比较可靠，计算结果往往还是比较适用的。有机负荷率计算法亦就是这种经验数据计算法。兼性生物塘的有机负荷率值也是从实践中得出的经验数据，一般为 15 ~ 40 克 BOD_5/（平方米 · 天）。塘面积 F 可用上述公式来计算，塘水深度一般取 2.5 米。

（3）水力停留时间计算法。兼性生物处理塘的经验数据计算法，除了上述的有机负荷率计算法，还有以水力停留时间计算法。

在兼性生物塘的工艺设计中，除了确定塘的面积、深度、级数和流程图式，还有一些问题是应予考虑的（这些问题对其他类型生物塘来说，亦是值得参考和研究的）。主要问题有以下几方面。

①生物塘所处的地理位置和地区气候条件：生物塘所在地区的气候条件和地理位置有密切关系，如高纬度地区和低纬度地区的气候条件，就相差较大。在我国北方，气候寒冷；南方则气候温暖。因而在工艺设计时，设计参数值的选用，就应考虑到这个因素。在北方寒冷地区，生物塘的设计负荷率应取低值，水力停留时间可取高值；在南方温暖地区，负荷率可取高值，水力停留时间可取低值。

②设计采用的塘水温度：为了保证生物塘在全年中运行正常，在设计中采用的塘水温度，应考虑年内寒冷季节的平均温度，这样处理可能稳妥些。

③生物塘的平面形状：兼性生物塘的平面形状（塘形）基本上同好氧生物塘，塘形以长方形为最好。从塘水的混合来看，它比圆形或其他不规则形的都好。并建议塘面尺寸采用长宽比为 3 ∶ 1 较好。

④硫化物浓度的控制：在兼性生物塘中，少量硫细菌的存在对少量硫化物（来自塘底厌氧发酵过程）起到氧化作用而予以去除。如将硫化氢（H_2S）氧化成硫酸根（SO^{2-}）这是有利的。但是，当硫化物过多时，致使硫细菌大量繁殖，将影响到藻类的供氧，而使废水有机物的去除效果降低过多，这将是不利的。

因此，在兼性生物塘中，被处理废水中的含硫物质应少些，以免在厌氧发酵过程中有过多的硫化物（H_2S）还原产生。一般来说，塘水中的硫化物浓度应以不超过 10 毫克 / 升（以 S^{2-} 计）为宜。

⑤浮泥的清除：在兼性生物塘中，塘底有机污泥在厌氧消化过程中，常有一些

污泥随气流上升飘浮于塘面上，形成浮泥。如果这些浮泥不及时清除，将散发臭味，而且亦影响藻类的光合作用。为此，在兼性生物塘中，应考虑备有清除浮泥的措施，如采用水枪冲散。

⑥出水中藻类的去除：为了获得更洁净的出水，去除处理后出水中带有的藻类，亦是兼性生物塘（同样在好氧生物塘）工艺设计中应考虑的一大问题。目前采用的藻类去除法很多，其中以混凝气浮法及过滤法（只适用于低浓度藻类）较为有效。

（五）曝气塘的设计

1. 好氧曝气稳定塘的设计

好氧曝气稳定塘的主要特征可具体归纳为以下几点：

第一，整个塘呈好氧状态；

第二，塘内固体处于悬浮状态；

第三，动力消耗大，一般为 0.01 ~ 0.02 千瓦 / 立方米；

第四，出水悬浮固体浓度较大，一般为 100 ~ 250 毫克 SS/ 升；

第五，工艺流程中一般无活性污泥回流。

当确定塘面积时，首先要确定水力停留时间，而水力停留时间的确定应首先要确定动力学系数：产率系数 Y、BOD_5 去除速率常数 K 和内源呼吸系数 K_d 在实际工程中，要正确确定这些系数比较困难，故常用已有的水力停留时间经验数据去计算塘容积。一般，水力停留时间为 2 ~ 6 天，相应的 BOD_5 去除率为 75% ~ 85%。水力停留时间的选用和水质、水温、搅拌情况有关。

在好氧曝气生物塘的工艺设计中，除了上述的一些设计计算问题，还应考虑的问题主要有：

第一，在较寒冷地区，塘深应大些，以便保温。而且，在这种情况下可采用鼓风曝气。

第二，生物塘的运行流程，应考虑采用多级（一般为 3 级）串联式生物塘的布置方式。塘数很多时，还可采用分组并联与相级串联相结合的生物塘布置方式。

第三，生物塘的平面形状可为正方形或矩形，而矩形一般可采用长宽比为 3 ∶ 1；塘水出流中悬浮固体浓度较大，应考虑出流的固、液分离设施。如采用沉淀生物塘（兼性），则应有足够的容量沉积污泥，塘深为 2.5 ~ 3 米，水力停留时间为 1 ~ 5 天。

2. 好氧—厌氧曝气塘的设计

在好氧—厌氧曝气生物处理塘中，塘水的曝气强度不是按好氧曝气塘那样去满足搅拌及供氧的需要，而只是按满足供氧需要去考虑。因而，这种好氧—厌氧曝气塘就具有这样两个主要特点（相对好氧曝气塘而言）：

第一，动力消耗少；

第二，出水中悬浮固体浓度小。

正由于兼性曝气生物塘具有上述两大优点，故在实际应用中要比好氧曝气塘用得广泛。好氧—厌氧曝气生物塘的水力停留时间，较之好氧曝气塘要长些。一般水力停留时间为 4 ~ 8 天，相应 BOD_5 去除率为 70% ~ 80%。

当水力停留时间确定后，即可计算兼性曝气生物塘的容积，水力停留时间确定好氧曝气生物塘。

四、稳定塘的运行管理

（一）好氧塘和兼性塘的运行

好氧塘和兼性塘处理污水效果在温暖季节较佳，这时细菌代谢活性强，藻类大量生长，塘水呈绿色。冬季塘内细菌和藻类的活性和代谢显著减慢，有机物去除率降低，这时塘水颜色转成褐色、再成灰色。北方的冬季塘表结冰，但在某种程度上还存在着藻类的光合作用。除非冰面上覆盖着厚的雪层，只有当光合作用完全停止时，冰下的进水才会呈厌氧。在严寒时期，尤其是冰下塘水厌氧时，进水中未降解的有机物会有所积累；当春季塘面化冻，水温度大于 4℃时会出现翻塘，这是由于暖水上升，冷水下沉的垂直对流使冬季在塘底积累的未分解物质在整个塘内混合。由于水温上升，细菌活跃，加上大量存在的有机物使塘水溶解氧消耗殆尽，出现厌氧的特征。因此，当春季好氧塘和兼性塘出现恶臭、出水水质恶化的时期即稳定塘运行的临界时期。

好氧塘内的污泥积累速率很低，一般不需要清塘。在冬季冰封期间，好氧塘的大气复氧间断，并且藻类的产氧量也大幅度降低，因此处理效果由此也变差。兼性塘的上层复氧情况良好，藻类光合作用释放大量的氧气，在该层的有机物是由好氧微生物进行分解的。但是，厌氧层更主要的作用在于降解沉淀的塘泥，使之不会发生过度积累。在温暖季节，兼性塘具有持续和高效地净化污水的功能，出水清澈无臭;但在冬季，随着气温和水温降低，菌、藻生长变缓，污染物的去除效果明显下降，出水还带有一定异味。在冬季结冰期以及出水达不到要求时，应予以储存。

（二）厌氧塘的运行

厌氧塘在冬季处理效率亦明显下降，在设计中应予以充分考虑，并采取必要的保温措施。厌氧塘中季节性产生的气味更为明显。厌氧塘的操作通常不随季节而改变。在厌氧塘运行过程中，被出水槽（管、孔、板）等截留的油脂和其他悬浮物以及被沼气携带而上浮的污泥会在塘表面积累，并形成连续或大块的密实浮渣层，对塘体起到隔氧与保温作用。因此，要注意保护这种浮渣层。浮渣层不能自动形成时，可采取相应的措施，如投放某些漂浮物形成覆盖层等，有条件时可以覆盖塑料薄膜。

（三）曝气塘的运行

曝气塘的运行操作一年四季基本不变。在结冰季节须加强对曝气器的检查。随着温度的下降，BOD_5去除率显著下降。此外，随着温度的下降，氧从气相到液相的转移率亦下降，但饱和溶解氧浓度却随温度降低反而提高，足以补偿较低的转移系数。

负荷较高的曝气塘，塘底污泥积累较多，必须及时清除和处置，应定期将塘放空清泥。除运行要求外，还要注意曝气设备的保养与维修，并根据季节和污水浓度对曝气强度进行灵活调节。在冰封期需要将曝气机从水中拉上岸，曝气塘底泥过多时也需要定期清泥。

（四）稳定塘的投产与日常运行

1. 投产

稳定塘在投入运行前，应消除塘底的杂草，塘堤岸应至少堆高到预计最高水位以上 0.5 米处，检查所有出入口的控制装置。检核稳定塘渗漏情况及曝气装置，方法是抽取河水至稳定塘的最低深度，观察是否能保持一定的水位，以证明塘的抗渗漏性能。在达到最高水位时可进一步检验曝气塘的充氧系统。

开始投入运行的稳定塘并不需要进行微生物接种。因为在这一环境中广泛存在着合适的细菌和藻类。一般来说，最好在春、夏季投产，这时绝大部分稳定塘中的生物区系可天然地发展。

投产后，塘中不可排水，直至稳定塘中水位已达到设计所规定的适宜深度；塘内生物区系已健康成长；进行了有关的化学和生物指标测定，已达排放标准。此时，处理系统可开始排水并进入正常运行状态。

2. 日常管理

稳定塘中大多数问题可通过适当的操作避免。日常管理应注意以下几点。

若塘表面存在较多浮渣或藻丛，往往会发出气味或招引昆虫，应使之破碎成悬浮状态。由于风向、塘的方位、进出水设置诸因素的影响，在塘内会形成死角。若常年存在死角，可安装固定的喷水装置，用出水来喷冲死角区，以强化混合作用。

好氧塘及兼性塘正常运行时，仅有少量污泥累积。厌氧塘和曝气塘污泥沉积量大，设计时应预留这部分用于污泥沉积的池容。当该区域被污泥积满时应停止运行并清塘。具体方法可用吸泥船抽吸，亦可将塘水排空，风干后用人工或机械开挖，污泥清运作肥料。

有时扎根于塘底或坡岸上的沉水植物可引起许多副作用，应连根拔掉，这比切断植株或用除莠剂杀灭更好，否则植物遗体仍遗留在塘内，会产生大量附加的 BOD_5，并招引昆虫和野生动物。

必须控制堤岸上的树木和灌木的生长，减少塘水沿树根处渗漏以及植物叶面的蒸腾作用而造成的消耗，减少植物残体（枯枝落叶）对塘内增加的有机负荷；从堤岸内侧水线 0.3 米以上至堤岸顶和整个外侧堤岸可种植多年生浅根草本植物，但深根植物如苜蓿、芦苇等不应种植；在温暖季节须定期割草；内侧堤岸从水位线至水面以上 0.3 米处保持光秃；塘内应防止滋生一切有根植物。

（五）运行过程中指标的监测

好氧塘及兼性塘运行功能正常时应呈淡绿色。褐色表明因缺乏光照、温度过低或进水含有毒物可引起藻类光合作用不足，灰色表明藻类死亡。

pH 和溶解氧在好氧塘和兼性塘中周日及季节间均有变化，应掌握其变化的规律。在寒冷季节，可因藻类活性下降，溶解氧降至零、pH 低于 7，常会使塘色从绿色转至褐色，有时还会产生臭气。

运行正常的厌氧塘，pH 应为 6.5 ~ 7.5，并保持相对稳定，温度宜高于 15℃，其中以 25 ~ 35℃较为适宜。碱度一般控制在 2000 毫克 / 升左右，以缓冲所产生的脂肪酸。

工作正常的曝气塘最好是检测塘内的溶解氧（DO）水平，以维持在 1.0 ~ 2.0 毫克 / 升较适宜。曝气塘的 pH 通常稳定在 7.0 ~ 8.0，在阳光充足、藻类密度较高的时候，pH 有时也达到 9 以上。

另一些参数，如 BOD_5、SS 和大肠菌群数的测试，对判断稳定塘运行状况意义较大。这些测定项目中，有的测定较困难且费时，还需要专门的试验仪器装备，故而以往测定的不多，但为了更好地获得控制运行的数据，建议设立。主要微生物指标（细菌、藻类、原生动物和微型后生动物）的测定对掌握稳定塘的运行状况也有重要作用，有条件时应定期检测。

第十章　新型污水处理技术应用研究

第一节　新型污水处理技术研究进展

一、微生物燃料电池

微生物燃料电池（Microbial Fuel Cell，MFC）是一种可以将有机物中的化学能转化为电能的装置，其主要依靠阳极的产电菌降解有机类物质，同时利用导电装置将代谢产生的电子传递到外电路输出电能，其独特的性能在污染治理方面有着广泛的应用前景，同时也受到了环保科研人员的关注。其基本原理是在阳极厌氧的环境下，产电微生物降解有机物释放出电子和质子，电子通过外电路转移到阴极，而质子通过质子交换膜转移到阴极，电子、质子及氧化剂在阴极发生反应。当前，针对微生物燃料电池的研究较多，主要集中在提高微生物燃料电池的输出功率、降低内阻、优化结构以及降低处理成本等方面，为其工业化的应用提供有力的支撑。

随着研究的不断深入，从微生物燃料电池拓展处理微生物电解池、微生物脱盐电池及微生物传感器等，产电的同时还能实现污水处理、燃料制取以及生物制品的合成等。有研究者针对微生物燃料电池阴极的材料及微生物群落变化进行研究发现，改性后的导电聚合物使得原来的优势菌由 β-Proteobacteria 变为 α，γ-Proteobacteria，说明了不同电极材料的生物适应性不同，寻找最佳的电极材料，保证效率高的产电菌是提高电池性能的关键因素。还有研究者对不同装置的微生物燃料电池的产电性能及生物群落结构进行研究，发现产电效率高时该装置的微生物群落结构中乳酸发酵和铁还原细菌占比较多，该类细菌在电子传递过程中发挥了主要的作用。微生物燃料电池中需要采用铂催化剂，导致了该装置的造价较高，因此，很多研究者对微生物燃料电池的电极材料进行了大量研究，主要以 PbO_2、MnO_2、TiO_2、铁氧化物等来源广泛且价格低廉的非贵金属氧化物类催化剂。有研究者利用纳米 MnO_2 作为微生物燃料电池的阴极材料，来处理生活污水，结果表明该装置最大功率密度可达 722 mW/m^3，而且该材料催化性能好，价格低廉。还有研究者以石墨板为基础，在

其上涂载 TiO_2 作为阴极电极，在可见光和黑暗条件下，涂载 TiO_2 的电极材料相比石墨电极发电效率高 230%。微生物燃料电池有着巨大的产业前景，但还需加大研究力度，需要对产电菌的产电机理、电池结构、电极材料等方面深入研究，以提高其性能，为污水处理提供有力的支撑。

二、短程硝化反硝化

含氮类污染物质是污水中主要的污染物，在城市污水及某些工业污水中含量很高而且处理效果较差。近些年来，研究者针对传统的生物脱氮技术进行了深入系统的研究，对其降解机理有了深入的认识，同时也涌现出了多种类型的改进形式。首先，传统脱氮工艺占地面积较大，脱氮过程需要经历完整的氨化、亚硝化以及反硝化反应，为了保证脱氮的完全，需要保证足够的水力停留时间，进而导致处理系统规模不能太小；其次，传统脱氮工艺能耗高，为了维持系统中足够的生物量，需要将浓缩后的污泥进行回流，加大了系统的动力消耗及运行费用；此外，在一些处理系统中还需要投加碳源等，不仅增加了处理费用，还有二次污染的风险，且传统的脱氮效率不够稳定，易受周围环境的运行条件的影响等。

由于传统生物脱氮技术存在很多缺点，而且受到很多因素的制约，因此很多学者积极探索新的生物脱氮途径，目前已经发现多种新型的生物脱氮途径，如好氧反硝化、异氧硝化等。短程硝化反硝化是通过控制反应条件的一些参数，让污水中的氨氮氧化至亚硝酸盐状态不再继续氧化，然后使其进行反硝化。这一过程是在 1975 年由 Votes 在研究脱氮技术过程中发现的，随后提出了短程硝化反硝化的脱氮概念。之后很多研究者对其新发现的脱氮途径进行了实验。在 2000 年，荷兰研究人员开发处理 SHARN 工艺，并且成功地应用到实际的污水处理工程中。将 SHARN 工艺的反应式与传统硝化反硝化相比，在短程硝化反硝化过程中每摩尔氨氮消耗 1.5 摩尔氧气，完整的硝化反硝化中需要消耗 2 摩尔的氧气，理论上短程硝化反硝化可以节省 25% 的曝气量，同时还能够节省 40% 的碳源，这一特点对于处理 C/N 比较低的污水更具有实际意义。此外，在短程硝化反硝化可缩短反应流程、减少土地使用面积、污泥的产生量等，进而降低后续的处理费用。

三、厌氧氨氧化

厌氧氨氧化技术是在 1977 年由 Broda 等人依据热力学理论推测出的一种脱氮方式，该推测理论称自然界中还未发现一种微生物可以在厌氧条件下将氨氮还原为亚硝酸盐，而直到 1995 年，荷兰的研究人员在工业废水的处理中发现了厌氧氨氧化细菌。厌氧氨氧化技术需要在厌氧条件下进行反应，在一系列生物酶的作用下，可将污水中的氨氮和亚硝酸盐转化为氮气的过程。该工艺和传统的生物脱氮工艺相比具有很多优点：首先可以减少50%的曝气量、反应过程中不需要碳源，能够节约90%的运行费用。因此，国内外的学者对其进行了大量的研究和探讨，对应用条件进行了深入分析。但厌氧氨氧化也存在一些缺点：该类微生物世代周期长限制了实际应用。因此，研究不仅是生物生理学方面，还需要从微观角度出发，例如与其他细菌的协同竞争关系、基因分析等。有研究者在不同的水力流态下，观察厌氧氨氧化的启动性能，以提高其启动时间；还有研究者采用Sharon-Anammox工艺来处理垃圾渗滤液，COD和总氮的去除率可达90%以上；还有研究者利用厌氧氨氧化处理制革废水，在小试和中试中均取得了良好的处理效果；还有研究者为了增强厌氧氨氧化的性能，将其和其他工艺进行组合，例如生物滤池结合厌氧氨氧化，取得了良好的处理效果。尽管厌氧氨氧化具有很多脱氮优势，但其还存在很多限制因素，需要后续研究人员不断地研究和探索。

四、膜生物反应器技术

膜生物反应器是将微生物与膜处理技术结合的一种新型污水处理工艺，该技术能耗低，反应器结构简单而且占地面积小，出水效果稳定，在污水处理中有着很大的应用前景。膜生物反应器主要是由膜组件和生物反应器两部分构成，其膜材料可采用超滤、中空纤维等将微生物截留在反应器中，实现了水力停留时间和活性污泥龄的完全分离，反应器中污染物可以与大量微生物充分接触，使得微生物充分进行氧化反应。同时利用膜组件将废水进行固液分离，污泥浓缩液在返回生物反应器中进行重复处理，这样既避免了微生物的流失，同时还可兼做二次沉淀池。生化反应器中的污泥浓度可从3 ~ 5 g/L提高到10 ~ 30 g/L，进而提高了反应器的容积负荷，减小了反应器容积，使污泥龄大大延长。

活性污泥中含有的硝化、反硝化微生物，其生长周期较长，对于进行生物脱氮处理的膜生物反应器，使活性污泥的污泥龄远大于脱氮微生物的生长周期，保证了反应器中微生物的浓度，从而提高了微生物的脱氮效率，同时在高浓度微生物作用下也提高了污水中有机污染物的去除。

五、总氮去除技术

当前环境污染形势严峻，国家对环境污染的控制更为严格，在《生活垃圾填埋场污染控制标准》（GB 16889-2008）排放标准中，出水总氮是一个重要的指标。标准要求非敏感地区出水总氮上限是40 mg/L，敏感地区20 mg/L；在《城镇污水处理厂综合排放标准》（GB 18918-2002）中对于总氮的排放要求更高。因此，为了加强污染物的控制，实现总氮的去除，一方面要从降低运行成本出发，另一方面要从污水处理技术方面着手，研发新型有效的污染物降解技术。在实际运行过程中，排放污水中氨氮浓度较低，但是总氮浓度很高。因此，对于高总氮废水要想达到排放标准，需要结合不同的技术措施来解决。目前应用较多的技术有化学沉淀、吸附、膜过滤等。总氮的去除主要还是以传统的生物、物理、化学技术为基础，针对不同的水质条件进行组合。因此，针对总氮的去除开发了较多的组合工艺。有研究者采用二级生物处理＋膜过滤进行处理高总氮废水，在实验过程中由于废水总氮较高，一次生化处理对于总氮的去除具有一定的局限性，无法满足排放要求，因此增加后续的二级生物处理同时结合膜过滤，在这个过程中需要外加碳源，经济成本较高，但能满足总氮的去除率要求。此外，还有应用高级氧化结合膜过滤，改良氧化沟、SBR 脱氮工艺等多种形式来处理高总氮废水，都取得了良好的效果。

我国经济发展迅速，发展的同时消耗了更多水资源，导致水污染问题尤为严重，不仅污水量在不断增加，水的污染程度也更为复杂。而传统的污水处理技术已经不能满足当前污水治理的需求，需要不断创新，以保障自然生态环境的可持续发展。当前，新型的污水处理技术不断涌现，但是缺乏实用价值。需要社会各界加强污水处理技术的研究和投入，以保障污水处理技术的不断发展、不断更新。

第二节　新型污水处理技术在水环境保护中的应用

水污染问题随着人口增长和工业化的加剧变得日益严重，而传统的污水处理技术在应对这一挑战时面临着效率低、处理成本高等问题。因此，研究和应用新型污水处理技术对于解决水环境保护问题至关重要。然而，新技术的推广应用面临着技术成熟度、经济可行性和管理难题等挑战。因此，在推动新技术发展和应用方面，加强研发、技术转化和政策支持是至关重要的，这将有助于实现可持续发展及有效保护水资源。

一、新型污水处理技术在水环境保护中的应用效果评估

（一）提升污水处理效率

在污水处理技术的研究过程中，提升污水处理效率是研究和发展新型污水处理技术的重要目标之一。通过引入先进的处理工艺、改进反应器设计并优化操作条件，可以实现更加高效的污水处理。如生物膜反应器可以利用生物膜的高附着效果和膜的滤过作用，在较短时间内完成有机污染物的降解和固液分离。这种反应器不仅具

有较高的处理效率，还能够满足不同处理规模的需求。

电化学技术是通过电场和电化学反应实现污染物的转化和去除。电化学技术具有高效和可控的特点，可以在较短时间内达到理想的处理效果。常见的电化学技术包括电沉积、电解氧化、电吸附等技术，这些技术可以对不同类型的污染物进行有效处理。

（二）降低能耗

降低污水处理过程中的能耗是推动污水处理可持续性发展的重要因素之一。许多传统的污水处理技术，如曝气法和沉淀法，需要消耗大量的电力和化学药剂来维持运行，因而导致高能耗。而新兴的污水处理技术在能耗方面则表现出明显优势。

藻类处理技术是利用藻类对污水进行处理的一种技术，该技术是以太阳能作为光源，通过光合作用将有机物质和营养物转化为生物质和氧气。这种技术不需要额外的能源输入，因而在处理废水时能够降低能耗，并且还可以利用藻类产生的生物质作为能源来源。

电化学技术是一种基于电场和电化学反应的污水处理技术，根据不同的反应种类可以选择合适的电流和电压。由于该技术具有高度的可控性和选择性，因而能够实现高效的污染物转化和去除，并且具有较低的能耗。

（三）减少污染物的排放

新型污水处理技术的另一个重要优势是能够减少污染物的排放。相较于传统的污水处理方法，新型污水处理技术可以更彻底地去除废水中的有机物、氮、磷、重金属等污染物，从而减少对环境的负面影响。其中的电化学技术可以通过电场和电化学反应将污染物转化为可回收利用的物质。通过电化学反应，可以将污染物进行氧化、还原或沉积，从而达到去除污染物的目的，同时避免了二次污染的产生，而且还能够回收其中有价值的物质。

（四）资源回收利用

新型污水处理技术还注重从废水中回收和利用有价值的资源，如藻类处理技术可以利用废水中的营养物和有机物，将其转化为藻类生物质，并用于生物燃料和饲料的生产。通过这种方式，不仅能够有效减少废水中的污染物，还能够将废水转化为可再生能源和农业资源，从而实现了资源的循环利用。这种技术不仅在污水处理领域具有潜力，还能够为能源和农业产业提供可持续发展的解决方案。通过进一步研究和创新，我们可以推动更多的废水资源化利用技术的发展，进一步为环境保护和资源节约做出积极贡献。

二、新型污水处理技术面临的挑战

尽管新型污水处理技术在水环境保护中有着广阔的应用前景，但同时也面临着一系列挑战。首先，新型污水处理技术的成熟度是一个关键问题，新技术需要经过长时间的实践验证和不断改进才能具有一定的可靠性和稳定性。其次，经济可行性是推广新技术的重要考量因素，高投入和运营成本可能限制其在实际应用中的普及。

（一）技术成熟度

新型污水处理技术在实际应用中存在着一定挑战。尽管这些技术在实验室和小规模试验中已经展示出良好的效果，但将其应用于实际场景可能还会遇到一系列技术难题。其中一项主要挑战是技术的稳定性。在实际运行过程中，新型技术需要能够持续有效地处理大量废水，并且要保持高效的性能，这意味着该技术必须能够适应不同负荷和水质的波动，同时具备长期稳定运行的能力。因此，对于新型污水处理技术来说，技术稳定性的提升是一个重要的研究方向。另一个挑战就是成本效益的考虑。尽管新型技术可能具有较高的处理效率和更低的环境影响，但其成本通常较高。所以在实际应用过程中，相关企业需要综合考虑投资、运营和维护成本，以确保新型污水处理技术的可持续性和经济性。此外，新型技术的规模化应用也是一个挑战。从实验室到实际工程的过渡需要解决工程化设计、设备制造和运营管理等多方面的问题。同时，对传统污水处理工艺进行对比和整合也需要进行深入研究，才能实现技术的有效衔接。

（二）经济可行性

新型污水处理技术所需的设备、材料、人力和维护成本可能比较高，特别是在初期建设阶段。同时，一些新兴技术在市场上尚未形成良好的竞争格局，供应商相对较少，因而缺乏一定的市场竞争力，可能导致设备和服务的价格偏高，降低了其经济可行性。另外，有些新技术在小规模应用时具有较好的应用效果，但是随着处理规模的不断加大，成本可能会显著增加。然而，技术人员通过不断地优化和创新，可以改善新型污水处理技术的经济可行性，从而达到资源回收的目的，并实现一定的生态效益。

1. 技术改进

相关人员通过深入研究和工程实践，可以不断改进新型污水处理技术的效率、稳定性和可靠性，并降低所需材料的成本。通过优化整体系统，并结合各个环节的优化，实现降低能耗、化学品消耗和运维成本的目的。同时，可以采用智能化的运行管理系统，实现运行参数的精确控制和优化，从而进一步提高污水处理效率，并降低运营成本。另外，还可以实现资源的回收与利用。新型污水处理技术具有资源回收的潜力，如从废水中提取可回收的能量、水、营养物质等，所以通过有效的资源回收和再利用，可以降低污水处理成本，并提高企业的经济效益。

2. 寻找政策和市场的支持

政府部门和相关企业可以通过制定相应的支持政策、提供补贴和奖励等方式，进一步促进新型污水处理技术的推广和应用。另外，市场竞争的增加也会促使供应商提供更具有竞争力的产品和服务，从而能够改善新型污水处理技术的经济可行性。

三、推广新型污水处理技术的建议和展望

为了有效促进新型污水处理技术的应用，相关部门和企业可以采取综合措施。首先，通过开展专题研讨会、发表科技文章和汇集相关信息材料等方式，向公众传达新技术的优点和可行性，从而提高其认知度和接受度。其次，政府部门应制定相关政策和法规，为采用新技术的企业提供相应的财政补贴、税收激励或其他经济措施，鼓励其投资和应用新型污水处理技术。同时，相关部门还应建立监管与评估体系，这是保证新型污水处理技术质量和安全性的必要措施。监管机构应该制定相关的标准和规范，并进行有效的技术评估与监督，以确保新技术在实际应用过程中具有可行性和有效性。

在科技不断进步和人们环保意识不断提升的背景下，污水处理领域将不断涌现出新技术并得到广泛应用，从而为实现全社会更加环保和可持续发展做出积极贡献。

综上所述，新型污水处理技术在水环境保护中的应用具有巨大的潜力和重要意义。随着我国人口的不断增长和工业化的持续推进，传统污水处理技术已经无法满足日益严重的水污染问题，而新兴的污水处理技术，如生物膜反应器、藻类处理和电化学技术等，能够有效解决传统污水处理技术无法解决的问题，并且在提高处理效率、降低能耗和减少污染物排放等方面展现出明显的优势。然而，尽管新技术的应用前景广阔，但其推广还面临着一些挑战。

为了进一步促进新型污水处理技术的广泛应用，相关技术人员需要不断加大研发和技术转化力度，进一步提高技术的稳定性、可靠性和经济效益。同时，政府相关部门也需要加大对新技术的支持力度，制定出相应的政策和法规，并提供一定的资金和资源支持，从而为新型污水处理技术的推广和应用提供更多的支撑。

第三节　新型生态村污水处理技术在农村污水管网建设中的应用

新型生态村污水处理技术主要依靠生态系统的原理，通过模拟自然界的生态循环过程，实现对污水的高效处理。其核心理念是将污水处理与资源回收相结合，实现污水的净化和资源化利用，从而达到节能环保的目的。在农村污水管网建设中，新型生态村污水处理技术不仅能够弥补传统技术存在的短板，还具备更好的适应性和可持续性，能满足农村地区的实际需求。

一、新型生态村污水处理技术概述

（一）技术原理

1. 人工湿地

人工湿地是新型生态村污水处理技术的核心组成部分之一。通过构建人工湿地系统，利用湿地植物、微生物和土壤等多种生物和物理作用，实现对污水中的有机物、悬浮物和营养物质的去除和转化。湿地植物的根系提供了氧气和有机物的降解基质，微生物通过分解和转化污染物，土壤层则起到吸附和过滤的作用，共同完成污水的净化过程。

2. 生物膜反应器

生物膜反应器是新型生态村污水处理技术中另一个重要的处理单元。它利用特定的生物膜（如生物膜颗粒、生物膜载体等）作为固定化载体，使有益微生物附着于其上形成生物膜，通过生物降解和生物吸附作用，将污水中的有机物和悬浮物去除。生物膜反应器具有较高的降解效率和抗冲击负荷能力，能够满足不同水质和处理需求。

3. 水体循环利用

新型生态村污水处理技术还注重水资源的循环利用。处理过程中，通过合理的工程设计，将处理后的水进行回收和再利用，例如用于灌溉农田、农作物养殖、景观水体的充填等用途。这样可以实现对水资源的有效节约和可持续利用，减少对自然水源的依赖。

（二）分类和特点

1. 植物湿地处理技术

植物湿地是一种利用湿地植物和土壤等生态系统的处理方法。它可以进一步分为自由水面湿地和人工湿地。自由水面湿地利用植物和微生物在水体和气体界面上的作用，通过植物吸收、生物降解和物理过滤等方式去除污染物。人工湿地则是通过构建特定的湿地系统，引导污水流经植物根系和底泥层，通过植物吸附、生物降解和土壤过滤等过程实现污水的净化。

2. 生物膜反应器技术

生物膜反应器利用生物膜的附着和生物反应作用，将有益微生物固定在特定的载体上，形成生物膜，以达到污水处理的目的。这种技术可以进一步分为流动床生物膜反应器（MBBR）和固定床生物膜反应器（IFAS）。MBBR 利用流动床载体提供大量的生物附着面积，增加有益微生物数量和降解效率。IFAS 则在传统固定床生物膜反应器基础上，引入了悬浮生物载体，进一步提高了处理效果。

3. 水产养殖系统技术

水产养殖系统技术将农田和污水处理相结合，利用水产养殖过程中的植物和微生物作用，对污水进行净化和处理。典型的水产养殖系统包括人工沼气池、稻田—鱼塘系统等。通过植物的吸收和氧气释放、微生物的降解作用以及养殖物的循环利用，实现了污水的处理和水产资源的养殖。

二、传统农村污水处理技术存在的问题

（一）能源消耗高

传统农村污水处理技术在处理过程中通常需要大量的能源供应，这导致能源消耗量较高。例如，传统的中央处理站通常采用机械化的处理方法，如曝气池和搅拌机等设备，以提供充足的氧气和搅拌作用，从而促进有益微生物的生长和降解污染物。然而，这些设备需要大量的电力供应，以维持运转和维护处理过程，从而导致能源消耗的增加。

能源消耗高带来了几个问题。首先，能源是有限资源，高能源消耗会导致能源供应紧张和成本增加。农村地区往往面临能源供应不稳定的问题，高能源消耗会加剧这一困境，使得污水处理成本居高不下。其次，高能源消耗也增加了对环境的负面影响。在能源的生产和使用过程中会产生大量的二氧化碳和其他温室气体排放，进一步加剧气候变化和环境污染问题。除了能源消耗高，传统农村污水处理技术还存在其他问题，如设备维护和运营成本高、处理效率低、占地面积大等。这些

问题限制了传统技术在农村地区的广泛应用，且难以满足不断增长的农村污水处理需求。

（二）处理效果不佳

传统农村污水处理技术在处理效果方面存在一定的局限性。由于技术手段和设备设施的限制，传统处理方法往往无法彻底去除污水中的有机物、悬浮物和营养物质等污染物，导致处理效果不尽如人意。首先，传统处理方法中常见的曝气池和活性污泥法等技术虽然能够对污水中的有机物进行降解，但处理效果受到多种因素的影响，如温度、氧气供应和污水负荷等。在一些情况下，处理效果可能不够彻底，残留的有机物仍会对水环境造成一定程度的污染。其次，传统处理方法对污水中的悬浮物去除效果有限。虽然通过沉淀池和过滤设备等工艺可以一定程度上去除部分悬浮物，但难以完全去除微小的悬浮颗粒和胶体物质。这些残留的悬浮物会对水体造成浑浊和混浊，降低水质的透明度。另外，传统处理方法对污水中的营养物质（如氮、磷）的处理效果有限。这些营养物质在传统处理过程中往往只能被部分去除，无法达到严格的排放标准。过量的营养物质排放到水体中，容易引发水体富营养化问题，导致藻类过度生长和水体富营养化现象。

（三）需要大量土地和资金投入

传统处理技术通常需要建设大型处理设施，如曝气池、沉淀池、过滤池等。这些设施需要占用较大面积的土地。尤其在农村地区土地资源相对紧张的情况下，寻找合适的用地往往是一个挑战。与此同时，传统处理技术需要建设庞大的处理设施和配套设备，如泵站、管道网络等。这些基础设施的建设不仅需要大量的资金投入，还需要进行复杂的规划和工程施工，增加了项目的难度和成本。另外，传统农村污水处理技术在运营和维护方面也需要大量的资金投入。设备的维护、电力供应、化学药剂和替换部件等方面的费用都会增加运营成本。特别是对于人口较少或经济条件较差的农村地区，承担这些费用可能会对财务承受能力造成一定的压力。

三、新型生态村污水处理技术在农村污水管网建设中的应用优势

（一）高效性能

新型生态村污水处理技术采用了创新的处理方法和工艺流程，能够更有效地去除污水中的有机物、悬浮物和营养物质等污染物。通过引入生态原理和自然过程，

如植物吸收、微生物降解和土壤过滤等，可以实现更彻底和高效的污水净化。相比传统处理技术，新型生态技术能够更有效地降低污水中的污染物浓度，提高处理效果。另外，新型生态村污水处理技术在处理过程中通常采用自然和生态的原理，减少了对化学药剂和能源的依赖。例如，植物湿地和水产养殖系统等技术利用植物的吸收和微生物的降解作用，减少了机械化设备的使用和能源消耗。这不仅降低了运营成本，还减少了对有限能源资源的压力，符合可持续发展的理念。

（二）适应性强

农村地区往往具有分散的污水排放点和较小的规模，传统的中央处理站等大型设施难以适应这种情况。而新型生态技术可以根据实际情况进行模块化设计，将处理设施分布在各个污水源附近，减少了长距离管网的需求，降低了建设成本和能源消耗。与此同时，农村地区的污水类型多样，包括家庭污水、农田排水、农村工业废水等。新型生态村污水处理技术具备处理不同类型污水的能力。例如，植物湿地系统可以同时处理家庭污水和农田排水，通过植物和土壤的协同作用，有效去除污染物。这种多功能性和适应性使得新型生态技术在农村地区具有广泛的适用性。

（三）低成本

相比传统的中央处理站等大型设施，新型生态技术在建设过程中需要的资金投入相对较低。这是由于新型生态技术通常采用模块化设计，可以根据实际情况选择适当的规模，降低了建设的规模和复杂度。此外，新型生态技术还能够利用当地的自然资源，如植物湿地系统利用植物和土壤的自然处理能力，减少了对人工材料和设备的需求，进一步降低了建设成本。

（四）水资源循环利用

新型生态技术能够对处理后的污水进行再利用，实现水资源的循环利用。处理后的污水可以用于灌溉农田、农业用水或者景观水体等。通过适当的处理工艺，可以去除污水中的有机物、悬浮物和营养物质等污染物，使得再利用的水质符合要求。这不仅减少了对新鲜水资源的需求，还能够有效地解决农村地区的用水问题，提高水资源利用效率。而且新型生态技术中的一些处理方法，如植物湿地系统，通过植物的吸收和土壤的过滤作用，将污水中的养分转化为植物所需的营养物质。这不仅减少了污染物的排放，还实现了土壤的改良和养分的回收利用。处理后的污水中的养分可以为农田提供肥料，减少对化肥的依赖，促进农业的可持续发展。

四、新型生态村污水处理技术在农村污水管网建设中的应用对策

（一）制定综合规划

综合规划的制定需要考虑多方面因素，以确保新型生态技术能够最大限度地发挥其优势，并为农村地区提供可持续的污水处理解决方案。首先，综合规划应充分考虑农村地区的特点和需求。这包括了农村地区的地形地貌、土壤条件、水资源状况、污水排放点的分布情况等。通过对这些因素的深入分析，可以确定最佳的新型生态技术应用方式和污水处理系统的布局。其次，综合规划需要综合考虑污水管网建设的可行性和经济性，这包括了建设成本、运营成本、维护成本等方面的成本。通过细致的成本评估和效益分析，可以确定适合农村地区的新型生态技术规模和配置，并制订合理的投资计划。此外，综合规划还应考虑污水处理系统的未来发展和扩展性。新型生态技术通常具有模块化设计和灵活布局的特点，可以根据需要进行适当的扩展和升级。因此，在规划中应考虑到系统的扩展潜力和未来的水资源需求，为系统的可持续发展提供保障。

（二）模块化设计和灵活布局

在农村污水管网建设中应用新型生态村污水处理技术时，采用模块化设计和灵活布局使得污水处理系统具有高度的可扩展性和适应性，适应农村地区污水排放点分散、规模较小的特点。

模块化设计使得新型生态技术可以根据实际需要进行灵活配置和组合。污水处理系统可以根据农村地区的特点和需求，选择合适的处理模块进行组装。这些处理模块可以包括植物湿地、人工湿地、生物滤池等，每个模块具有特定的处理功能和效果。通过合理的组合，可以构建出适应不同规模和水质要求的污水处理系统。

灵活布局是模块化设计的延伸，使得处理设施可以根据现场条件进行灵活布置。在农村地区，污水排放点分散、场地有限，因此传统的大型集中式处理厂往往难以满足要求。而新型生态技术采用分布式处理方式，可以将处理设施布置在污水源附近，减少管网的建设和输送损耗，提高处理效率。此外，可以根据现场条件的差异，合理选择处理模块的数量和布局，充分利用有限的土地资源。

另外，随着农村地区的发展和人口增加，污水排放量和质量也会随之增加。模块化设计使得污水处理系统可以根据需要进行扩展和升级，不受原有设施规模的限制。这样，当污水排放量增加时，可以方便地增加处理模块，保证处理效果的稳定性。

同时，灵活布局使得处理设施能够根据实际情况进行调整和优化，适应不同地区的特点和要求。

（三）强化技术培训和人员培养

技术培训是确保技术人员熟练掌握新型生态处理技术的重要手段。技术培训的内容应涵盖新型生态技术的原理、设备操作和维护方法等方面。培训过程中，技术人员可以深入了解新技术的工作原理和特点，掌握处理设施的运行流程和操作要点。通过理论学习和实践训练，技术人员能够熟练操作和维护处理设施，保障系统的高效运行。与此同时，管理人员在污水处理系统的运行和管理中起着重要的角色。他们需要具备全面的污水处理知识和管理技能，能够组织协调工作、制订运维计划、监测系统运行等。通过加强管理人员的培养，可以提高他们的专业素养和管理能力，使其能够有效管理和指导污水处理工作。

（四）加强监测和数据管理

在新型生态村污水处理技术的应用过程中，加强监测和数据管理是确保系统运行和效果评估的关键对策。这种对策的目的是通过实时监测和科学管理数据，获取污水处理系统的运行状态和水质状况，为决策提供依据，并及时发现和解决问题，以确保系统的可靠性和稳定性。通过建立科学的数据管理系统，对监测数据进行规范化、统一化和综合化处理。这包括数据的采集、存储、处理、分析和利用等环节。数据管理系统可以借助信息技术手段，实现数据的集中管理、快速查询和实时共享。同时，还可以建立数据分析模型和评估指标体系，对数据进行科学分析和综合评价，为决策提供科学依据和参考。另外，通过实时监测，可以及时掌握系统的运行状况，发现问题并及时处理，保证系统的稳定运行和处理效果的稳定性。这也说明，加强监测是关键的一环。

（五）宣传和意识提升

宣传是宣扬新型生态村污水处理技术的关键手段之一。通过多种渠道和方式，向农民普及新技术的优势和应用效果，以及对环境保护和人民健康的积极影响。可以组织宣传活动，包括宣讲会、培训班、科普讲座等，向农民介绍新技术的原理、工艺流程和效果，并分享成功案例和体验。此外，还可以利用媒体、网络和社交平台等宣传途径，扩大宣传的覆盖面和影响力。

意识提升是推动农民参与和支持污水处理工作的重要环节。通过开展环保意识教育和培训，提高农民对环境保护和污水处理重要性的认识。可以组织环保宣传活动，向农民普及环境保护知识、法律法规等方面的内容，增强他们的环境责任感和主动参与意识。同时，鼓励农民参与污水处理项目的规划和决策，征求他们的意见和建议，促进合作与共建。

新型生态村污水处理技术在农村污水管网建设中具有重要的应用价值和前景。通过采用新技术，可以解决农村污水处理难题，提高水质治理效果，减少对环境的污染和对人民健康的威胁。

参考文献

[1] 赵丙辰．城市污水处理技术研究 [M].长春：吉林科学技术出版社，2022.

[2] 张军．面向能源与资源利用的城镇污水污泥高温热解技术 [M]. 哈尔滨：哈尔滨工业大学出版社，2022.

[3] 孙飞云．城镇污水处理膜生物反应器 MBR 工艺与膜污染控制技术 [M]. 哈尔滨：哈尔滨工业大学出版社，2022.

[4] 王迪，崔卉，鲁教银．城市给排水工程规划与设计 [M]. 长春：吉林科学技术出版社，2022.

[5] 郝银，王清平，朱玉修．工程建设理论与实践丛书市政工程施工技术与项目安全管理 [M]. 武汉：华中科技大学出版社，2022.

[6] 谢红忠，徐成剑，万艳雷．城镇污水处理厂提标改造工艺及典型案例 [M]. 武汉：长江出版社，2021.

[7] 徐琳瑜，杨志峰，章北平．城市水生态安全保障 [M]. 北京：中国环境出版集团，2021.

[8] 李碧清，唐瑶，肖先念．城市水环境恢复的实践探索 [M]. 广州：华南理工大学出版社，2021.

[9] 崔虹．基于水环境污染的水质监测及其相应技术体系研究 [M]. 北京：中国原子能出版传媒有限公司，2021.

[10] 时鹏辉，闵宇霖，胡晨燕．水污染控制工程课程设计指导 [M]. 北京：冶金工业出版社，2021.

[11] 李道进，郭瑛，刘长松．环境保护与污水处理技术研究 [M]. 北京：文化发展出版社，2020.

[12] 薛向欣．污水处理与水资源循环利用 [M]. 北京：冶金工业出版社，2020.

[13] 龙莉波，周质炎．大型地下污水处理厂构筑物设计与施工 [M]. 上海：同济大学出版社，2020.

[14] 王有志．污水处理工程单元设计 [M]. 北京：化学工业出版社，2020.

[15] 黄冰．污水处理项目财务决策研究 [M]. 北京：中国财政经济出版社，2020.

[16] 回蕴珉，冯辉，丁晔．市政污水处理人工湿地和水生植物系统设计手册 [M].

北京：化学工业出版社，2020.

[17] 王乐 . 污水处理构筑物多相流动数值模拟 [M]. 北京：中国石化出版社，2020.

[18] 沙莎 . 新型城镇化背景下空间集约型污水处理厂用地性质问题研究 [M]. 沈阳：沈阳出版社，2020.

[19] 张肖静 . 污水生物处理新技术 [M]. 郑州：郑州大学出版社，2020.

[20] 王月琴，李鑫鑫，钟乃萌 . 环境保护与污水处理技术及应用 [M]. 北京：文化发展出版社，2019.

[21] 王雁然，方俊，朱立冬 . 污水处理 PPP 项目实施方案编制实务 [M]. 武汉：武汉理工大学出版社，2019.

[22] 杨长明，王育米 . 城镇污水处理厂尾水人工湿地处理技术理论与实践 [M]. 上海：同济大学出版社，2019.

[23] 郑丽娟 . 污水处理与中水利用技术 [M]. 北京：中国水利水电出版社，2019.

[24] 王哲明 . 石油石化污水处理减排技术 [M]. 北京：中国石化出版社，2019.

[25] 吴莉娜，闫志斌，李进 . 新型氨氧化污水处理技术及应用 [M]. 北京：化学工业出版社，2019.

[26] 赵虎军，李庆达 . 城镇污水处理厂综合施工技术 [M]. 北京：中国建筑工业出版社，2019.

[27] 张苹，杨海峰 . 现代污水处理研究 [M]. 长春：东北师范大学出版社，2019.

[28] 韦纯 . 建筑工程管理与污水处理探究 [M]. 长春：吉林科学技术出版社，2019.

[29] 袁述时，余凯华，顾士杰 . 城市市政雨污水输送与排放综合技术 [M]. 北京：北京工业大学出版社，2018.

[30] 段云霞，石岩 . 城市黑臭水体治理实用技术及案例分析 [M]. 天津：天津大学出版社，2018.

[31] 薛亮 . 公私合作（PPP）背景下城市污水再生利用法律问题研究 [M]. 北京：中国政法大学出版社，2018.

[32] 王枫云，林志聪 . 城市管理案例分析 [M]. 广州：中山大学出版社，2018.

[33] 胡德明，陈红英 . 生态文明理念下绿色建筑和立体城市的构想 [M]. 杭州：浙江大学出版社，2018.

[34] 王桥，朱利 . 城市黑臭水体遥感监测技术与应用示范 [M]. 北京：中国环境出版社，2018.

[35] 占达东 . 污泥分析与资源化利用 [M]. 青岛：中国海洋大学出版社，2018.

[36] 陈友嫒，吴丹，迟守慧 . 滨海河口污染水体生态修复技术研究 [M]. 青岛：中国海洋大学出版社，2018.

[37] 王赫婧，沙莎，闵健，等 . 固体废物处置污染物排放研究 [M]. 北京：中国环境出版社，2018.

[38] 陈群玉，高红 . 水污染控制工程 [M]. 北京：中央民族大学出版社，2018.

[39] 王琼，尹奇德 . 环境工程实验 [M].2 版 . 武汉：华中科技大学出版社，2018.